はじめに

新型コロナウイルス感染症の影響により、これまでの働き方が見直されており、スマートフォンやクラウドサービス等を活用したテレワークやオンライン会議など、距離や時間に縛られない多様な働き方が定着しつつあります。

今後、第5世代移動通信システム（5G）の活用が本格的に始まると、デジタルトランスフォーメーション（DX）の動きはさらに加速していくと考えられます。

こうした中、企業では、生産性向上に向け、ITを利活用した業務効率化が不可欠となっており、クラウドサービスを使った会計事務の省力化、ECサイトを利用した販路拡大、キャッシュレス決済の導入など、ビジネス変革のためのデジタル活用が進んでいます。一方で、デジタル活用ができる人材は不足しており、その育成や確保が課題となっています。

日本商工会議所ではこうしたニーズを受け、仕事に直結した知識とスキルの習得を目的として、IT利活用能力のベースとなるMicrosoft®のOfficeソフトの操作スキルを問う**「日商PC検定試験」**をネット試験方式により実施しています。

特に企業実務では、伝えたい情報を聞き手にきちんと理解してもらうことが大切で、そのためには正確でわかりやすいプレゼン資料の作成が求められています。

同試験のプレゼン資料作成分野は、プレゼンソフトを活用して、プレゼンの資料や企画・提案書等の作成、およびその取り扱いを問う内容となっております。

本書は**「プレゼン資料作成3級」**の学習のための公式テキストであり、試験で出題される、基本的なプレゼンソフトの機能や操作法を学べる内容となっております。

本書を試験合格への道標としてご活用いただくとともに、修得した知識やスキルを活かして企業等でご活躍されることを願ってやみません。

2021年7月

日本商工会議所

本書を購入される前に必ずご一読ください
本書は、2021年5月現在のPowerPoint 2019（16.0.10373.20050）、PowerPoint 2016（16.0.4549.1000）に基づいて解説しています。
本書発行後のWindowsやOfficeのアップデートによって機能が更新された場合には、本書の記載のとおりに操作できなくなる可能性があります。あらかじめご了承のうえ、ご購入・ご利用ください。

Contents

■本書をご利用いただく前に ---------- 1

■第1章　プレゼンの基本 ---------- 8

STEP1　プレゼンとは ---------- 9
- ●1　プレゼンとは何か …… 9
- ●2　プレゼンはなぜ必要か …… 9

STEP2　プレゼンの流れ ---------- 10
- ●1　全体の流れを理解する …… 10
- ●2　プレゼンの基本を押さえる …… 11
- ●3　プレゼンソフト(PowerPoint)活用の流れ …… 12

STEP3　プレゼンの種類 ---------- 15
- ●1　目的別プレゼン …… 15
- ●2　形態別プレゼン …… 15
- ●3　手段別プレゼン …… 16

STEP4　確認問題 ---------- 17

■第2章　プレゼンの企画・設計 ---------- 18

STEP1　プレゼンの企画 ---------- 19
- ●1　主題・目的を明確にする …… 19
- ●2　聞き手を分析する …… 22
- ●3　情報を収集し整理する …… 23

STEP2　プレゼンの設計 ---------- 24
- ●1　プレゼンを設計する …… 24
- ●2　序論・本論・まとめで構成する …… 24
- ●3　本論の構成と展開を考える …… 26
- ●4　訴求ポイントを明確にする …… 26

STEP3　確認問題 ---------- 27

■第3章　プレゼン資料の作成 ---------- 28

STEP1　プレゼン資料とは ---------- 29
- ●1　プレゼン資料とは …… 29
- ●2　プレゼン資料作成の流れ …… 29
- ●3　プレゼン資料の構成要素を理解する …… 30
- ●4　プレゼン資料作成用ツールとしてのPowerPointの特長とは …… 31

STEP2　プレゼン資料の作成 ---------- 32
- ●1　新しいプレゼンテーションを作成する …… 32
- ●2　スライドのサイズを変更する …… 33

●3 テーマを設定する…… 35
●4 表紙を作る …… 38
●5 フォントの書式を設定する …… 39
●6 スライドショーを実行する…… 42
●7 新しいスライドを追加する …… 43
●8 箇条書きを入力する …… 45
●9 スライド番号を挿入する …… 47
●10 日付を挿入する …… 48
●11 フッターを挿入する …… 51
●12 プレゼンテーションを保存する …… 52
●13 スライド一覧でストーリーを検討する …… 54
●14 配布資料を印刷する …… 57
STEP3 確認問題 ------ 59

■第4章 わかりやすいプレゼン資料 ------ 62

STEP1 箇条書きの活用 ------ 63
●1 箇条書きでまとめる…… 63
●2 箇条書きのレベルを変更する …… 65
●3 箇条書きの行頭文字を変更する…… 68
STEP2 図解の活用 ------ 70
●1 図解とは …… 70
●2 図解の効果を考える …… 70
●3 図解の特長を理解する …… 71
●4 図解を使う目的を明確にする …… 71
STEP3 PowerPointで作成する図解 ------ 72
●1 図解作成の基本を考える …… 72
●2 SmartArtを利用する…… 74
●3 SmartArtの分類を確認する …… 75
STEP4 SmartArtの挿入と加工 ------ 83
●1 SmartArtを挿入する…… 83
●2 SmartArtの図形要素を増減する…… 86
●3 SmartArtにスタイルを設定する …… 91
●4 SmartArtの色を変更する…… 92
●5 そのほかのSmartArtの図解例を確認する …… 93
STEP5 SmartArtを活用した図解作成 ------ 99
●1 SmartArtに基本図形を追加して図解を作成する …… 99
●2 図形のスタイルを設定する …… 101

Contents

STEP6 SmartArt以外の図解作成の検討 ---------- 103
●1 図解化の流れ …… 103
STEP7 基本図形を組み合わせた図解作成 ---------- 104
●1 複数の基本図形を使って図解を作成する …… 104
●2 テキストボックスを挿入する …… 116
●3 ワードアートを挿入する …… 117
●4 コネクターで基本図形をつなぐ …… 119
STEP8 写真・画像の活用 ---------- 121
●1 写真・画像を利用する …… 121
●2 図のSmartArtを利用して写真を挿入する …… 125
STEP9 表・グラフの活用 ---------- 127
●1 表にまとめる …… 127
●2 PowerPointで表を作成する …… 128
●3 表の表現力を高める …… 134
●4 グラフで示す …… 135
●5 PowerPointでグラフを作成する …… 135
●6 グラフの表現力を高める …… 139
STEP10 確認問題 ---------- 140

■第5章 見やすくする表現技術 ---------- 144

STEP1 色づかいの基本 ---------- 145
●1 色の効果とは …… 145
●2 色づかいの基本を理解する …… 146
●3 色づかいを演出する …… 150
●4 基本図形の色を変更する …… 152
●5 テーマの色を変更する …… 159
●6 テーマの色の構成と標準の色を理解する …… 160
●7 クイックスタイルを使った色づかいのコツ …… 161
●8 テーマの色を使った色づかいのコツ …… 162
●9 カラーパレットを使った色づかいのコツ …… 163
STEP2 レイアウト・デザインの基本 ---------- 164
●1 適切な情報量にする …… 164
●2 適切な色を使用する …… 164
●3 基準位置や大きさをそろえる …… 166
●4 図形や矢印には性質がある …… 172
STEP3 確認問題 ---------- 175

■第6章　プレゼンの実施 ---- 180

STEP1　プレゼンを実施するための事前準備 ---- 181
- ●1　プレゼンを実施するための確認事項 …… 181
- ●2　プレゼンを実施するために用意するもの …… 182
- ●3　リハーサル …… 183
- ●4　会場の設営 …… 184
- ●5　オンラインプレゼンの準備 …… 184

STEP2　プレゼンの実施 ---- 185
- ●1　プレゼンを実施する際の流れ …… 185
- ●2　姿勢・声の出し方・アイコンタクト …… 185
- ●3　スライドショーの実行 …… 187
- ●4　質疑応答 …… 189

STEP3　アフターフォロー ---- 190
- ●1　アフターフォローとは …… 190
- ●2　アフターフォローの時期と手段 …… 190
- ●3　アフターフォローの内容 …… 190

STEP4　確認問題 ---- 191

■模擬試験 ---- 194

第1回　模擬試験　問題 ---- 195
第2回　模擬試験　問題 ---- 201
第3回　模擬試験　問題 ---- 207
実技科目　ワンポイントアドバイス ---- 214
- ●1　実技科目の注意事項 …… 214
- ●2　実技科目の操作のポイント …… 215

■付録　日商PC検定試験の概要 ---- 218

日商PC検定試験「プレゼン資料作成」とは ---- 219
「プレゼン資料作成」の内容と範囲 ---- 221
試験実施イメージ ---- 224

■索引 ---- 226

■別冊　解答と解説

日商PC 本書をご利用いただく前に

本書で学習を進める前に、ご一読ください。

1 本書の記述について

説明のために使用している記号には、次のような意味があります。

記述	意味	例
[ ]	キーボード上のキーを示します。	[Enter] [Delete]
[ ]+[ ]	複数のキーを押す操作を示します。	[Shift]+[Tab] （[Shift]を押しながら[Tab]を押す）
《 》	ダイアログボックス名やタブ名、項目名など画面の表示を示します。	《ホーム》タブを選択します。 《ヘッダーとフッター》ダイアログボックスが表示されます。
「 」	重要な語句や機能名、画面の表示、入力する文字列などを示します。	「プレゼン資料」と呼んでいます。 「SDGs達成に向けての取り組み」と入力します。

PowerPointの実習

学習の前に開くファイル

＊ 用語の説明

※ 補足的な内容や注意すべき内容

操作する際に知っておくべき内容や知っていると便利な内容

問題を解くためのポイント

標準的な操作手順

2019 PowerPoint 2019の操作方法

2016 PowerPoint 2016の操作方法

2 製品名の記載について

本書では、次の名称を使用しています。

正式名称	本書で使用している名称
Windows 10	Windows 10　または　Windows
Microsoft Office 2019	Office 2019　または　Office
Microsoft PowerPoint 2019	PowerPoint 2019　または　PowerPoint
Microsoft PowerPoint 2016	PowerPoint 2016　または　PowerPoint

3　学習環境について

本書を学習するには、次のソフトウェアが必要です。

PowerPoint 2019　または　PowerPoint 2016

本書を開発した環境は、次のとおりです。

- OS：Windows 10（ビルド19042.928）
- アプリケーションソフト：Microsoft Office Professional Plus 2019
  Microsoft PowerPoint 2019（16.0.10373.20050）
- ディスプレイ：画面解像度　1024×768ピクセル

※インターネットに接続できる環境で学習することを前提に記述しています。
※環境によっては、画面の表示が異なる場合や記載の機能が操作できない場合があります。

◆Office製品の種類

Microsoftが提供するOfficeには、「ボリュームライセンス」「プレインストール」「パッケージ」「Microsoft 365」などがあり、種類によって画面が異なることがあります。
※本書は、ボリュームライセンスをもとに開発しています。

●Microsoft 365で《ホーム》タブを選択した状態（2021年5月現在）

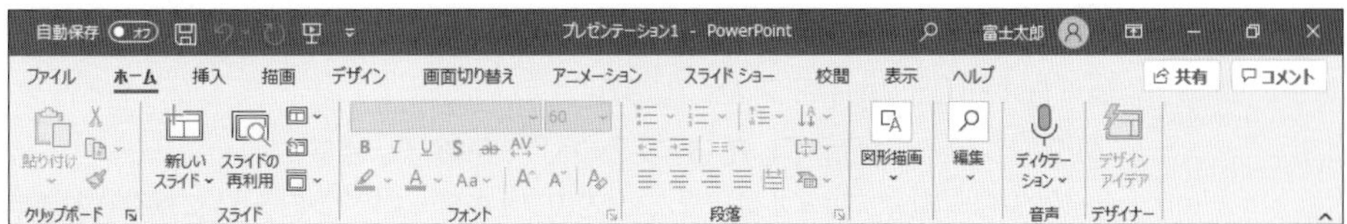

◆画面解像度の設定

画面解像度を本書と同様に設定する方法は、次のとおりです。

①デスクトップの空き領域を右クリックします。

②《ディスプレイ設定》をクリックします。

③《ディスプレイの解像度》の をクリックし、一覧から《1024×768》を選択します。

※確認メッセージが表示される場合は、《変更の維持》をクリックします。

◆ボタンの形状

ディスプレイの画面解像度やウィンドウのサイズなど、お使いの環境によって、ボタンの形状やサイズが異なる場合があります。ボタンの操作は、ポップヒントに表示されるボタン名を確認してください。

※本書に掲載しているボタンは、ディスプレイの画面解像度を「1024×768ピクセル」、ウィンドウを最大化した環境を基準にしています。

◆スタイルや色の名前

本書発行後のWindowsやOfficeのアップデートによって、ポップヒントに表示されるスタイルや色などの項目の名前が変更される場合があります。本書に記載されている項目名が一覧にない場合は、任意の項目を選択してください。

4 学習ファイルのダウンロードについて

本書で使用する学習ファイルは、FOM出版のホームページで提供しています。
ダウンロードしてご利用ください。

ホームページ・アドレス

https://www.fom.fujitsu.com/goods/

※アドレスを入力するとき、間違いがないか確認してください。

ホームページ検索用キーワード

FOM出版

◆ダウンロード

学習ファイルをダウンロードする方法は、次のとおりです。

①ブラウザーを起動し、FOM出版のホームページを表示します。
※アドレスを直接入力するか、キーワードでホームページを検索します。

②《ダウンロード》をクリックします。

③《資格》の《日商PC検定》をクリックします。

④《日商PC検定試験 3級》の《日商PC検定試験 プレゼン資料作成 3級 公式テキスト&問題集 PowerPoint 2019/2016対応 FPT2105》をクリックします。

⑤「fpt2105.zip」をクリックします。

⑥ダウンロードが完了したら、ブラウザーを終了します。
※ダウンロードしたファイルは、パソコン内のフォルダー《ダウンロード》に保存されます。

◆ダウンロードしたファイルの解凍

ダウンロードしたファイルは圧縮されているので、解凍(展開)します。
ダウンロードしたファイル「fpt2105.zip」を《ドキュメント》に解凍する方法は、次のとおりです。

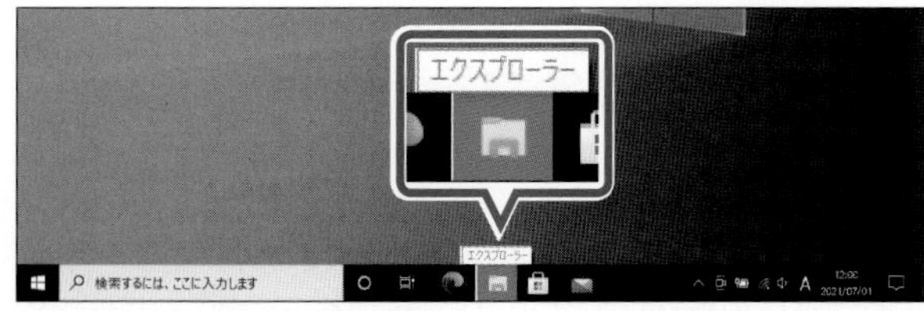

①デスクトップ画面を表示します。

②タスクバーの (エクスプローラー)をクリックします。

③《ダウンロード》をクリックします。
※《ダウンロード》が表示されていない場合は、《PC》をダブルクリックします。

④ファイル「fpt2105」を右クリックします。

⑤《すべて展開》をクリックします。

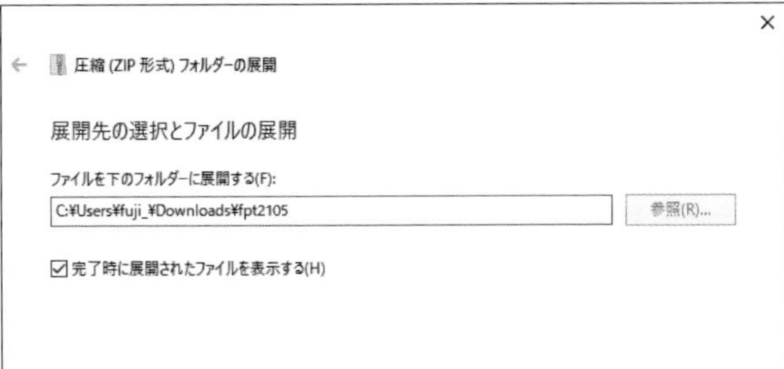

⑥《参照》をクリックします。

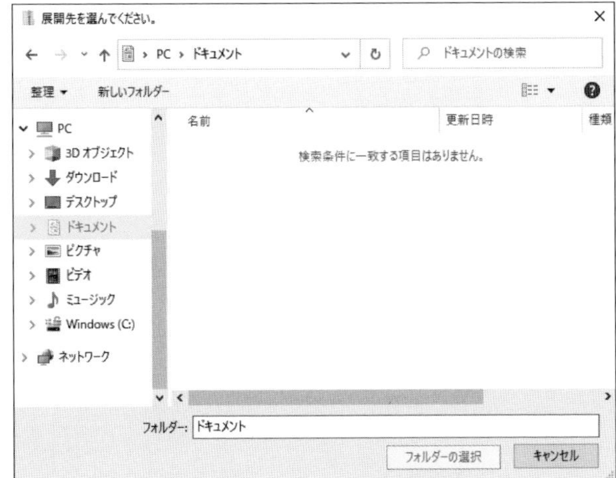

⑦《ドキュメント》をクリックします。

※《ドキュメント》が表示されていない場合は、《PC》をダブルクリックします。

⑧《フォルダーの選択》をクリックします。

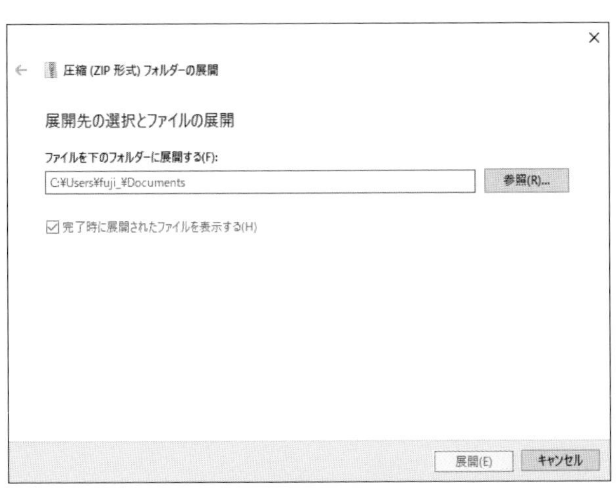

⑨《ファイルを下のフォルダーに展開する》が「C:¥Users¥(ユーザー名)¥Documents」に変更されます。

⑩《完了時に展開されたファイルを表示する》を☑にします。

⑪《展開》をクリックします。

⑫ファイルが解凍され、《ドキュメント》が開かれます。

⑬フォルダー「日商PC プレゼン3級 PowerPoint2019／2016」が表示されていることを確認します。

※すべてのウィンドウを閉じておきましょう。

◆学習ファイルの一覧

フォルダー「日商PC プレゼン3級 PowerPoint2019／2016」には、学習ファイルが入っています。タスクバーの（エクスプローラー）→《PC》→《ドキュメント》をクリックし、一覧からフォルダーを開いて確認してください。

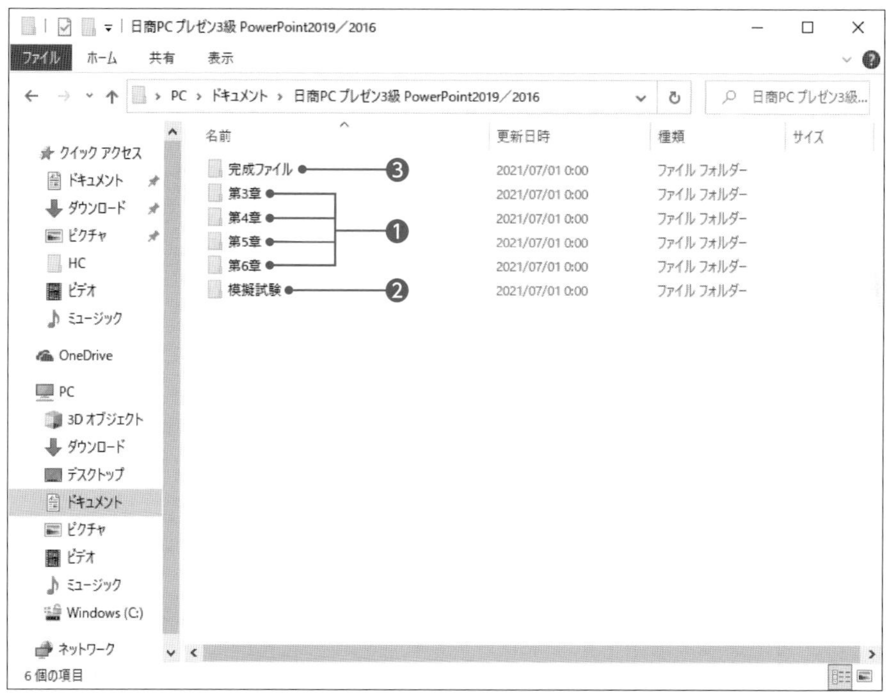

❶第3章／第4章／第5章／第6章

各章で使用するファイルが収録されています。

❷模擬試験

模擬試験（実技科目）で使用するファイルが収録されています。

❸完成ファイル

各章の確認問題と模擬試験（実技科目）の操作後の完成ファイルが収録されています。

◆学習ファイルの場所

本書では、学習ファイルの場所を《ドキュメント》内のフォルダー「日商PC プレゼン3級 PowerPoint2019／2016」としています。《ドキュメント》以外の場所に解凍した場合は、フォルダーを読み替えてください。

◆学習ファイル利用時の注意事項

ダウンロードした学習ファイルを開く際、そのファイルが安全かどうかを確認するメッセージが表示される場合があります。学習ファイルは安全なので、《編集を有効にする》をクリックして、編集可能な状態にしてください。

5　効果的な学習の進め方について

本書をご利用いただく際には、次のような流れで学習を進めると、効果的な構成になっています。

1　知識科目対策 および 実技科目対策

第1章～第6章では、プレゼン資料作成3級の合格に求められる知識やPowerPointの技能を学習しましょう。章末には学習した内容の理解度を確認できる小テストを用意しています。

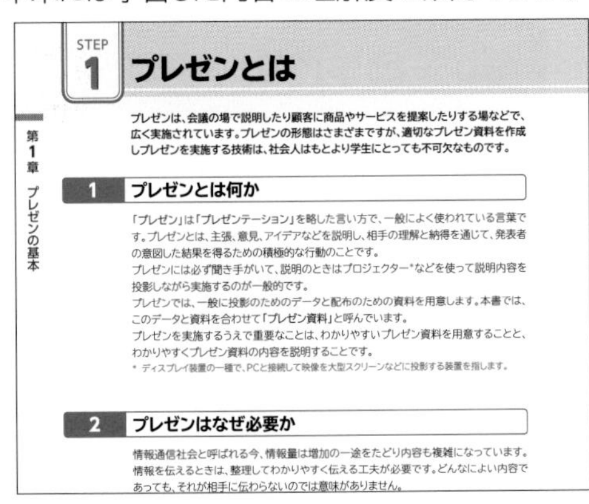

STEP 1 プレゼンとは

第1章 プレゼンの基本

プレゼンは、会議の場で説明したり顧客に商品やサービスを提案したりする場などで、広く実施されています。プレゼンの形態はさまざまですが、適切なプレゼン資料を作成しプレゼンを実施する技術は、社会人はもとより学生にとっても不可欠なものです。

1 プレゼンとは何か

「プレゼン」は「プレゼンテーション」を略した言い方で、一般によく使われている言葉です。プレゼンとは、主張、意見、アイデアなどを説明し、相手の理解と納得を通じて、発表者の意図した結果を得るための積極的な行動のことです。
プレゼンには必ず聞き手がいて、説明のときはプロジェクター*などを使って説明内容を投影しながら実施するのが一般的です。
プレゼンでは、一般に投影のためのデータと配布のための資料を用意します。本書では、このデータと資料を合わせて「プレゼン資料」と呼んでいます。
プレゼンを実施するうえで重要なことは、わかりやすいプレゼン資料を用意することと、わかりやすくプレゼン資料の内容を説明することです。
* ディスプレイ装置の一種で、PCと接続して映像を大型スクリーンなどに投影する装置を指します。

2 プレゼンはなぜ必要か

情報通信社会と呼ばれる今、情報量は増加の一途をたどり内容も複雑になっています。情報を伝えるときは、整理してわかりやすく伝える工夫が必要です。どんなによい内容であっても、それが相手に伝わらないのでは意味がありません。

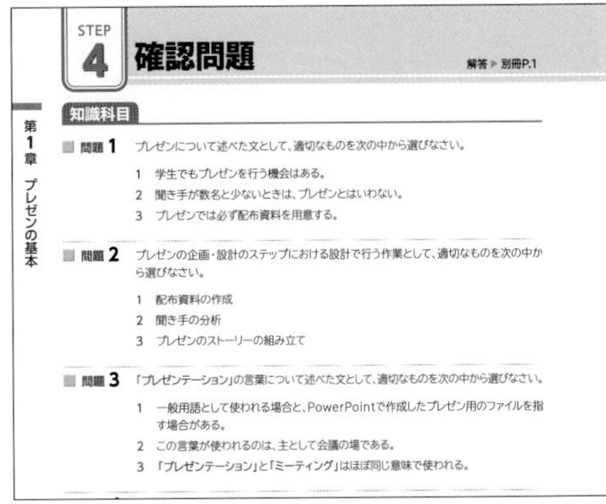

STEP 4 確認問題　解答 ▶ 別冊P.1

第1章 プレゼンの基本

知識科目

問題 1　プレゼンについて述べた文として、適切なものを次の中から選びなさい。

1 学生でもプレゼンを行う機会はある。
2 聞き手が数名と少ないときは、プレゼンとはいわない。
3 プレゼンでは必ず配布資料を用意する。

問題 2　プレゼンの企画・設計のステップにおける設計で行う作業として、適切なものを次の中から選びなさい。

1 配布資料の作成
2 聞き手の分析
3 プレゼンのストーリーの組み立て

問題 3　「プレゼンテーション」の言葉について述べた文として、適切なものを次の中から選びなさい。

1 一般用語として使われる場合と、PowerPointで作成したプレゼン用のファイルを指す場合がある。
2 この言葉が使われるのは、主として会議の場である。
3 「プレゼンテーション」と「ミーティング」はほぼ同じ意味で使われる。

2　実戦力養成

本試験と同レベルの模擬試験にチャレンジしましょう。時間を計りながら解いて、力試しをしてみるとよいでしょう。

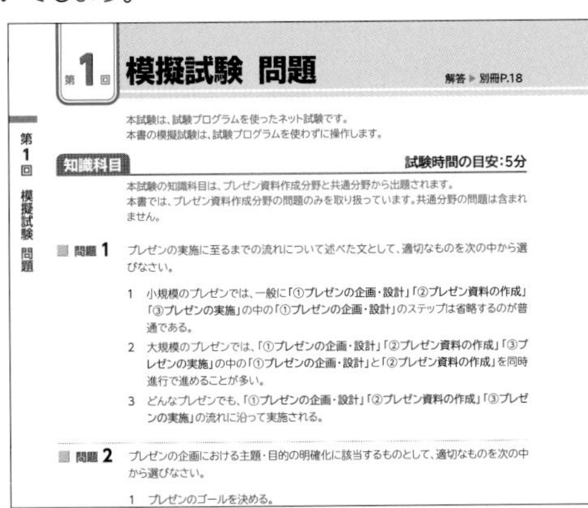

第1回 模擬試験 問題　解答 ▶ 別冊P.18

第1回 模擬試験 問題

本試験は、試験プログラムを使ったネット試験です。
本書の模擬試験は、試験プログラムを使わずに操作します。

知識科目　試験時間の目安:5分

本試験の知識科目は、プレゼン資料作成分野と共通分野から出題されます。
本書では、プレゼン資料作成分野の問題のみを取り扱っています。共通分野の問題は含まれません。

問題 1　プレゼンの実施に至るまでの流れについて述べた文として、適切なものを次の中から選びなさい。

1 小規模のプレゼンでは、一般に「①プレゼンの企画・設計」「②プレゼン資料の作成」「③プレゼンの実施」の中の「①プレゼンの企画・設計」のステップは省略するのが普通である。
2 大規模のプレゼンでは、「①プレゼンの企画・設計」「②プレゼン資料の作成」「③プレゼンの実施」の中の「①プレゼンの企画・設計」と「②プレゼン資料の作成」を同時進行で進めることが多い。
3 どんなプレゼンでも、「①プレゼンの企画・設計」「②プレゼン資料の作成」「③プレゼンの実施」の流れに沿って実施される。

問題 2　プレゼンの企画における主題・目的の明確化に該当するものとして、適切なものを次の中から選びなさい。

1 プレゼンのゴールを決める。

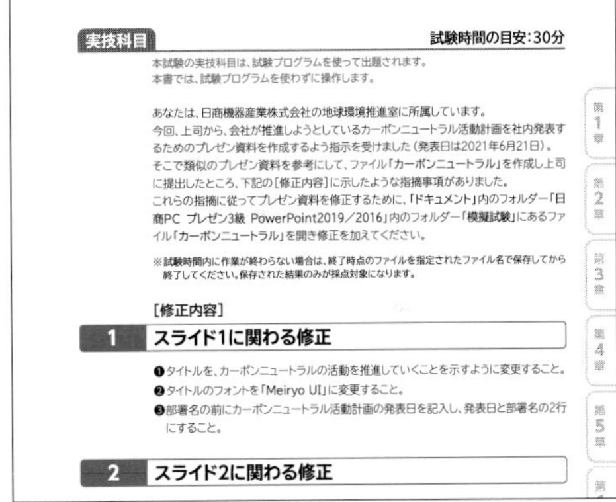

実技科目　試験時間の目安:30分

本試験の実技科目は、試験プログラムを使って出題されます。
本書では、試験プログラムを使わずに操作します。

あなたは、日商機器産業株式会社の地球環境推進室に所属しています。
今回、上司から、会社が推進しようとしているカーボンニュートラル活動計画を社内発表するためのプレゼン資料を作成するよう指示を受けました(発表日は2021年6月21日)。
そこで類似のプレゼン資料を参考にして、ファイル「カーボンニュートラル」を作成し上司に提出したところ、下記の[修正内容]に示したような指摘事項がありました。
これらの指摘に従ってプレゼン資料を修正するために、「ドキュメント」内のフォルダー「日商PC プレゼン3級 PowerPoint2019/2016」内のフォルダー「模擬試験」にあるファイル「カーボンニュートラル」を開き修正を加えてください。

※試験時間内に作業が終わらない場合は、終了時点のファイルを指定されたファイル名で保存してから終了してください。保存された結果のみが採点対象になります。

[修正内容]

1 スライド1に関わる修正

❶タイトルを、カーボンニュートラルの活動を推進していくことを示すように変更すること。
❷タイトルのフォントを「Meiryo UI」に変更すること。
❸部署名の前にカーボンニュートラル活動計画の発表日を記入し、発表日と部署名の2行にすること。

2 スライド2に関わる修正

3　弱点補強

模擬問題を採点し、弱点を補強しましょう。間違えた問題は各章に戻って復習しましょう。
別冊に採点シートを用意しているので活用してください。

Answer 第1回 模擬試験 解答と解説

知識科目

問題1
解答 3 どんなプレゼンでも、「①プレゼンの企画・設計」「②プレゼン資料の作成」「③プレゼンの実施」の流れに沿って実施される。
解説 プレゼンは規模の大小に関係なく、すべて「①プレゼンの企画・設計」「②プレゼン資料の作成」「③プレゼンの実施」の流れに沿って実施されます。

問題2
解答 1 プレゼンのゴールを決める。
解説 プレゼンの企画における主題・目的の明確化のひとつは、プレゼンのゴールを決めることです。

問題3
解答 1 プレゼンの主題
解説 具体的な事例は本論で話し、聞き手に取ってほしい行動はまとめで話します。

問題4
解答 2 フッターには、表紙タイトル、会社名、部署名などを挿入する。

問題5
解答 2 1つの箇条書きの中にいくつかの項目が含まれている場合に、それらの項目を2階層目の箇条

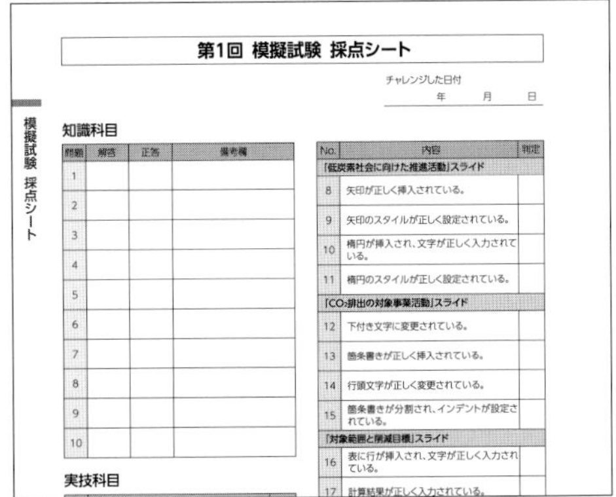

第1回 模擬試験 採点シート

チャレンジした日付　年　月　日

模擬試験 採点シート

知識科目

問題	解答	正答	備考欄
1			
2			
3			
4			
5			
6			
7			
8			
9			
10			

実技科目

No.	内容	判定
「低炭素社会に向けた推進活動」スライド		
8	矢印が正しく挿入されている。	
9	矢印のスタイルが正しく設定されている。	
10	楕円が挿入され、文字が正しく入力されている。	
11	楕円のスタイルが正しく設定されている。	
「CO_2排出の対象事業活動」スライド		
12	下付き文字に変更されている。	
13	箇条書きが正しく挿入されている。	
14	行頭文字が正しく変更されている。	
15	箇条書きが分割され、インデントが設定されている。	
「対象範囲と削減目標」スライド		
16	表に行が挿入され、文字が正しく入力されている。	
17	計算結果が正しく入力されている。	

6 ご購入者特典について

模擬試験を学習する際は、**「採点シート」**を使って採点し、弱点を補強しましょう。
FOM出版のホームページから採点シートを表示できます。必要に応じて、印刷または保存してご利用ください。

◆採点シートの表示方法

パソコンで表示する

①ブラウザーを起動し、次のホームページにアクセスします。

https://www.fom.fujitsu.com/goods/eb/

※アドレスを入力するとき、間違いがないか確認してください。

②「日商PC検定試験 プレゼン資料作成3級 公式テキスト&問題集 PowerPoint 2019/2016対応(FPT2105)」の《特典を入手する》をクリックします。

③本書の内容に関する質問に回答し、《入力完了》を選択します。

④ファイル名を選択します。

⑤PDFファイルが表示されます。

※必要に応じて、印刷または保存してご利用ください。

スマートフォン・タブレットで表示する

①スマートフォン・タブレットで下のQRコードを読み取ります。

②「日商PC検定試験 プレゼン資料作成3級 公式テキスト&問題集 PowerPoint 2019/2016対応(FPT2105)」の《特典を入手する》をクリックします。

③本書の内容に関する質問に回答し、《入力完了》を選択します。

④ファイル名を選択します。

⑤PDFファイルが表示されます。

※必要に応じて、印刷または保存してご利用ください。

7 本書の最新情報について

本書に関する最新のQ&A情報や訂正情報、重要なお知らせなどについては、FOM出版のホームページでご確認ください。

ホームページ・アドレス

https://www.fom.fujitsu.com/goods/

※アドレスを入力するとき、間違いがないか確認してください。

ホームページ検索用キーワード

FOM出版

第1章
プレゼンの基本

STEP1　プレゼンとは　……………………………………………… 9
STEP2　プレゼンの流れ　…………………………………………… 10
STEP3　プレゼンの種類　…………………………………………… 15
STEP4　確認問題　…………………………………………………… 17

STEP 1 プレゼンとは

プレゼンは、会議の場で説明したり顧客に商品やサービスを提案したりする場などで、広く実施されています。プレゼンの形態はさまざまですが、適切なプレゼン資料を作成しプレゼンを実施する技術は、社会人はもとより学生にとっても不可欠なものです。

1 プレゼンとは何か

「プレゼン」は「プレゼンテーション」を略した言い方で、一般によく使われている言葉です。プレゼンとは、主張、意見、アイデアなどを説明し、相手の理解と納得を通じて、発表者の意図した結果を得るための積極的な行動のことです。
プレゼンには必ず聞き手がいて、説明のときはプロジェクター*などを使って説明内容を投影しながら実施するのが一般的です。
プレゼンでは、一般に投影のためのデータと配布のための資料を用意します。本書では、このデータと資料を合わせて**「プレゼン資料」**と呼んでいます。
プレゼンを実施するうえで重要なことは、わかりやすいプレゼン資料を用意することと、わかりやすくプレゼン資料の内容を説明することです。

* ディスプレイ装置の一種で、PCと接続して映像を大型スクリーンなどに投影する装置を指します。

2 プレゼンはなぜ必要か

情報通信社会と呼ばれる今、情報量は増加の一途をたどり内容も複雑になっています。情報を伝えるときは、整理してわかりやすく伝える工夫が必要です。どんなによい内容であっても、それが相手に伝わらないのでは意味がありません。
そこで求められるのが、プレゼンの技術です。言いたいことを並べるだけでは聞き手は退屈してしまい、理解や納得につながりません。
情報を伝えるときは、伝えたい中身をどういう順序でどんな見せ方をすればよいかを考えなければなりません。情報社会を生き抜くために、またビジネスチャンスを生むためにもプレゼンの技術は必須です。
プレゼンを実施する機会は、誰にでも訪れます。避けて通ることはできません。プレゼンは、特にビジネスの場では大きな役割を担っており、説得力のあるわかりやすいプレゼンができるかどうかが、問われているといえます。

STEP 2

プレゼンの流れ

プレゼンは、プレゼンの企画・設計、プレゼン資料の作成、プレゼンの実施の3つのステップに分け、以下のような流れで行われます。

1 全体の流れを理解する

プレゼンには、大きく分けて次のような3つのステップがあり、このステップに沿って実施されます。小規模のプレゼンであっても、この流れは同じです。
小規模のプレゼンの場合、**「企画」**や**「設計」**のステップは大げさに感じられるかもしれません。しかし、どのようなプレゼンでもこのステップを省略することはできません。プレゼンの主題や目的、ゴールを明確にしながら、目指すゴールにたどり着けるようにすることが大事です。

①プレゼンの企画・設計	企画	●プレゼンの主題や目的、ゴールなどの明確化 ●聞き手の分析 ●情報の収集・整理
	設計	●企画の内容に沿ったストーリーの組み立て ●訴求ポイントの明確化

②プレゼン資料の作成	●設計の内容に沿ったわかりやすいプレゼン資料の作成 ●配布資料の作成

③プレゼンの実施	準備	●リハーサル ●配布資料のコピー ●会場の確認や会場の設営、機器のチェック
	実施	●プレゼンの実施 ●質疑応答
	アフターフォロー	●プレゼン全般の効果の確認・評価 ●宿題への対応や補足情報の提供

2　プレゼンの基本を押さえる

プレゼンで大事なことは、プレゼンを進めるときの各ステップで基本を押さえることです。プレゼンの企画・設計、プレゼン資料の作成、プレゼンの実施の各ステップで、次のような点を強く意識しながら進めます。

●プレゼンの企画・設計のステップ

プレゼンの目的と聞き手を明確にして、各ステップを通して目的が達成できる内容にすることを考えます。必要なデータを集め、分析してわかりやすいストーリーを考えることも大事です。

●プレゼン資料の作成のステップ

ポイントが明確に伝わる資料を作成します。全体の見やすさや視覚的な統一も大事です。資料を作るとき、思いつくままの順序で作って並べたり、小さな文字の文章を詰め込んだり、目立たせようとして何もかも枠で囲んだり、派手な色を使い過ぎたりしたのでは、ポイントが伝わらず、聞き手に真剣に耳を傾けてもらうことはできません。

●プレゼンの実施のステップ

必要な準備をしたうえで、聞き手の納得が得られるようなわかりやすい伝え方、熱意が感じられる説明の仕方を心掛けます。

このように、各ステップで基本を押さえることで、全体によい影響を及ぼし合い、質の高いプレゼンが実施できます。

■図1.1　各ステップで押さえるべきこと

プレゼンの企画・設計
- 目的・聞き手の明確化
- 目的を達成できる内容
- わかりやすいストーリー

プレゼン資料の作成
- ポイントが明確に伝わる資料
- 全体の見やすさ
- 視覚的な統一

プレゼンの実施
- わかりやすい説明
- 熱意が感じられる伝え方

presentation

3 プレゼンソフト（PowerPoint）活用の流れ

プレゼン資料の作成や、プレゼン実施のためのプロジェクター投影に使われる代表的なソフトが「**Microsoft PowerPoint**」（以下、PowerPoint）です。
PowerPointには、最初のアイデアを考える段階から、プレゼン資料の作成・準備を経てプレゼンの実施までのそれぞれのステップをサポートするためのさまざまな機能が用意されています。

PowerPointで使われる用語の中で重要なものが、「**プレゼンテーション**」と「**スライド**」です。PowerPointでは、PowerPointで作成したファイルそのものをプレゼンテーションと呼んでいます。「**プレゼンテーションファイル**」と呼ぶこともあります。
一般用語のプレゼンテーションと区別がつかないため、本書では一般用語を指すときは「**プレゼン**」と呼んで区別しています。また、PowerPointで作成するプレゼンテーションのそれぞれのページ（画面）はスライドと呼ばれます。

❶ プレゼンの企画・設計のステップにおけるPowerPointの活用

プレゼンの企画・設計のステップでは、PowerPointを次のように利用できます。

- 「**アウトライン**」を使って、全体の構成を検討しながら文字（各スライドのタイトルや箇条書き）を入力できる。
- アウトラインを使って、入力した文字を個々のスライドにそのまま展開できる。

❷ プレゼン資料の作成のステップにおけるPowerPointの活用

プレゼン資料の作成のステップでは、PowerPointを次のように利用できます。

- 文字や図解、表、グラフ、画像などを配置しながら、用意されているさまざまな機能によって高品位のスライドを簡単に作成できる。
- Microsoft Excel（以下、Excel）などで作成した表やグラフを取り込んで利用できる。
- プレゼン内容の変更が発生しても、簡単に修正できる。
- 画像や音声のデータを盛り込んだプレゼンテーションを作成できる。
- 配布資料を簡単に作成できる。
- 「**ノート**」と呼ばれる、発表者用の資料を用意することができる。スライドごとに、話の要点をノートに書き込んでおけば、プレゼン実施のときなどに活用できる。

❸プレゼンの実施のステップにおけるPowerPointの活用

プレゼンの実施のステップでは、PowerPointを次のように利用できます。

- プロジェクターを使ってPCから直接スクリーン上に投影して、大勢の聞き手を対象にプレゼンを実施できる。
- **「アニメーション**[*1]**」**を使った効果を設定することで、強調したい箇所を目立たせたり理解を助けたり変化を付けたりすることができる。
- **「画面切り替え**[*2]**」**を使って、変化を演出できる。
- プレゼン実施中に**「マーキング**[*3]**」**を使って、スライドに文字や線を書き込むことができる。
- ビデオ撮影した動画ファイルをPCに取り込んで、プレゼンで再生できる。
- BGMや効果音をスライドに挿入して、プレゼンで再生できる。
- ナレーションを録音して、無人の自動プレゼンが実施できる。
- **「ブラックアウト**[*4]**」**や**「ホワイトアウト**[*4]**」**を使って、聞き手を話に集中させることができる。
- **「プレゼンテーションパック**[*5]**」**を使うと、リンクされたファイルや特殊なフォントが含まれていても、別のPCでプレゼンテーションを再生できる。
- **「目的別スライドショー」**を使うと、1つのプレゼンテーションでも、使用目的によって見せるスライドや順番を変えて実施できる。
- **「動作設定ボタン」**を使って事前にリンクを設定しておくと、**「スライドショー**[*6]**」**の実行中に同じプレゼンテーションの別のスライドにジャンプさせたり別のファイルを開いたりすることができる。
- 質問に備えた補足説明用のスライドを作成した場合は、本説明の該当するスライドとリンクしておくことで、質問が出たとき、即座に補足説明用のスライドを表示できる。

*1 箇条書きを1行ずつ表示したり、図解やグラフに動きを加えたりする機能です。

*2 次のスライドに移る画面切り替え時の見せ方を変化させる機能です。

*3 スライドショー実行中に、マウスポインターの表示をペンや蛍光ペンに替えて、スライド上に文字や線を書き込む機能です。

*4 ブラックアウトとは画面を黒くしてスライドを一時的に表示しないようにする機能です。ホワイトアウトとは画面を白くしてスライドを一時的に表示しないようにする機能です。ブラックアウトやホワイトアウトを利用することで、スクリーンを見ていた聞き手は発表者に注目するようになります。

*5 プレゼンテーションのファイルやそのファイルにリンクされているファイルなどをまとめて保存するものです。保存先として、フォルダーやCDを選択できます。

*6 スライドを画面（スクリーン）全体に表示し、順次表示していく機能です。

このように、PowerPointには、プレゼンの各ステップに活用できる機能が備わっています。プレゼンを通して習得したPowerPointの技術は、プレゼン以外のビジネス文書のような分野にも適用させることができます。

■図1.2　プレゼンの各ステップにおけるPowerPointの活用

1 プレゼンの企画・設計

アウトラインによる
構成の検討

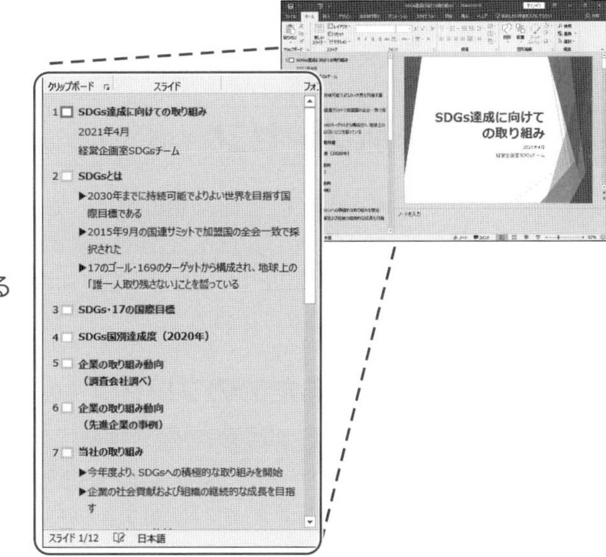

2 プレゼン資料の作成

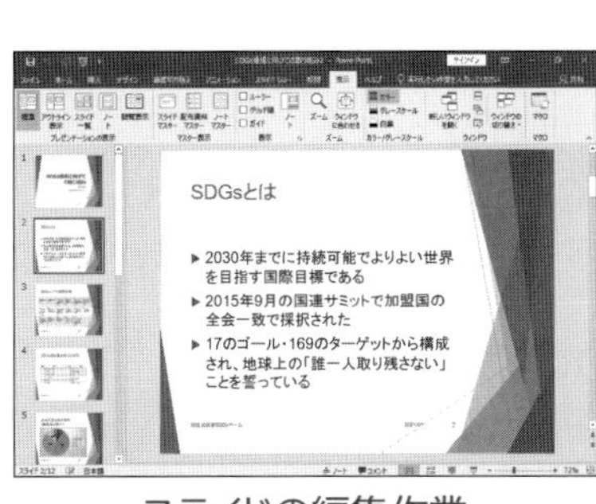

スライドの編集作業

配付資料

3 プレゼンの実施

スライドショー

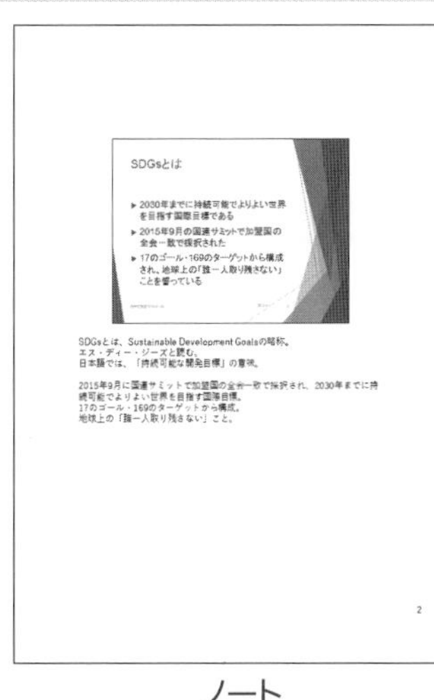

ノート

第1章
第2章
第3章
第4章
第5章
第6章
模擬試験
付録
索引

STEP 3 プレゼンの種類

プレゼンは、「目的」「形態」「手段」などのさまざまな視点から分類することができます。

1 目的別プレゼン

プレゼンの実施に際しては、目的やゴールを最初に明確にすることが重要です。プレゼンの目的は、次の3つに分けることができます。最初に、目的はその3つの中のどれであるかをはっきり意識することが、プレゼンを成功させるためには必要です。本検定試験で取り上げるのは、「1 説得するためのプレゼン」と「2 情報を提供するためのプレゼン」になります。

❶説得するためのプレゼン

プレゼンによって、発表者の考えを理解してもらい納得してもらうことが、このプレゼンの目的になります。そのためには聞き手がどのような要求をしているのか、何に困っているのかを理解することも大事です。広く情報収集を行い、背景や聞き手の情報を知ることが必要です。
たとえば、製品の紹介を行うプレゼンでは、単に製品の機能や特長を並べただけでは説得できません。なぜそうなのかという主張の根拠を示し、聞き手が“なるほど、そのとおりだ”と納得し、最終的には購入に結び付くというような内容でなければなりません。

❷情報を提供するためのプレゼン

新製品の情報を販売部門や販売代理店に伝えたり、新しい仕組みについて説明したりする場合は、情報提供がプレゼンの目的になります。ここで注意しなければならない点は、知っているすべての情報を伝えることが必ずしも最良とは限らないということです。聞き手やプレゼンの目的によって、伝えるべき内容を整理して必要な情報だけを伝えます。
情報を伝えることが目的なので、聞き手が理解しやすいように、聞き手のレベルを考えた用語の使い方や説明の仕方をするなどの工夫をし、伝えたい内容が十分に伝わるようにします。

❸楽しませるためのプレゼン

楽しませるプレゼンというものもあります。創立記念や売上目標達成記念など各種の記念パーティーやイベントの場で行われるようなプレゼンです。
このような場では、ユーモアが感じられる笑いを誘う話や知的好奇心を刺激するような話などを取り上げるとよいでしょう。ただし、その場の雰囲気を壊さないように目的に合った内容の話をしなければなりません。

2 形態別プレゼン

プレゼンを形態で分類すると、次の4種類になります。本検定試験で取り上げるのは、主に「1 提案・説明形式」です。

❶提案・説明形式

提案・説明形式のプレゼンでは、聞き手から求められて、あるいは自ら積極的に提案や説明をするものであり、最も一般的なプレゼンの形式になります。提案内容や説明内容が正しく伝わるように、現状分析や聞き手のニーズの分析を正しく行って、的確な内容に組み立てる必要があります。

② 会議形式

会議形式のプレゼンは、日常的に行われる社内・社外の会議や部内報告会などの場で行われます。新規プロジェクトのミーティングなどにおける説明も一種のプレゼンになります。伝えたいことのポイントを絞って簡潔に自分の意見を述べるようにします。
大学のゼミや各種の研究会での発表も会議形式のプレゼンの例です。

③ 講義・講演形式

この形式は、発表者から聞き手への一方通行的なプレゼンです。聞き手が知りたいことは何かをよく考え、主旨から外れないように気を付けながら話します。
通常、聞き手のレベルや興味の対象はさまざまなので、聞き手の反応をうかがいながら、緩急自在な話し方で行う必要があります。できれば、最後に質問の時間を設けて、聞き手の疑問に答えるようにします。

④ 面談形式

就職試験の面接や社内面談など、1名ないし数名の聞き手に対して行うプレゼンです。聞き手の反応を見ながら柔軟に対応しなければなりません。面談形式では、配布資料は使わないのが一般的です。

3 手段別プレゼン

プレゼンの手段には、デジタルとアナログがあります。また、それらを複合させたものもあります。本検定試験で取り上げるのは、「1 デジタルによるプレゼン」です。

① デジタルによるプレゼン

プレゼンにPCを使うのが、デジタルによるプレゼンです。PowerPointでプレゼン資料を作り、PCにプロジェクターを接続して投影しながらプレゼンを実施します。聞き手が少人数の場合は、タブレットやノートPCを使って画面を見せながらプレゼンを実施することもできます。
プレゼンにPCを使うことで、スライドの作成効率と表現効果が飛躍的に高まります。また、PCを使うことで情報の提示の仕方にも多様性が広がります。プレゼンの中に動画を組み込んだり、インターネットと接続して外部の情報を取り込んだりすることもできます。

② アナログによるプレゼン

ホワイトボードやフリップボード*を使って行うプレゼンが、アナログによるプレゼンです。デジタルによるプレゼンが一般化した近年では、アナログによるプレゼンは温か味や人間味が感じられる面があって、デジタルによるプレゼンとはまた別の雰囲気が感じられるものになります。

* 本来は映画やTV番組でタイトルやクレジットを表示するのに使われるボードのことですが、プレゼンでも大型のボードや白紙を何枚も重ね合わせたボードを使って、そこに文字などを記入します。

③ デジタルとアナログによるプレゼン

プロジェクターで投影しながら、同時にホワイトボードにキーワードなどを書いて説明するプレゼンが、デジタルとアナログによるプレゼンです。この方法は、気持ちが切り替わる効果があって、使い方によっては効果的です。

STEP 4

確認問題

解答 ▶ 別冊P.1

知識科目

問題 1 プレゼンについて述べた文として、適切なものを次の中から選びなさい。

1 学生でもプレゼンを行う機会はある。
2 聞き手が数名と少ないときは、プレゼンとはいわない。
3 プレゼンでは必ず配布資料を用意する。

問題 2 プレゼンの企画・設計のステップにおける設計で行う作業として、適切なものを次の中から選びなさい。

1 配布資料の作成
2 聞き手の分析
3 プレゼンのストーリーの組み立て

問題 3 「プレゼンテーション」の言葉について述べた文として、適切なものを次の中から選びなさい。

1 一般用語として使われる場合と、PowerPointで作成したプレゼン用のファイルを指す場合がある。
2 この言葉が使われるのは、主として会議の場である。
3 「プレゼンテーション」と「ミーティング」はほぼ同じ意味で使われる。

問題 4 プレゼンソフトPowerPointに関する記述として、適切なものを次の中から選びなさい。

1 動画は扱うことができない。
2 Excelで作成した表やグラフを取り込んで利用できる。
3 ビジネスの場ではよく使われるが、教育の場ではほとんど使われることはない。

問題 5 プレゼンの種類を述べた文として、適切なものを次の中から選びなさい。

1 プレゼンには、説得のためのプレゼンや情報提供のためのプレゼンはあるが、楽しませるためのプレゼンというものはない。
2 提案・説明形式のプレゼンは、ビジネスでは最も一般的なプレゼンの形式である。
3 会議の中で行われる説明は、プレゼンとはいわない。

Chapter

2

第2章
プレゼンの企画・設計

STEP1　プレゼンの企画 ………………………………………… 19

STEP2　プレゼンの設計 ………………………………………… 24

STEP3　確認問題 ………………………………………………… 27

STEP 1

プレゼンの企画

企画はプレゼンの最初のステップです。このステップでこれから実施するプレゼンの主題や目的を明確にします。企画がしっかりなされ、伝えるべき主題や目的が明確になっていると、聞き手を説得できるプレゼンが実施できるようになります。

1 主題・目的を明確にする

プレゼンの企画では、プレゼンの主題・目的を明確にしましょう。さらに目指すゴールも明確にしておきます。それらの内容は「**プレゼンプランシート**」と呼ばれるものを使って、わかりやすく整理できます。

① 主題・目的の明確化

次のような項目について考え、プレゼンの主題や目的を明確にします。

- 何のために実施するのか。
- プレゼンの範囲はどの程度にすべきか。
- どのような方法でプレゼンを行うのか（スライドを投影し配布資料も使用、配布資料だけで説明など）。
- 聞き手は誰か。どのような立場の人か。
- プレゼンの主題に対して、聞き手が持っている前提知識や理解力はどれくらいか。
- 聞き手のニーズは何か。
- プレゼンに必要な情報をどのように収集するのか。
- プレゼンを準備するにあたって、解決しておかなければならない課題はないか（聞き手の分析不足など）。
- プレゼンの実施時期はいつか。
- 説得するためのプレゼンで、何らかの意思決定をしてもらうことが目的の場合、具体的にどういう意思決定をしてほしいのか。
- 情報を提供するためのプレゼンで、何かを理解してもらうことが目的の場合、理解してもらいたい内容は何か。

主題や目的を明確にしておくと、聞き手を説得できるプレゼンを実施することができます。

② ゴールの明確化

プレゼンの企画では、主題・目的を明確にすると同時に、目指すゴールが何であるかを明確にしましょう。情報を提供するためのプレゼンであっても、情報を伝えることだけが目的ではないはずです。たとえば新商品情報を伝えるプレゼンであれば、“新商品に関する情報を武器に、競合商品の牙城を切り崩す”というような具体的なゴールのイメージが必要になります。

③ 阻害要因の排除

ゴールが明確になったら、そこに向かって進めるようにシナリオを作ります。必要な情報を集めてプレゼン資料としてまとめ上げたうえでプレゼンを実施します。その過程で阻害要因があるときは、その要因を排除したり、対応したりするための解決策を考えます。
阻害要因には、次のようなものが考えられます。

- 必要な資料がそろわないため、内容がまとまらない。
- 内容に関係する変更の情報が入った。
- プレゼンの時間を半分に減らさなければならなくなった。
- 協力してくれるチームメンバーが手伝えなくなった。

④ プレゼンプランシート

企画した内容は、プレゼンプランシートにまとめると内容が明確になります。また、複数の担当者が1つのプレゼンを担当する場合でも、内容に対する共通の認識を保つことができます。
社外用のプレゼンプランシートには、次のような項目をまとめます。

- 主題
- お客様名
- 開催日時
- 開催場所
- 発表者
- 出席予定者
- キーパーソン
- 所要時間
- 実施方法
- 目的・狙い（プレゼンの具体的な目的、プレゼンの形態、伝えたい重要なメッセージ、理解してほしいことなど）
- ゴールのイメージ（どうなれば成功といえるのかを5W2H*で考える。第1目標、第2目標、第3目標などを明示する。）
- 訴求ポイント
- 備考

* What、Who、Why、When、Where、How、How muchで分析して考えることです。

図2.1は、プレゼンプランシートの例です。このようなシートを作成し、そこに記入しながら、プレゼンのストーリーを詰めていきます。
このシートには、プレゼンの構成の欄を追加することもできます。その場合、構成の欄には各スライドのタイトルや概要を記入します。

■図2.1　プレゼンプランシート

プレゼンプランシート	
主題	
お客様名	
開催日時	
開催場所	
発表者	
出席予定者	
キーパーソン	
所要時間	
実施方法	
目的・狙い □　説得 □　情報提供 □　楽しませる □　その他	
ゴールのイメージ	第1目標 第2目標 第3目標
訴求ポイント	
備考	

2 聞き手を分析する

プレゼンを成功させるためには、聞き手の分析は欠かせません。
聞き手の情報が不明なまま話しても、狙った効果はなかなか出にくいものです。聞き手がどのような人々なのか、具体的に知ることでプレゼンの内容を変えたり専門用語の使い方を考えたりすることができるようになります。特に、社外に対して行うプレゼンは大事です。外部の会社に対するプレゼンであれば、その会社がどのような事業に力を入れ、どれくらいの売上やシェアを持っているのかなどの情報を調べておくとよいでしょう。調査の時間がとれない場合は、その会社のホームページを見て、概要だけでも頭に入れておくようにします。
聞き手に関して事前に知っておきたい内容には、次のようなものがあります。

●属性

次のような聞き手の属性を確認しておきます。

- 職種
- 所属、地位、経歴
- 年齢層、性別
- キーパーソンは誰か

●目的・前提条件

次のような聞き手の目的・前提条件を確認しておきます。

- 聞き手がプレゼンに出席する理由・目的
- 何に興味を持っているのか、プレゼンの主題に対する興味はどうか
- 聞き手の価値観や判断基準
- 主題に対する聞き手の知識
- 禁句（触れてはならない話題や使ってはならない言葉など）
- プレゼンの主題が、聞き手に与えると思われる影響

●その他

その他、次のような情報を確認して整理します。

- 出席者の人数
- 競合会社の有無

聞き手のニーズをしっかり把握するためには、事前に聞き手に会ってヒアリングを実施するのも効果的です。そうすることで、聞き手の課題や利益を考えながら受け入れやすい内容に組み立てていくことができるようになります。

3 情報を収集し整理する

プレゼンの客観性を高めたいとき、明確な根拠を示したいときなどは、適切な事例、データ、実体験などの情報が必要になります。
しっかりした根拠を示すためには、その裏付けとなる信頼性の高い事例やデータを集めましょう。適切な情報が得られれば、プレゼンの説得力を高めるのに役立ちます。

❶ 情報の収集

情報は、自分自身で独自に集める場合と、公表されているものを利用する場合があります。
自分自身で集める方法には、関係者へのヒアリング、アンケート、観察、実体験などがあります。いずれの方法も、調査時期・期間、調査場所、調査対象、調査方法・内容などによって、その価値や信頼性が左右されます。プレゼンの主題や目的を考えながら有効な情報が得られるようにします。
公表されている情報には、新聞、雑誌、カタログ、一般書籍、図書館の書籍・データなどがあります。インターネットも広く活用されています。インターネットでの検索は便利であり、簡単に多くの情報を集めることができます。しかし、安易に利用すると、問題が生じることもあります。誰にでも手軽に情報を発信できるインターネットでは、すべての情報が信用できるとは限りません。内容が古くなってしまっていることもあります。
また、公表されている情報を利用するときは、いずれの場合も著作権があることに留意しましょう。

❷ 情報の整理

集めた情報にはいろいろなものがあるので、よく整理・分析して必要な情報と不要な情報に分けていきます。整理した結果、まだ不足している情報があれば、さらに収集を続けます。
整理した情報は、プレゼン資料として使えるように箇条書きでまとめたり、図解、表、グラフに加工したりします。

STEP 2

プレゼンの設計

企画内容に沿って情報を整理し、それらをストーリーに展開していくのが、設計の主な作業になります。プレゼンではストーリーの展開方法が重要であり、どのように展開すれば頭に入りやすい流れになるかを考えながら行います。

1 プレゼンを設計する

ストーリー展開は、聞き手に内容がスムーズに理解されるように、そして聞き手に強く印象付けられるように工夫しましょう。それらを意識しながら、どのように展開していくかを考えます。プレゼンの設計では、主に次のようなことを整理します。

- 説明項目（スライドの内容）と説明の順序をどうするか。
- プレゼンの時間はどれくらいで、全体の時間配分をどうするか。
- 重点的に説明したい項目（訴求ポイント）は何か。

2 序論・本論・まとめで構成する

プレゼンの構成は、「序論」「本論」「まとめ」の3部に分けて組み立てることが基本です。短時間で終わるプレゼンであっても、この基本は変わりません。この序論、本論、まとめの基本構成がしっかりしていると、序論から本論、本論からまとめへという全体の流れが自然になり、わかりやすいプレゼンになります。

❶序論

序論では、これから話す主題が何であるかを示します。その主題が聞き手にとって重要であり、利益をもたらすものであることを知らせます。聞き手に、聞いてみようという気持ちを起こさせる大事なステップです。

●序論の役割

序論の役割には、次のようなものがあります。

- 主題が何であるかを明確に示す。
- 主題の重要性を知らせる。
- 聞き手の注意を引き、聞く準備をしてもらう。
- 本論にスムーズに入れるように導く。
- 本論の話をするうえで、聞き手に必要な知識を提供する。

●序論で話す内容

序論では、次のような内容を話します。常にこれらの項目をすべて話すのではなく、状況によって、話さなければならない項目が何かを判断します。

- 挨拶をする。
- 聞き手が初対面の人であれば、自己紹介をしたり自分の立場を述べたりする。
- 参加してもらったことに対するお礼を述べる。
- これから話す主題について、それを取り上げた背景を説明する。
- プレゼンの主題や目的を話して、伝えたいことは何であるかを理解してもらう。
- プレゼンの内容が、聞き手にどのように関係するのかを述べる。
- プレゼンの結論を述べる(聞き手や内容を考えたうえで、序論では触れないこともある)。
- プレゼンの全体像と話す順序を伝え、本論につなげる。

❷ 本論

序論で述べた主題や結論に対して、なぜそうなのかその根拠や理由を詳細に説明し、納得させるのが本論の役割です。本論は時間配分が最も多く、プレゼンの核心部分になります。

●本論の役割

本論の役割には、次の2つがあります。

- 序論で話した内容を受けて、具体的な内容を展開する。
- 根拠を示しながら論理的に説明して、プレゼンの内容を納得してもらう。

●本論で話す内容

本論では、次のような内容を話します。本論の説明は、全体から細部へと展開していきます。

- 詳細内容を、順を追って、あるいは時間の経過に沿ってわかりやすく説明する。
- 提起した問題に対する論証や証明を行う。
- 序論で話した結論に対する理由を示す。
- 裏付けデータなど、根拠を示す。
- 具体的な事例を示す。
- 調査結果や実施結果を説明する。

❸ まとめ

本論で展開した内容をまとめ、ポイントを繰り返して念を押すのがまとめです。序論で結論について述べている場合も、最後にもう一度繰り返します。

●まとめの役割

まとめの役割には、次の3つがあります。

- 本論で述べた内容を要約し、ポイントを明確にする。
- 結論を明確に示し、聞き手の行動を促す。
- 質疑応答を行う。

●まとめで話す内容

まとめでは、次のような内容を話します。

- 全体を要約して示す。
- 重要なポイントを繰り返し確認する。
- 結論を明確に伝える。
- 補足説明をする。
- 聞き手にとってほしい行動を述べる。
- 質問に答える。
- 今後の予定を話す。

■図2.2　プレゼンの構成

3　本論の構成と展開を考える

プレゼンでは序論・本論・まとめという構成で、最初に序論の中で全体的なことを話します。本論でも最初に本論で説明する概要を示してから個々の詳細説明に入るという展開にすると、わかりやすくなります。さらに、本論の中の個々の詳細説明でも、全体から部分へという展開を心掛けます。

そのほかに、本論の展開には次のような方法があるので、内容に応じて最適なものを選択します。本論の中に、種類の異なる展開方法が複数含まれていても問題ありません。

- 過去から現在、物事を進める手順、発生順のように時間の経過に沿った展開をする。
- 大から小へ、簡単なものから複雑なものへ、広い地点から狭い地点へというように段階的な展開をする。
- 原因と結果を対比させながら展開する。
- 問題点と解決策、課題と対処法という展開をする。
- 複数の地域の説明を北から南への順で進めるというような地理・空間的な展開をする。
- 基本となるもの、コアとなるものから応用や派生したものへという順序で展開する。
- 一般的な話題から始めて、説明したい対象へと展開する。
- いろいろな事例をもとにしながら結論を導き出すという展開をする。
- 自社と他社、A案とB案というように、比較・対照させながら展開する。
- 複数のアイデアを同じ切り口で掘り下げる展開をする。

4　訴求ポイントを明確にする

プレゼンの内容を個々のスライドに展開していくとき、収集した情報はポイントを絞って焦点を明確にしながら、必要な情報だけを使います。多くのスライドに多くの情報が詰め込まれていると、ポイントがあいまいになりよく伝わらない資料になります。ポイントを絞り込んで、必要な内容が的確に伝わるプレゼンが実施できるようにしましょう。

特に大事な訴求ポイントが、プレゼンの中で聞き手にどう伝わるかは重要です。訴求ポイントに対してはインパクトのある図解を使い、明快な言葉で丁寧に説明して聞き手の心に訴えるように工夫しましょう。そうすることで、聞き手の記憶にも残り、良い結果につながるプレゼンにすることができます。

STEP 3 確認問題

解答 ▶ 別冊P.2

知識科目

問題 1 プレゼンの企画について述べた文として、適切なものを次の中から選びなさい。

1 プレゼン全体の詳細な時間配分は、企画の段階で考える。
2 企画の段階では、スライドの枚数を決めてその後の作業をしやすくする。
3 プレゼンのゴールは何かを考えるのは、企画の段階の大事な作業である。

問題 2 プレゼンの設計について述べた文として、適切なものを次の中から選びなさい。

1 このステップで、聞き手についての分析を行う。
2 プレゼン全体のストーリーを考える。
3 プレゼンで使う情報を洗い出して整理する。

問題 3 プレゼンの構成の中の本論について述べた文として、適切なものを次の中から選びなさい。

1 本論は、プレゼン実施の中で最も時間をかけて行われるもので、具体的な内容などを詳しく述べる。
2 本論で大事なことは、重要なポイントを繰り返し述べることである。
3 本論で理由や根拠を示すときは、可能な限り簡潔に述べるのがよい。

問題 4 聞き手について述べた文として、適切なものを次の中から選びなさい。

1 聞き手を分析するとき最も大事なことは、職種と年齢層である。
2 聞き手の分析を的確に行うことが、プレゼンの成功には欠かせない。
3 聞き手の分析は、プレゼンが成功するかどうかと直接の関係はない。

問題 5 プレゼンの「**序論**」「**本論**」「**まとめ**」について述べた文として、適切なものを次の中から選びなさい。

1 「**序論**」「**本論**」「**まとめ**」の中で最も時間をかけて丁寧に説明する必要があるのは、「**序論**」である。
2 「**序論**」「**本論**」「**まとめ**」の中で最も時間をかけて丁寧に説明するのは、一般的に「**本論**」である。
3 時間がないときは、「**序論**」「**本論**」だけで済ませて「**まとめ**」は省略しても問題はない。

Chapter

3

第3章
プレゼン資料の作成

STEP1　プレゼン資料とは ………………………………… 29
STEP2　プレゼン資料の作成 ……………………………… 32
STEP3　確認問題 ………………………………………… 59

STEP 1

プレゼン資料とは

プレゼン資料の作成は、プレゼンの企画・設計の中身を形にする大事なステップです。整理された箇条書きや適切な図解を使い、見る人の印象に残るプレゼン資料を作成していきます。最初に、プレゼン資料の作成の流れやプレゼン資料の構成要素を示します。

1 プレゼン資料とは

プレゼンを実施するためには、企画・設計の内容に従って、視覚面にも配慮したわかりやすいプレゼン資料を作成する必要があります。プレゼン資料には、プロジェクターで投影するための**「データ」**と、それを紙やPDFファイルとして出力した**「配布資料」**があります。
プレゼン資料の作成にはプレゼンソフトが使われます。本検定試験では、プレゼンソフトとしてPowerPointが使われています。PowerPointにはいくつかのバージョンがありますが、本検定試験は、PowerPoint 2019、PowerPoint 2016、またはPowerPoint 2013の使用を前提に実施されます。
本書では、PowerPoint 2019、またはPowerPoint 2016の基本的な操作を解説しています。ほとんどの機能はPowerPoint 2019、PowerPoint 2016、およびPowerPoint 2013で共通です。なお、一部に異なっているものもあります。

2 プレゼン資料作成の流れ

プレゼン資料を作成する場合は、次のような流れで作業を行います。

1 プレゼン資料を一通り作成する

ストーリー展開に合わせて、PowerPointなどを使ってプレゼン資料を作成します。

↓

2 素材を再収集して不足分を補う

資料や素材が不足している場合には、再収集してプレゼン資料に盛り込みます。

↓

3 全体をチェックして仕上げる

全体を通して眺め、流れ、統一性、強調点、整合性などに問題がないかを確認します。

3　プレゼン資料の構成要素を理解する

プレゼン資料の主な構成要素を図3.1に示します。これらの構成要素をスライドの上に表示させる機能は、あらかじめPowerPointに組み込まれています。これらの構成要素の位置・フォントの種類・サイズ・色などは、PowerPointで選択する**「テーマ」***によって異なります。文字の位置や書式は、あとで変更することもできます。

*さまざまな配色、フォント、効果などが組み合わされたデザインテンプレートを指します。

■図3.1　プレゼン資料の主な構成要素

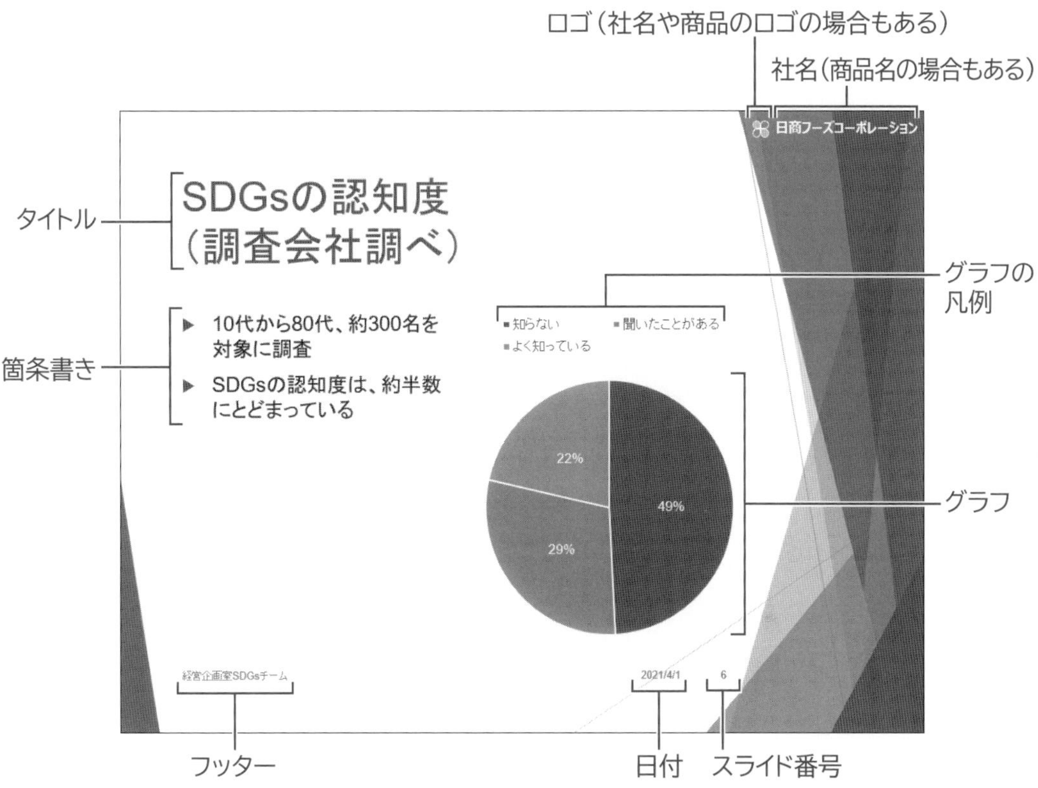

図3.1に示した構成要素以外に、図解、表、写真、イラスト、単位、データの出典などの要素が入る場合があります。スライドの内容によって、これらの要素を加えます。

4 プレゼン資料作成用ツールとしてのPowerPointの特長とは

PowerPointはプレゼン資料作成用ツールとして、次のような特長を持っています。

- テーマと呼ばれるデザインテンプレートが豊富に用意されている。
- さまざまな構成要素を含むスライドの作成効率がよい。
- 効率よく表やグラフを作成できる。
- Excelで作成した表やグラフを貼り付けて使うことが簡単にできる。
- 「SmartArt」と呼ばれる図解パターンが豊富に用意されている。
- SmartArtに高度な表現が簡単に設定できるスタイルが豊富に用意されている。
- 図形に高度な表現が簡単に設定できるスタイルが用意されている。
- 以上の機能を活用することで、洗練されたスライドデザインが簡単に得られる。
- 映像や音声などのデータを取り込んで、プレゼンで再生できる。
- PDF形式で保存し、デジタルファイルとして配付できる。

STEP 2

プレゼン資料の作成

PowerPointを利用したスライド作成の基本的な操作方法やスライドの並べ替え・削除など、ストーリー構成の検討に関わる操作について説明します。

1 新しいプレゼンテーションを作成する

PowerPointを起動して、新しいプレゼンテーションを作成します。新しいプレゼンテーションには、表紙となるタイトルスライドが用意されています。

Let's Try 新しいプレゼンテーションの作成

PowerPointを起動し、新しいプレゼンテーションを作成しましょう。

① (スタート)をクリックします。

スタートメニューが表示されます。

② 2019

《PowerPoint》をクリックします。

2016

《PowerPoint 2016》をクリックします。

PowerPointが起動し、PowerPointのスタート画面が表示されます。

③タスクバーに が表示されていることを確認します。

※ウィンドウが最大化されていない場合は、 (最大化)をクリックしておきましょう。

④《新しいプレゼンテーション》をクリックします。

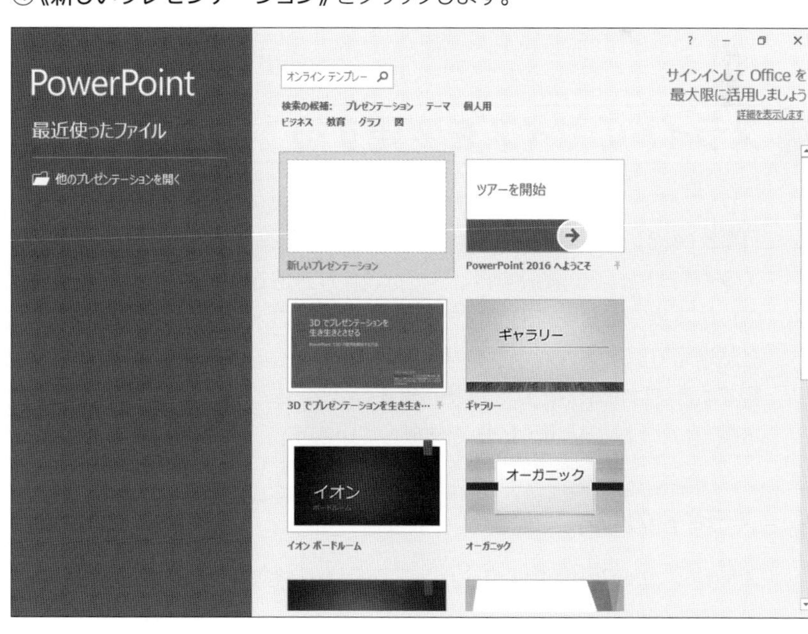

第1章 第2章 第3章 第4章 第5章 第6章 模擬試験 付録 索引

新しいプレゼンテーションが開かれます。

⑤タイトルバーに「**プレゼンテーション1**」と表示されていることを確認します。

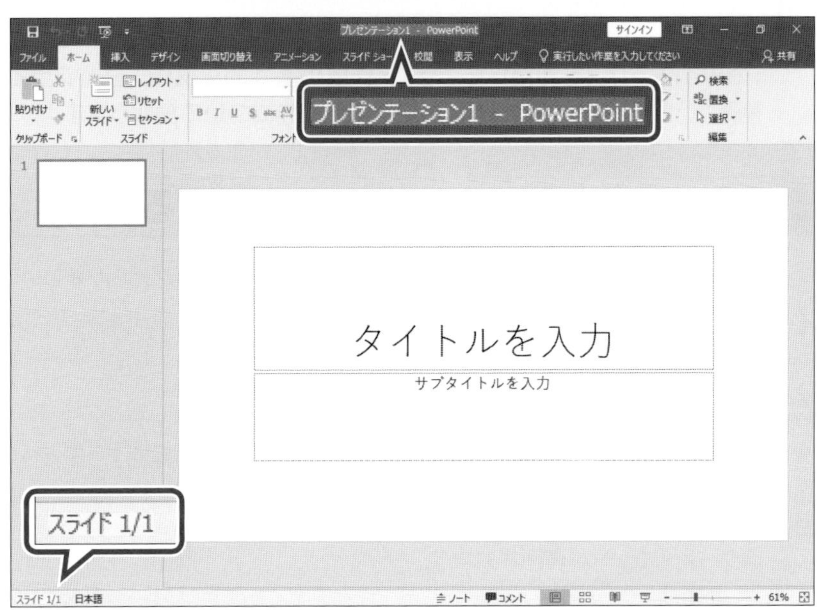

最初に表示されるのは、「**タイトルスライド**」です。タイトルスライドには、「**タイトルを入力**」と「**サブタイトルを入力**」の2つの枠が表示されています。これらの枠は、「**プレースホルダー**」と呼ばれます。

画面上部のタイトルバーには「**プレゼンテーション1**」、画面下部のステータスバーには「**スライド1/1**」と表示されます。「**プレゼンテーション1**」は新しいプレゼンテーションのファイル名で、「**スライド1/1**」は全体で1枚のスライドの1枚目のスライドが表示されていることを示しています。

2 スライドのサイズを変更する

プレゼンテーションは、さまざまなサイズで作成することができます。一般的なサイズは「**標準(4:3)**」や「**ワイド画面(16:9)**」ですが、A4、B4、レターサイズなども設定できます。スライドのサイズを選択するときには、出力方法を確認します。最近では、ワイド画面に対応した液晶モニターで出力したり、オンラインプレゼンでパソコン画面を共有したりすることが増えています。もし、ワイド画面に対応していないプロジェクターでスライドショーを実行するときは標準(4:3)を選択します。

本書では、すべて標準(4:3)で作成しています。

Let's Try スライドのサイズ変更

スライドのサイズを変更しましょう。ここでは、「**標準(4:3)**」に変更します。

①《**デザイン**》タブを選択します。

②《**ユーザー設定**》グループの (スライドのサイズ)をクリックします。

③《**標準(4:3)**》をクリックします。

スライドのサイズが変更されます。

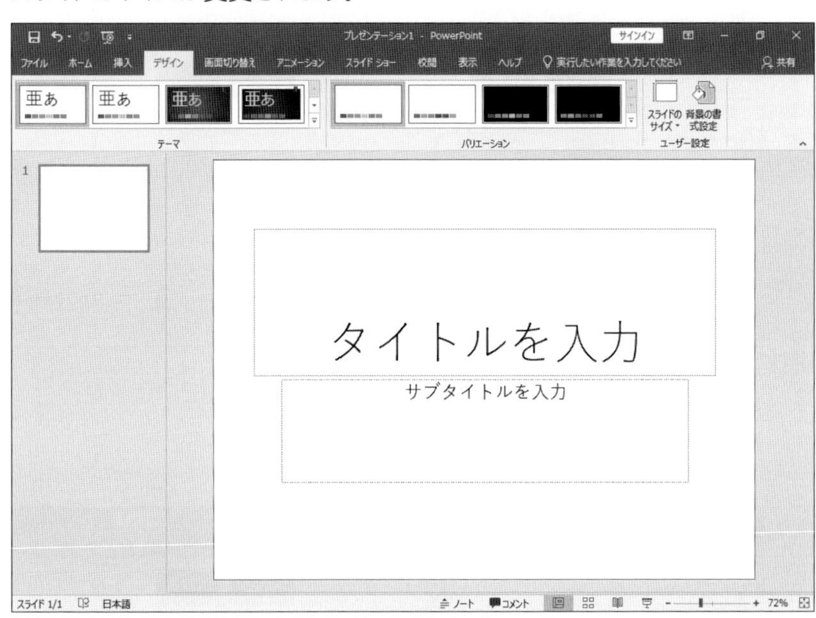

3 テーマを設定する

PowerPointには、さまざまな配色、フォント、効果などが組み合わされた「テーマ」と呼ばれるデザインテンプレートが用意されています。このテーマを設定することで基本デザインが決まり、プレゼンテーション全体の背景、フォント、色などが選択したテーマで統一されます。
新しく開いたプレゼンテーションには「Officeテーマ」という名前のテーマが適用されていますが、このテーマは背景が何もない、白紙の味気ないものになっています。新たなテーマを設定することで、手軽に見栄えのするプレゼンテーションが作成できます。

Let's Try テーマの設定

新しいプレゼンテーションにテーマを設定しましょう。ここでは、「ファセット」を設定します。

①《デザイン》タブを選択します。
②《テーマ》グループの ▼ (その他) をクリックします。

③《Office》の《ファセット》をクリックします。
※一覧をポイントすると、設定後のイメージを画面で確認できます。
プレゼンテーションにテーマが設定されます。

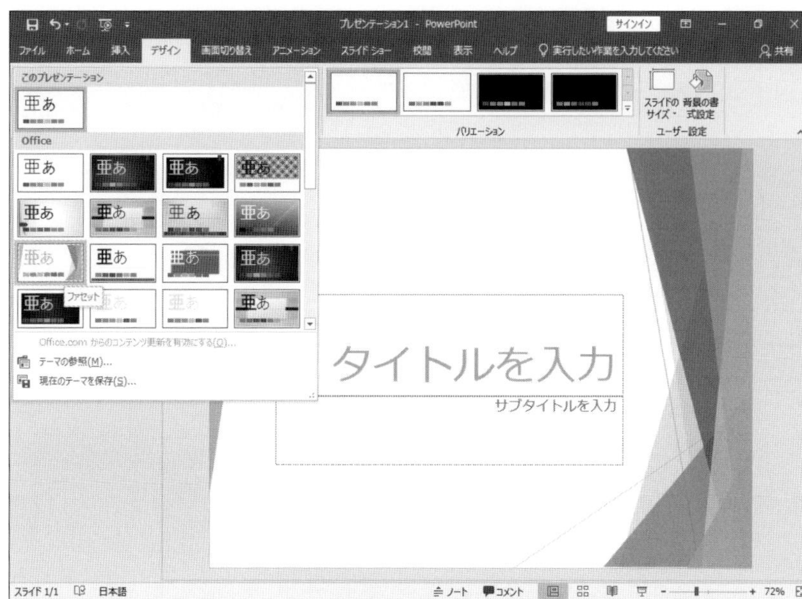

Let's Try バリエーションの設定

テーマには、いくつかのバリエーションが用意されており、デザインを簡単にアレンジできます。また、**「配色」「フォント」「効果」「背景のスタイル」**を個別に設定して、オリジナルのテーマを設定できます。
次のように、プレゼンテーションに適用したテーマの配色とフォントを変更しましょう。

配色　　：Office フォント：Arial　MSPゴシック　MSPゴシック

①**《デザイン》**タブを選択します。
②**《バリエーション》**グループの（その他）をクリックします。

③**《配色》**をポイントし、**《Office》**をクリックします。
※一覧をポイントすると、設定後のイメージを画面で確認できます。

テーマの配色が変更されます。
④**《バリエーション》**グループの（その他）をクリックします。

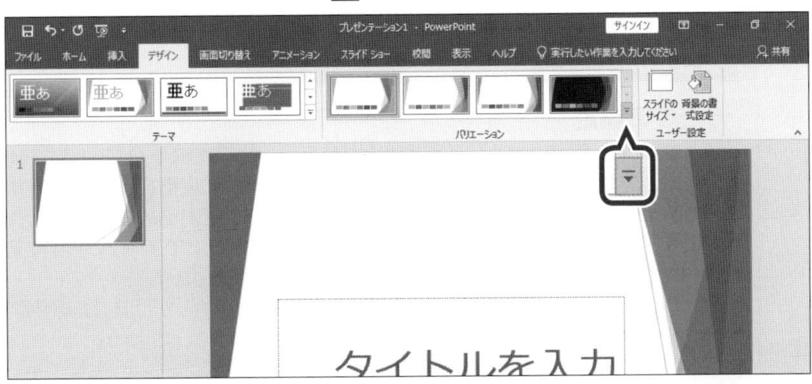

第1章 第2章 第3章 第4章 第5章 第6章 模擬試験 付録 索引

⑤《フォント》をポイントし、《Arial　MSPゴシック　MSPゴシック》をクリックします。
※一覧をポイントすると、設定後のイメージを画面で確認できます。

テーマのフォントが変更されます。

操作のポイント

バリエーションのパターンの変更

テーマの基本デザインを踏襲しながら、背景の模様や色の組み合わせたパターンがテーマごとに数種類用意されています。
バリエーションのパターンを変更すると、スライドのデザインを簡単にアレンジすることができます。
バリエーションのパターンを変更する方法は、次のとおりです。
◆《デザイン》タブ→《バリエーション》グループの（その他）→任意のパターンを選択

●テーマ「インテグラル」を設定した場合のパターン

操作のポイント

テーマの設定

テーマは、スライドの作成がある程度進んだ時点や、すべてのスライドを作成し終わった時点でも設定できます。また、いったん設定したあとに、別のテーマに変更することもできます。
ただし、テーマはスライド作成の早い段階で設定することをお勧めします。レイアウトや色を確認しながら進めることができるため効率よく作成できます。あとでテーマの設定を変更すると、レイアウトや色が大幅に変わってしまい、問題が生じることがあります。
テーマの設定では、企画内容に対する配慮も必要です。目的とかけ離れた派手なデザインや、内容にそぐわない地味過ぎるデザインを選ぶことがないようにしましょう。

4　表紙を作る

タイトルスライドは、プレゼン資料の表紙に該当します。
テーマを設定したタイトルスライドにタイトルを入力します。タイトルはタイトル用のプレースホルダーに入力し、日付、社名、部署名などはサブタイトル用のプレースホルダーに入力します。

Let's Try　タイトルの入力

タイトルスライドにプレゼンのタイトル、実施日付、部署名をそれぞれ入力しましょう。

①《タイトルを入力》をクリックし、「SDGs達成に向けての取り組み」と入力します。
②プレースホルダー以外の場所をクリックし、入力を確定します。
③《サブタイトルを入力》をクリックし、「2021年4月」と入力します。
※数字は半角で入力します。
④ Enter を押して、改行します。
⑤「経営企画室SDGsチーム」と入力します。
⑥プレースホルダー以外の場所をクリックし、入力を確定します。

操作のポイント

タイトル
タイトルは、プレゼンの主題・目的・内容などを端的に表現したものにします。漠然とした具体性のないものや、長過ぎるものは避けるようにしましょう。文字数は、20字以内が読みやすいとされています。

サブタイトル
サブタイトルには、日付、社名（社外に対するプレゼンの場合）、部署名、発表者名などが入ります。日付はプレゼンの実施日とし、位置は社名や部署名の前にします。

5 フォントの書式を設定する

入力したタイトルやサブタイトルは、フォントの種類・サイズ・色などを変更することができます。

Let's Try フォントの書式設定

タイトルのフォントの書式を次のように変更しましょう。

フォントの種類 ：メイリオ
フォントサイズ ：48ポイント
太字

①タイトルのプレースホルダーを選択します。

※プレースホルダー内をクリックし、枠線をクリックします。プレースホルダーの枠線をクリックすると、破線が実線に変わります。

②《ホーム》タブを選択します。

③《フォント》グループの （フォント）の をクリックし、一覧から《メイリオ》を選択します。

※一覧をポイントすると、設定後のイメージを画面で確認できます。

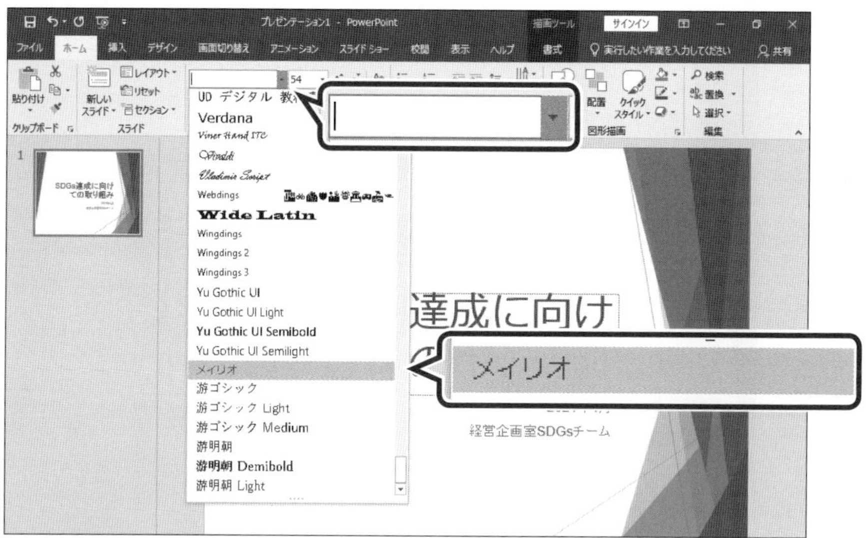

タイトルのフォントの種類が変更されます。

④タイトルのプレースホルダーが選択されていることを確認します。

⑤《フォント》グループの 54 ▾ （フォントサイズ）の ▾ をクリックし、一覧から《48》を選択します。

※一覧をポイントすると、設定後のイメージを画面で確認できます。

タイトルのフォントサイズが変更されます。

⑥タイトルのプレースホルダーが選択されていることを確認します。

⑦《フォント》グループの B （太字）をクリックします。

タイトルのフォントが太字に変更されます。

操作のポイント

フォントの書式の対象範囲

プレースホルダーを選択する代わりに、タイトルの先頭にカーソルを移動し、最後の文字までドラッグしてから操作しても、同じ結果になります。

一部の文字だけフォントの書式を変更したいときは、該当する文字をドラッグしてから操作します。

フォントの書式の確認

現在使われているフォントの種類やサイズを確認したいときは、確認したい文字の任意の位置にカーソルを移動すると、《ホーム》タブの《フォント》グループのボタン内に表示されます。

文字飾り

文字上に取り消し線を入れたり、「H_2O」の「2」のような下付き文字を設定したりする場合には、文字を選択して、《ホーム》タブ→《フォント》グループの ⧉ （フォント）→《フォント》タブ→《文字飾り》で設定します。

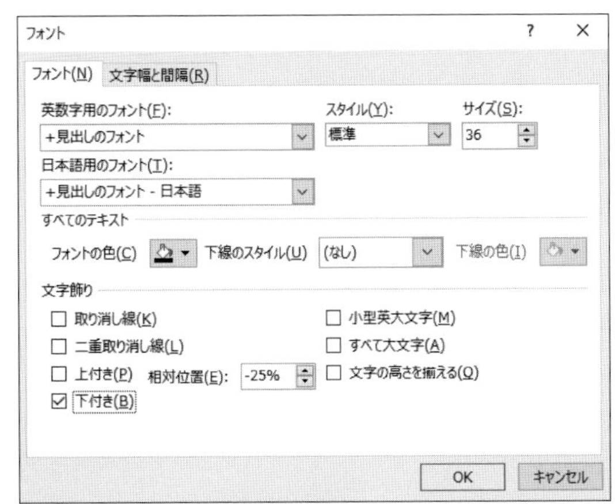

操作のポイント

プレースホルダーの移動

プレースホルダーの位置を移動したいときは、プレースホルダーの枠線をドラッグします。
Shift を押しながらドラッグすると、垂直方向や水平方向に移動できます。

プレースホルダーのサイズ変更

プレースホルダーの枠線上の○（ハンドル）をドラッグすると、プレースホルダーのサイズを変更できます。文章を入力する場合、必要に応じてプレースホルダーの幅を広げたり狭くしたりします。

第3章 プレゼン資料の作成

6 スライドショーを実行する

「スライドショー」とは、スライドを画面全体に表示し、順次表示していく機能のことです。完成したスライドは、スライドショーを実行し、PCの画面全体に表示しましょう。実際に投影したものをプレゼンの参加者が見るのと同じように確認できます。

Let's Try スライドショーの実行

「標準」表示モードから「スライドショー」表示モードに切り替えて、スライドショーを実行し、実際に表示される内容を確認しましょう。

①ステータスバーの［スライドショー］（スライドショー）をクリックします。

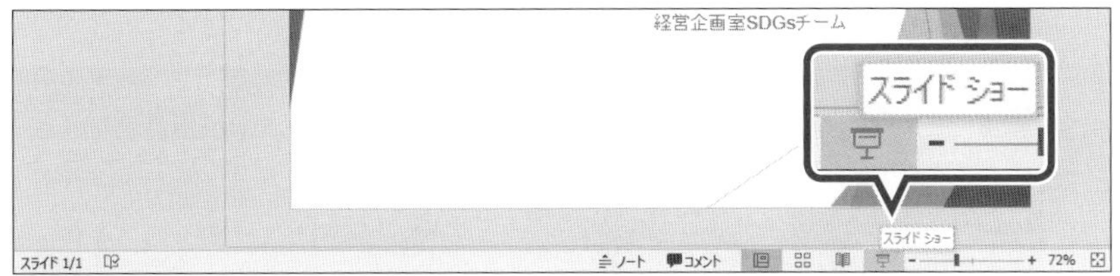

スライドショーが実行されます。

②意図したとおりのスライドになっているかを確認します。

※修正したい場合は、標準表示モードに戻したあとに修正します。スライドショー表示モードでは修正できません。

③【Esc】を押します。

標準表示モードに戻ります。

操作のポイント

その他の方法（スライドショーの実行）

◆《スライドショー》タブ→《スライドショーの開始》グループの（このスライドから開始）

PowerPointの表示モード

PowerPointの表示モードには、「標準」「スライド一覧」「閲覧表示」「スライドショー」などの種類があり、作業内容に合わせて切り替えて使います。ここまでのタイトルやサブタイトルの入力は、標準表示モードを使ってきました。この表示モードは、文字を入力したり、図解を挿入して加工したりするような作業を行うメインのモードです。

7 新しいスライドを追加する

タイトルの入力が済んだら、2枚目以降のスライドを追加してタイトルと箇条書きの入力を行います。

Let's Try 新しいスライドの追加

タイトルスライドの次に、新しいスライドを2枚追加しましょう。ここでは、スライドのレイアウトを「タイトルとコンテンツ」にします。

①《ホーム》タブを選択します。
②《スライド》グループの（新しいスライド）の 新しいスライド をクリックします。
③《タイトルとコンテンツ》をクリックします。

指定したレイアウトのスライドが挿入されます。挿入したスライドのサムネイル*も、左側に表示されます。

*スライドを小さく表示したものです。

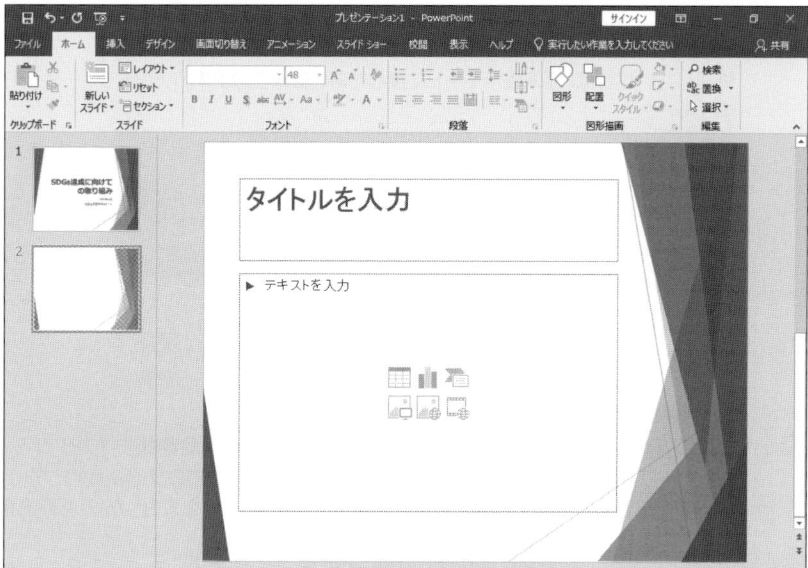

④《スライド》グループの （新しいスライド）をクリックします。

※ （新しいスライド）を使うと、直前に挿入したスライドと同じレイアウトのスライドが挿入されます。

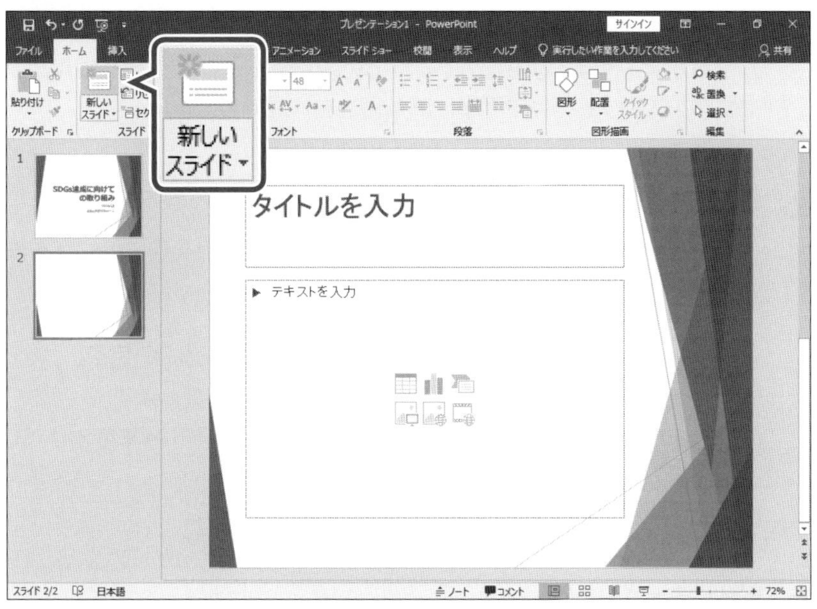

スライドがもう1枚挿入されます。

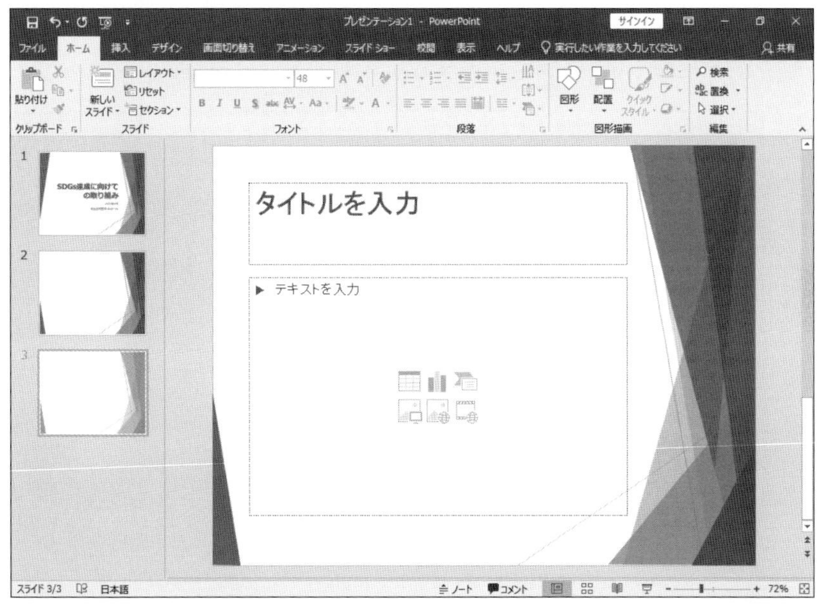

操作のポイント

スライドのレイアウトの種類

スライドのレイアウトは、《タイトルとコンテンツ》以外にもいろいろな種類が用意されています。たとえば、箇条書きと図を左右に並べて表示させたい場合や、表とグラフを左右に並べて表示させたい場合は、《2つのコンテンツ》を選択すると便利です。タイトルだけ入力して自由に図解を描きたい場合は、《タイトルのみ》を選択するとタイトル以外のプレースホルダーが表示されないため、作業がしやすくなります。

8 箇条書きを入力する

プレゼン資料では、伝えたい内容を箇条書きにするのが一般的です。箇条書きにしたほうが文章が読みやすくなるためです。PowerPointでは、コンテンツ用のプレースホルダーに文字を入力するだけで簡単に箇条書きを作成できます。

Let's Try 箇条書きの入力

タイトルを入力し、コンテンツ用のプレースホルダーに箇条書きの文字を入力しましょう。

①スライド2を選択します。

②《タイトルを入力》をクリックし、「当社の取り組み」と入力します。

③プレースホルダー以外の場所をクリックし、入力を確定します。

④《テキストを入力》をクリックし、最初の箇条書きとして「今年度より、SDGsの積極的な取り組みを開始」と入力します。

⑤ Enter を押して、改行します。

カーソルが次の行に移動し、行頭にはテーマによってあらかじめ設定されている記号が自動的に表示されます。

※この行頭文字は、あとで別の記号や数字に変更したり削除したりできます。

⑥2つ目の箇条書きとして「企業の社会貢献および組織の継続的な成長を目指す」と入力します。

⑦プレースホルダー以外の場所をクリックし、入力を確定します。

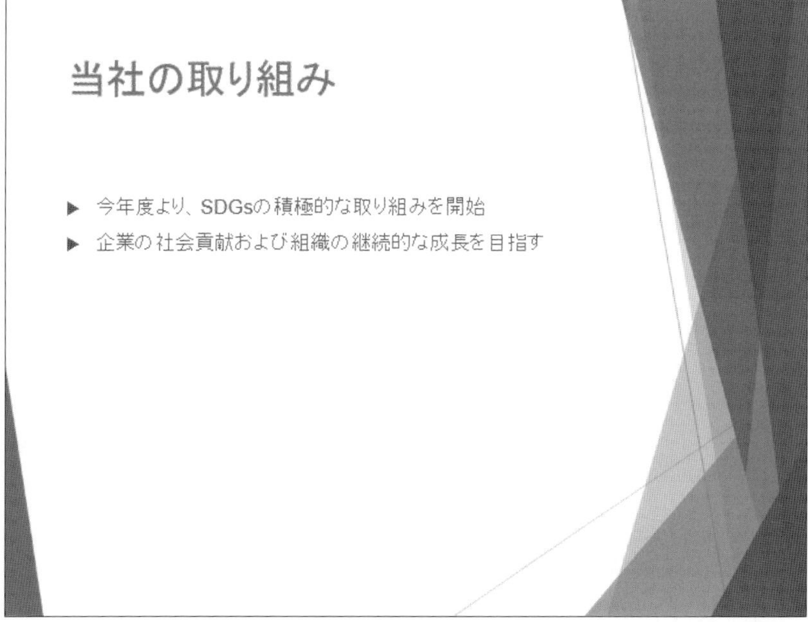

⑧スライド3を選択します。

⑨同様に、図のようにタイトルと箇条書きを入力します。

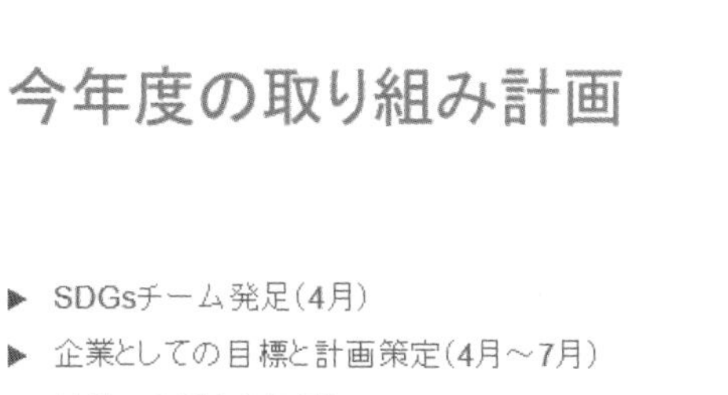

操作のポイント

フォントサイズの自動調整機能

箇条書きの量が多く、文字がプレースホルダーからはみ出してしまうときは、フォントサイズの自動調整機能が働いて、文字が自動的にプレースホルダーに収まります。しかし、はみ出す量が多いとフォントサイズは小さくなって読みにくくなります。プレースホルダーを広げたり、文字の一部を削除したり、2枚のスライドに分けたりする調整が必要です。自動調整機能はオフにすることもできます。

自動調整機能のオンとオフは、プレースホルダーの枠一杯に文字を入力した場合に表示される ÷ ▾（自動調整オプション）をクリックして設定します。

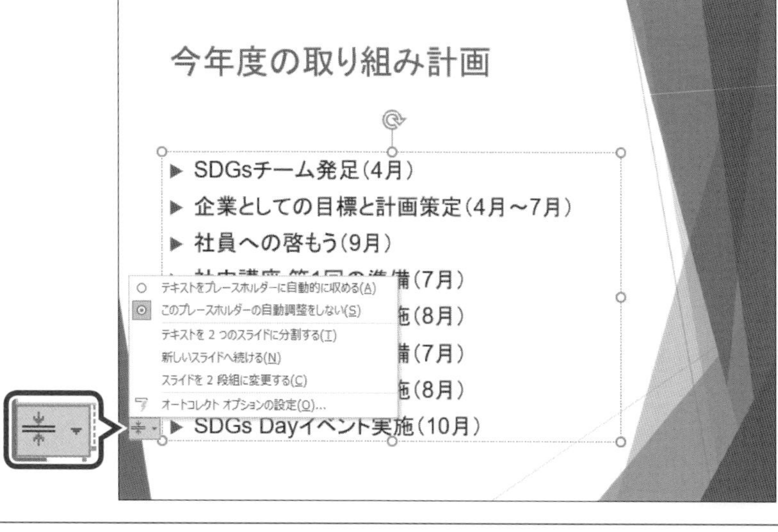

9 スライド番号を挿入する

プレゼン資料にスライド番号を挿入して、どのスライドなのか区別しやすくします。

Let's Try スライド番号の挿入

タイトルスライドを除くすべてのスライドに、スライド番号を挿入しましょう。

①《挿入》タブを選択します。

②《テキスト》グループの ヘッダーとフッター （ヘッダーとフッター）をクリックします。

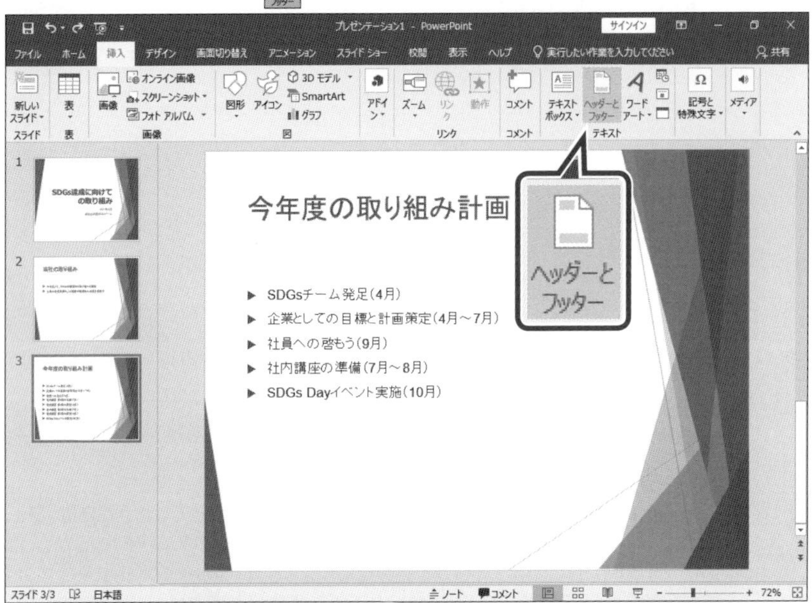

《ヘッダーとフッター》ダイアログボックスが表示されます。

③《スライド》タブを選択します。

④《スライド番号》を✔にします。

⑤《タイトルスライドに表示しない》を✔にします。

※タイトルスライドにスライド番号を挿入しない場合は、《タイトルスライドに表示しない》を✔にします。

⑥《すべてに適用》をクリックします。

タイトルスライドを除く各スライドに、スライド番号が挿入されます。

操作のポイント

その他の方法(スライド番号の挿入)

◆《挿入》タブ→《テキスト》グループの (スライド番号の挿入)

10 日付を挿入する

スライドには、任意の日付を**「固定の日付」**として挿入できます。

Let's Try 固定の日付の挿入

タイトルスライドを除くすべてのスライドに、常に固定の日付を挿入しましょう。ここでは、固定の日付として「2021/4/1」を入力します。

①《挿入》タブを選択します。

②《テキスト》グループの (ヘッダーとフッター)をクリックします。

《ヘッダーとフッター》ダイアログボックスが表示されます。

③《スライド》タブを選択します。

④《日付と時刻》を ✔ にします。

⑤《固定》を ◉ にし、「2021/4/1」と入力します。

※半角で入力します。

⑥《タイトルスライドに表示しない》を ✔ にします。

第1章 第2章 第3章 第4章 第5章 第6章 模擬試験 付録 索引

⑦《**すべてに適用**》をクリックします。

タイトルスライドを除く各スライドに、日付が挿入されます。この日付は《**固定**》で設定したので、いつファイルを開いても設定した日付が常に表示されます。

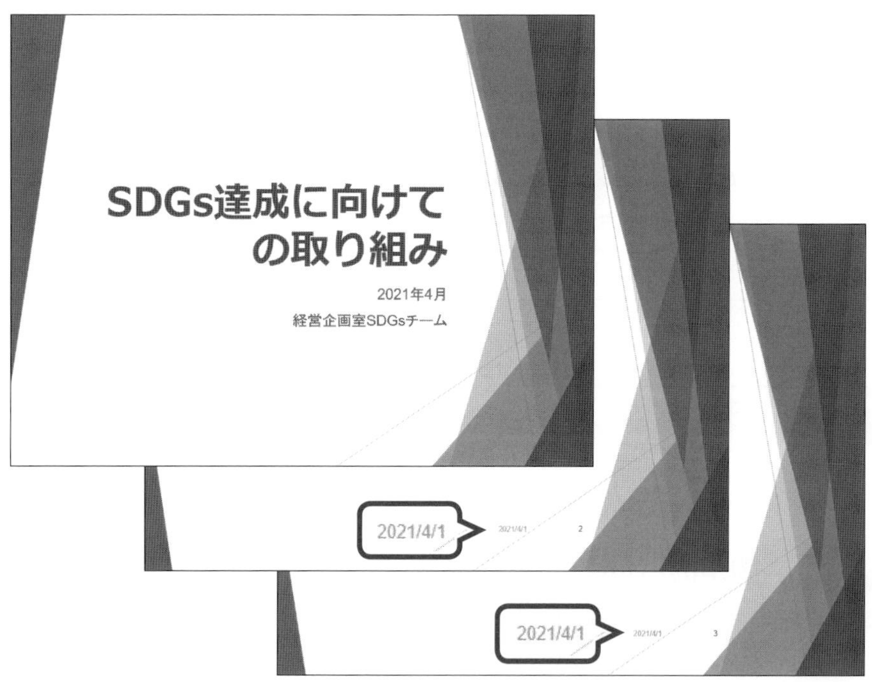

Let's Try　自動更新の日付の挿入

タイトルスライドを除くすべてのスライドに設定した固定の日付を、自動的に更新される日付に変更しましょう。自動的に更新される日付に変更すると、プレゼンテーションを開いた時点の日付が自動的に挿入されるようになります。

①《**挿入**》タブを選択します。
②《**テキスト**》グループの ヘッダーとフッター (ヘッダーとフッター) をクリックします。

《ヘッダーとフッター》ダイアログボックスが表示されます。

③《スライド》タブを選択します。

④《日付と時刻》を☑にします。

⑤《自動更新》を◉にします。

⑥《カレンダーの種類》の ⌄ をクリックし、一覧から《グレゴリオ暦》を選択します。

※タイトルスライドの日付を年号で表示している場合は、《和暦》を選択します。

⑦《タイトルスライドに表示しない》を☑にします。

⑧《すべてに適用》をクリックします。

タイトルスライドを除く各スライドに、本日の日付が自動的に挿入されます。

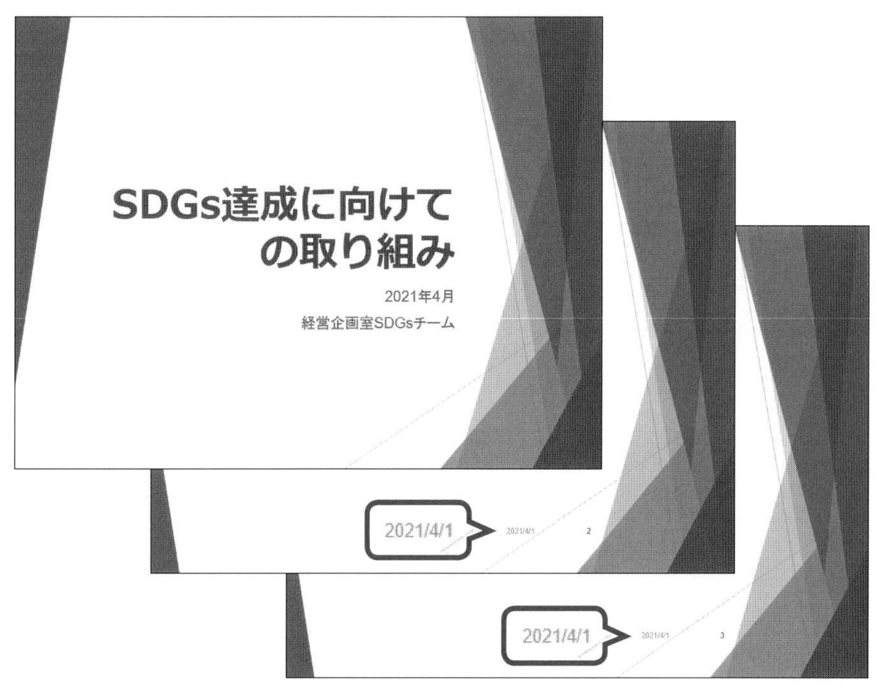

操作のポイント

日付設定の考え方

発表日があらかじめ決められているプレゼンの場合は、《日付と時刻》を《固定》にします。
同じ内容のプレゼン資料を使って何回も発表するような場合は、《日付と時刻》を《自動更新》にすると便利です。

操作のポイント

日付のプレースホルダーのサイズ変更

表示する日付によっては、日付が折り返して2行で表示されてしまうことがあります。このようなときに、スライドごとに日付のプレースホルダーのサイズを変更することもできますが、「スライドマスター*」を使うとすべてのスライドの日付のプレースホルダーをまとめて変更できます。

* 複数のスライドに共通の要素を設定したいときに使う機能です。フォントの書式や行頭文字なども、スライドマスターを使って変更することができます。

スライドマスターを使って、日付のプレースホルダーのサイズを変更する方法は次のとおりです。

◆《表示》タブ→《マスター表示》グループの (スライドマスター表示)→左側の一覧から1番上のスライドマスターを選択→日付のプレースホルダーのサイズを変更

11 フッターを挿入する

会社名や商品名、プロジェクト名などを、すべてのスライドの下部の指定する定位置に表示させたいときは、「フッター」を使います。フッターは、タイトルスライドには表示させないのが一般的です。

Let's Try フッターの挿入

タイトルスライドを除くすべてのスライドに、フッターとして共通の文字を挿入しましょう。ここでは、フッターとして「経営企画室SDGsチーム」を入力します。

①《挿入》タブを選択します。
②《テキスト》グループの (ヘッダーとフッター) をクリックします。
《ヘッダーとフッター》ダイアログボックスが表示されます。
③《スライド》タブを選択します。
④《フッター》を ✔ にし、「経営企画室SDGsチーム」と入力します。
※フッターとして表示させたい文字を入力します。
⑤《タイトルスライドに表示しない》を ✔ にします。
⑥《すべてに適用》をクリックします。

タイトルスライドを除く各スライドに、フッターが挿入されます。

操作のポイント

スライド番号・日付・フッターの一括挿入

「スライド番号」「日付」「フッター」の挿入を別々に操作しましたが、実際には《ヘッダーとフッター》ダイアログボックスを開いて一度に設定できます。

フッターの位置

フッターは、本来はスライドの下部に表示されるものですが、テーマによってはフッターがスライドの上部に表示されるものもあります。フッターの位置は、「スライドマスター」を使って移動することもできます。

12 プレゼンテーションを保存する

プレゼンテーションを作成したら、ファイル名を付けて保存します。
また、停電などによる強制的な終了も考慮して、早めに保存し、その後はこまめに上書き保存する習慣を身に付けましょう。

Let's Try 名前を付けて保存

作成したプレゼンテーションに「**SDGs達成に向けての取り組み1**」と名前を付けて保存しましょう。

①《**ファイル**》タブを選択します。
②《**名前を付けて保存**》をクリックします。
③《**参照**》をクリックします。

《名前を付けて保存》ダイアログボックスが表示されます。
プレゼンテーションを保存する場所を選択します。
④《ドキュメント》が開かれていることを確認します。
※《ドキュメント》が開かれていない場合は、《PC》→《ドキュメント》をクリックします。
⑤一覧から「日商PC プレゼン3級 PowerPoint2019／2016」を選択します。
⑥《開く》をクリックします。
⑦一覧から「第3章」を選択します。
⑧《開く》をクリックします。
⑨《ファイル名》に「SDGs達成に向けての取り組み1」と入力します。
※英数字は半角で入力します。
⑩《保存》をクリックします。

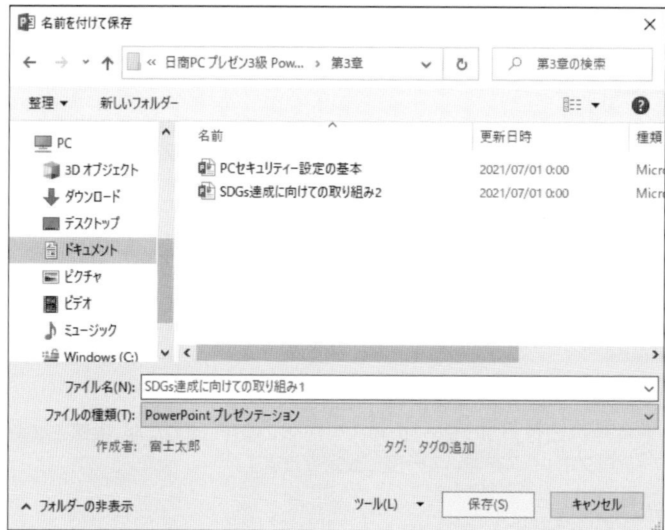

プレゼンテーションが保存され、タイトルバーにファイル名が表示されます。
※プレゼンテーションを閉じておきましょう。

操作のポイント

上書き保存

新しいプレゼンテーションを保存する場合は、「名前を付けて保存」にしますが、追加や修正をしたあとに以前のファイルを残しておく必要がない場合は「上書き保存」にします。
上書き保存する方法は、次のとおりです。

◆《ファイル》タブ→《上書き保存》
◆クイックアクセスツールバーの (上書き保存)

早い段階での保存

停電などによる強制的な終了を考慮して、新しいプレゼンテーションを開いた段階で保存し、こまめに上書き保存しながら作業することをお勧めします。

PowerPoint 2019／2016のファイル形式

PowerPoint 2007以降でプレゼンテーションを作成・保存すると、自動的に拡張子「.pptx」が付きます。PowerPoint 2003以前のバージョンで作成・保存されている文書の拡張子は「.ppt」で、ファイル形式が異なります。

13 スライド一覧でストーリーを検討する

いったん作成したプレゼンテーションのスライドは、全体を眺めながら、ストーリーを検討し、順序の入れ替えや削除をしましょう。これらの操作は、全体を眺めながら**「スライド一覧」**表示モードで行うと簡単にできます。

Let's Try スライドの順序の入れ替え

スライド一覧表示モードに切り替え、スライドを移動しましょう。ここでは、スライド6をスライド4とスライド5のあいだに移動します。

フォルダー「第3章」のファイル「SDGs達成に向けての取り組み2」を開いておきましょう。

①ステータスバーの 田 (スライド一覧) をクリックします。

スライド一覧表示モードに切り替わります。

②スライド6をスライド4とスライド5のあいだにドラッグします。

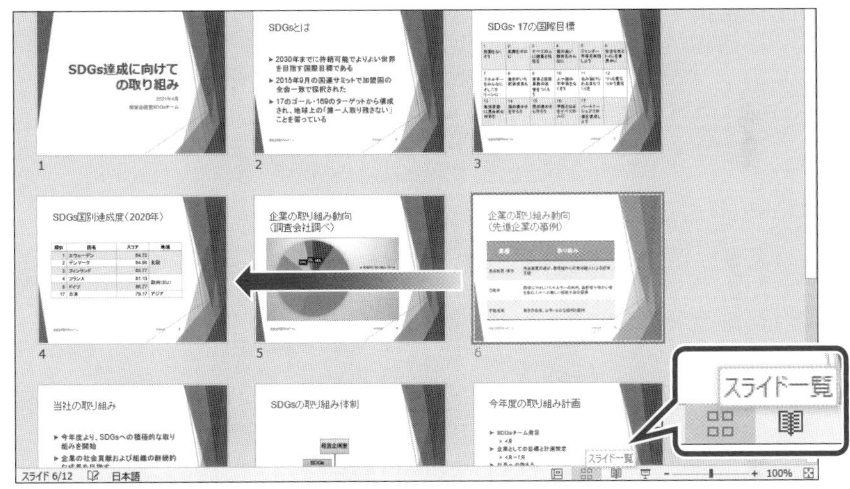

スライドが移動されます。

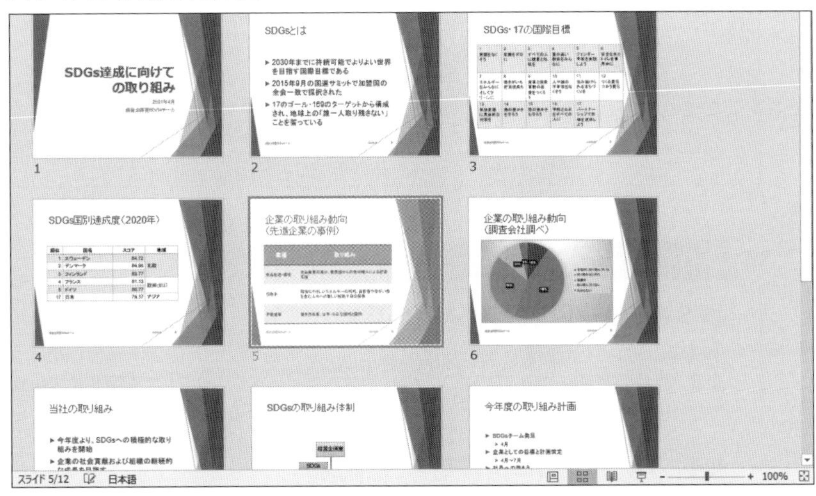

操作のポイント

その他の方法(スライド一覧表示モードへの切り替え)

◆《表示》タブ→《プレゼンテーションの表示》グループの 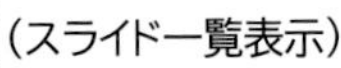 (スライド一覧表示)

第1章 第2章 第3章 第4章 第5章 第6章 模擬試験 付録 索引

Let's Try スライドの削除

スライドを削除する方法を確認しましょう。ここでは、スライド6を削除します。

①スライド一覧からスライド6を選択します。

② Delete または Back Space を押します。

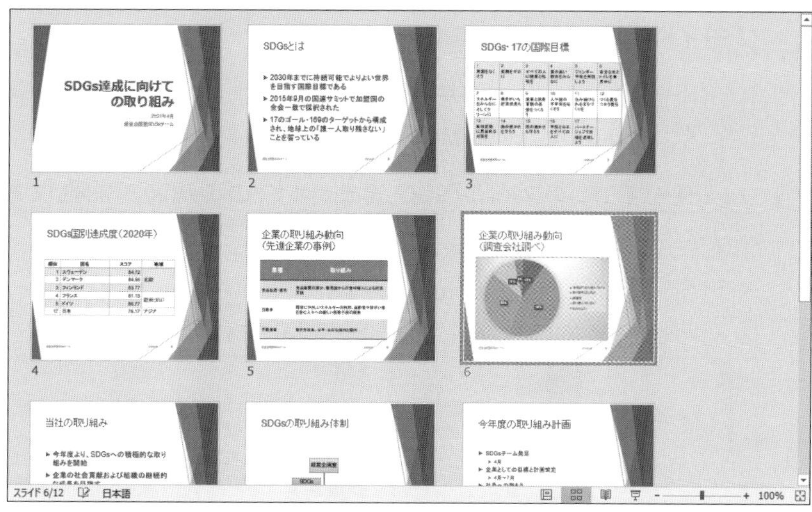

スライドが削除されます。

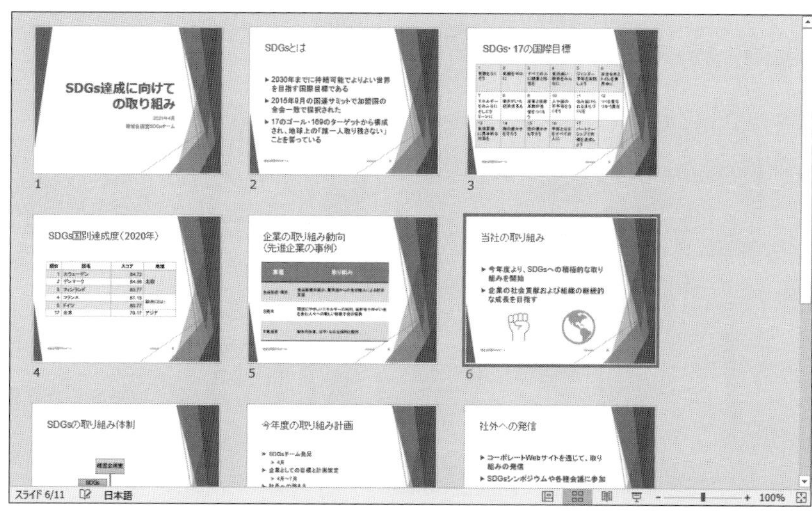

操作のポイント

標準表示モードでのスライドの移動・削除

1、2枚のスライドを移動・削除したい場合は、標準表示モードのまま操作したほうが手軽にできます。画面の左側に並んでいるスライドのサムネイルをドラッグして移動したり、Delete で削除したりします。

複数のスライドの一括移動・一括削除

複数のスライドを選択して操作すると、まとめて一度に移動したり削除したりできます。
連続する複数のスライドを選択するには、最初のスライドをクリックしたあと、Shift を押しながら最後のスライドをクリックします。
連続していない複数のスライドを選択するには、1つ目のスライドをクリックしたあと、Ctrl を押しながら2つ目以降のスライドをクリックします。

Let's Try　スライドの挿入

標準表示モードに切り替え、新しいスライドを挿入しましょう。ここでは、スライド3の後ろに、「タイトルとコンテンツ」の新しいスライドを挿入します。

①ステータスバーの［ ］（標準）をクリックします。

標準表示モードに切り替わります。

②サムネイルのスライド3とスライド4のあいだをクリックして、横棒を表示させます。

③《ホーム》タブを選択します。

④《スライド》グループの［ ］（新しいスライド）をクリックします。

新しいスライドが指定した位置に挿入されます。

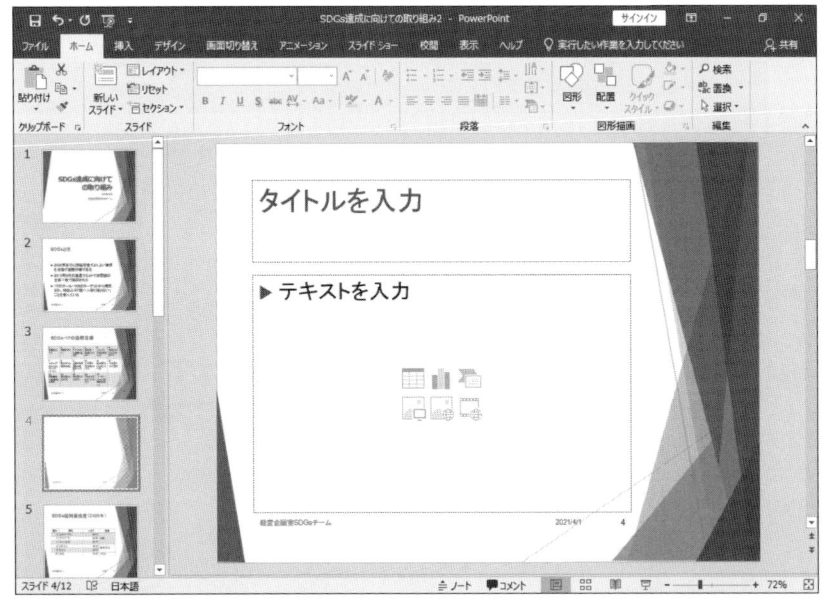

※スライド一覧表示モードでも同様に操作できます。

操作のポイント

その他の方法（標準表示モードへの切り替え）

◆《表示》タブ→《プレゼンテーションの表示》グループの［標準］（標準表示）

スライドのレイアウトの変更

挿入したスライドのレイアウトをあとから変更する方法は、次のとおりです。

◆レイアウトを変更するスライドを選択→《ホーム》タブ→《スライド》グループの［レイアウト］（スライドのレイアウト）→レイアウトを選択

直前に挿入したスライドと異なるレイアウトのスライドを挿入する方法は、次のとおりです。

◆挿入する位置を選択→《ホーム》タブ→《スライド》グループの［新しいスライド］（新しいスライド）の［新しいスライド］→レイアウトを選択

スライドの順番

スライドの順番は、プレゼンの構成が「序論」「本論」「まとめ」に沿う形で、自然な展開になるようにします。詳細な説明から始めたり、スライドのつながりに無理が生じたりしないように気を付けます。スライドの枚数が少ないプレゼンテーションの場合は「まとめ」のスライドを省略することがありますが、スライドの枚数が多い場合は「まとめ」のスライドで締めるようにします。

14 配布資料を印刷する

PowerPointでは、1枚の用紙に1スライドまたは複数スライドを並べて印刷したものを**「配布資料」**と呼びます。スクリーンに投影する内容と同じ内容の資料を配布すると、参加者はプレゼンを聞きながらメモをとりやすくなります。

Let's Try 配布資料の印刷

配布資料を印刷する方法を確認しましょう。ここでは、1ページに2枚のスライドを入れて印刷します。

①スライド1を選択します。

②《ファイル》タブを選択します。

③《印刷》をクリックします。
④《フルページサイズのスライド》をクリックします。
⑤《配布資料》の《2スライド》をクリックします。

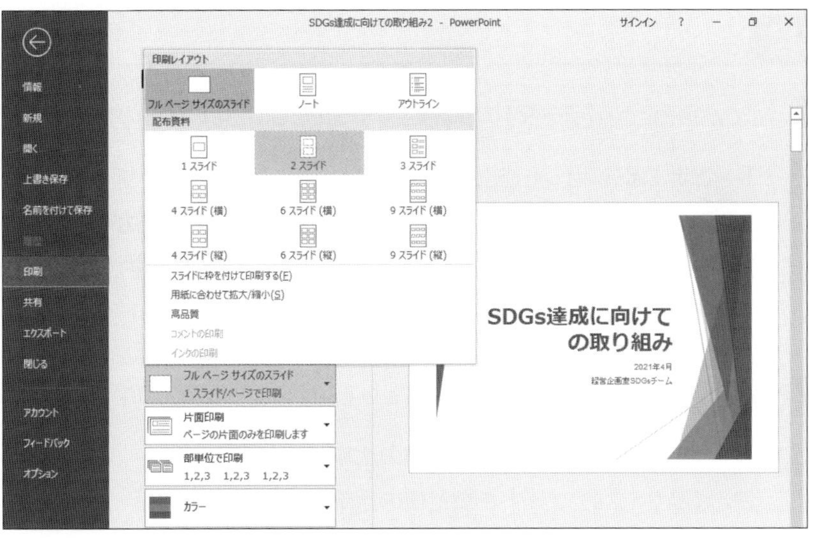

⑥印刷イメージを確認します。
※必要に応じて、スライドの枠の有無や印刷するスライドの範囲、印刷部数などを指定します。
⑦《印刷》をクリックします。

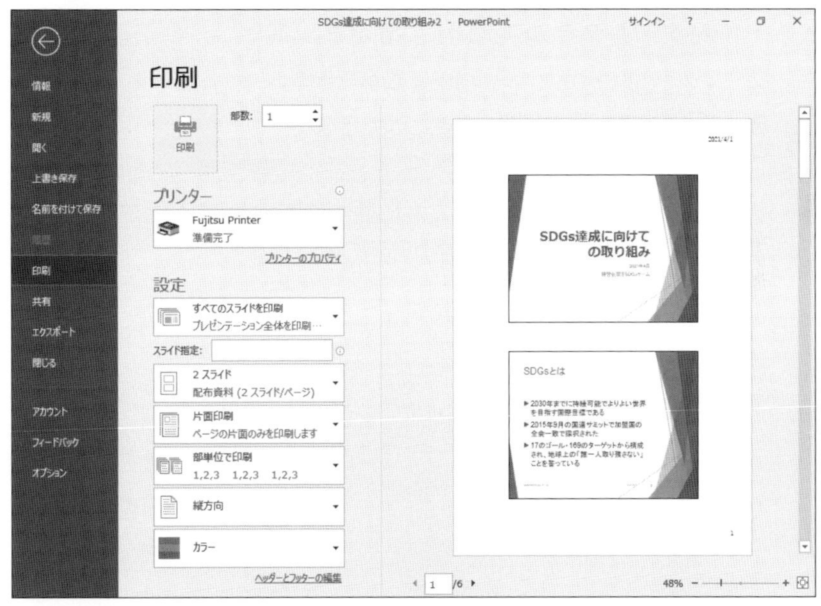

配布資料が印刷されます。
※プレゼンテーションを保存せずに、閉じておきましょう。

操作のポイント

配布資料の並べ方

配布資料のスライドの並べ方には、複数の方法があります。よく使われるのは、「2スライド」や「6スライド」です。「6スライド」は、文字が読みにくくなることがあるので注意が必要です。「3スライド」や「4スライド」の場合、印刷されるスライドのサイズは「6スライド」と同じです。
このほかによく使われるのが、プリンターのプロパティを使って1枚の用紙に複数のスライドを割り付ける方法です。用紙にスライドを大きく表示させたい場合は、この方法が適しています。

STEP 3

確認問題

解答 ▶ 別冊P.3

知識科目

問題 1 PowerPointの「テーマ」について述べた文として、適切なものを次の中から選びなさい。

1 さまざまなフォント、配色、効果などが組み合わされたデザインテンプレートを指す。

2 テーマを変更すると、デザインもそれに伴って変更されるが、配色は変わらない。

3 テーマを変更すると、デザイン、配色もそれに伴って変更されるが、フォントは変わらない。

問題 2 スライドのサイズについて述べた文として、適切なものを次の中から選びなさい。

1 標準サイズのスライドの縦と横の比率は、3対4である。

2 標準サイズのスライドの縦と横の比率は、4対5である。

3 標準サイズのスライドの縦と横の比率は、9対16である。

問題 3 フッターについて述べた文として、適切なものを次の中から選びなさい。

1 フッターは、タイトルスライドには表示できない。

2 フッターは、指定したスライドに表示できる。

3 フッターの位置を移動することはできない。

問題 4 箇条書きとグラフをスライドの左右に並べて表示させたいときのレイアウトについて述べた文として、適切なものを次の中から選びなさい。

1 「タイトルとコンテンツ」を選ぶ。

2 「2つのコンテンツ」を選ぶ。

3 「タイトル付きの図」を選ぶ。

実技科目

あなたは、日商健康機器販売株式会社の情報システム部に所属しています。
今回、上司から、会社が推進しているセキュリティー教育用プレゼン資料を作成するよう、指示を受けました。
そこで、PCセキュリティー設定の基本のプレゼン資料を作成して上司に提出したところ、下記の[修正内容]に示したような指摘事項がありました。
これらの指摘に従ってプレゼン資料を修正するために、**「ドキュメント」**内のフォルダー**「日商PC プレゼン3級 PowerPoint2019／2016」**内にあるフォルダー**「第3章」**内のファイル**「PCセキュリティー設定の基本」**を開き、修正を加えてください。

[修正内容]

1 テーマに関する修正

❶テーマとして**「イオンボードルーム」**を設定すること。
❷緑系のバリエーションのパターンを設定すること。

2 スライド1に関わる修正

❶タイトルを**「PCセキュリティー設定の基本」**とすること。
❷タイトルのフォントを**「MSPゴシック」**に設定すること。
❸部署名の上部に**「2021年4月1日」**と記入すること。
❹タイトルの文字がスライドのほぼ上下中央に表示されるように、タイトルのプレースホルダーを垂直方向に移動すること。

3 スライド4に関わる修正

❶スライド3の後ろにスライドを1枚追加すること。
スライドのレイアウトを**「タイトルとコンテンツ」**にすること。
❷タイトルを**「ウイルス対策ソフト設定」**とすること。
❸次の2項目の箇条書きを追加すること。

- 常に最新の状態で使うこと
- ウイルスの侵入を常に監視状態にすること

4 全スライドに関わる修正

❶タイトルスライドを除くすべてのスライドに、日付「2021/4/1」を表示すること。

❷タイトルスライドを除くすべてのスライドに、スライド番号を表示すること。

❸タイトルスライドを除くすべてのスライドに、フッター「PCセキュリティー設定の基本」を表示すること。

❹スライド2とスライド3を入れ替えること。

❺修正したファイルは、「ドキュメント」内のフォルダー「日商PC プレゼン3級 PowerPoint 2019／2016」内にあるフォルダー「第3章」に「PCセキュリティー設定の基本（完成）」のファイル名で保存すること。

ファイル「PCセキュリティー設定の基本」の内容

●スライド1

セキュリティー設定

情報システム部

●スライド2

セキュリティー設定

- IDとパスワードを設定する
- PCのOSやソフトウェアを常に最新の状態にする
- ウイルス対策ソフトを導入する

●スライド3

セキュリティー設定の重要性

- 新品のPCでも必ずしも安全な状態ではない
- セキュリティー設定をすることが重要
- 常に安全な状態にして使う

Chapter 4

第4章 わかりやすいプレゼン資料

STEP1 箇条書きの活用 …… 63
STEP2 図解の活用 …… 70
STEP3 PowerPointで作成する図解 …… 72
STEP4 SmartArtの挿入と加工 …… 83
STEP5 SmartArtを活用した図解作成 …… 99
STEP6 SmartArt以外の図解作成の検討 …… 103
STEP7 基本図形を組み合わせた図解作成 …… 104
STEP8 写真・画像の活用 …… 121
STEP9 表・グラフの活用 …… 127
STEP10 確認問題 …… 140

STEP 1 箇条書きの活用

プレゼン資料の文章は、一般に箇条書きで記述します。スライドを文章で埋め尽くしたのでは、読んでもらえません。仮に読んでもらえたとしても、読むのに気をとられて話を聞いてもらえなくなります。

1 箇条書きでまとめる

プレゼン資料で、情報を文字によって伝えたいときは箇条書きにします。
図4.1は文章をそのままスライド上に示したものですが、図4.2のように箇条書きにすると読みやすくなります。

■図4.1　文章で表現したスライド

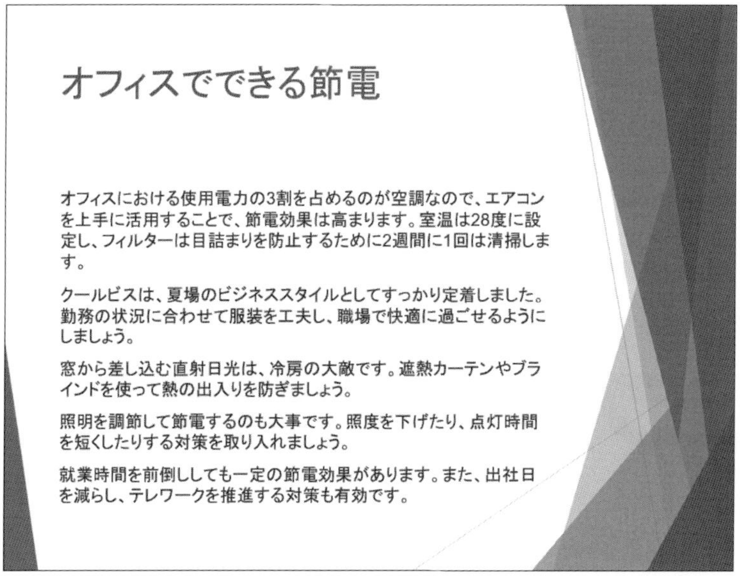

■図4.2　箇条書きで表現したスライド

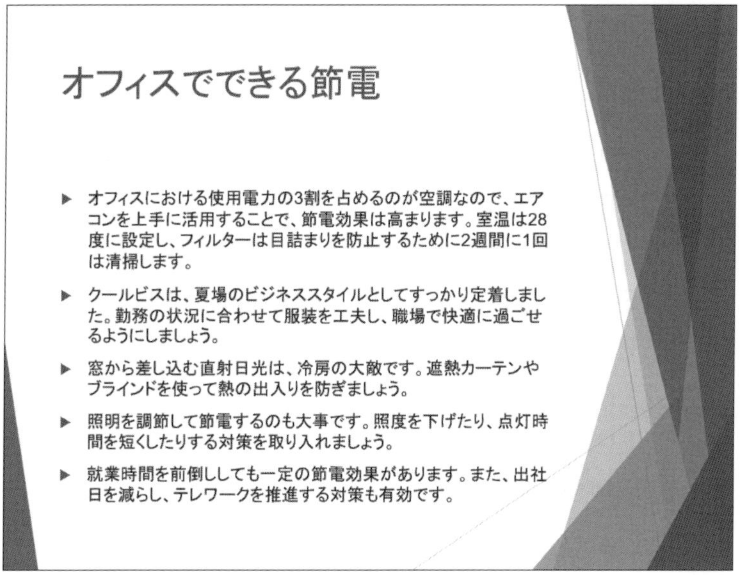

箇条書きもできるだけ簡単に表現します。図4.3は、図4.2をもとに余分な語句を削ってすっきりした箇条書きに修正した例です。余分な語句を削ることでキーワードが相対的に目につきやすくなり、大事なことが伝わりやすくなります。

■図4.3　箇条書きの余分な語句を削除したスライド

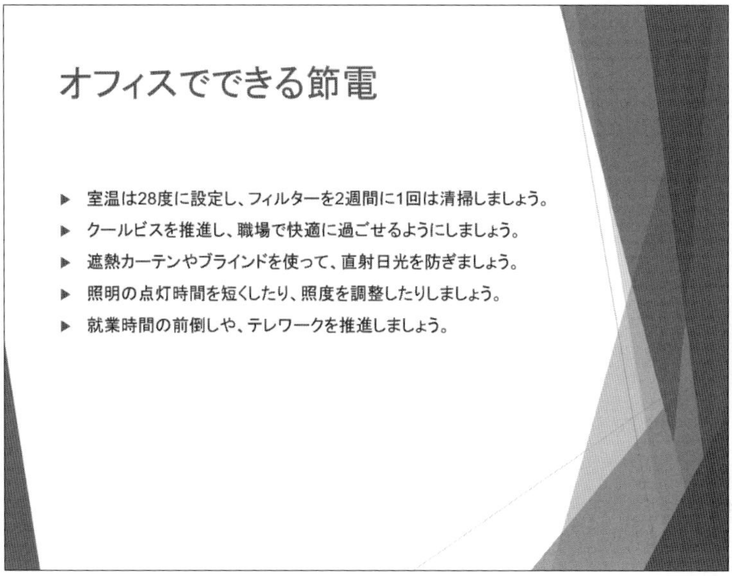

オフィスでできる節電

- 室温は28度に設定し、フィルターを2週間に1回は清掃しましょう。
- クールビスを推進し、職場で快適に過ごせるようにしましょう。
- 遮熱カーテンやブラインドを使って、直射日光を防ぎましょう。
- 照明の点灯時間を短くしたり、照度を調整したりしましょう。
- 就業時間の前倒しや、テレワークを推進しましょう。

箇条書きは文末を体言止め*にすることもあり、単語を並べるだけのこともあります。また、コロン（:）を使う箇条書きもあります。

図4.4は体言止めにした箇条書き、図4.5はコロンを使った箇条書きの例です。いずれも、簡潔に表現する方法のひとつです。

*文末を名詞で止める書き方のことです。

■図4.4　箇条書きを体言止めで表現したスライド

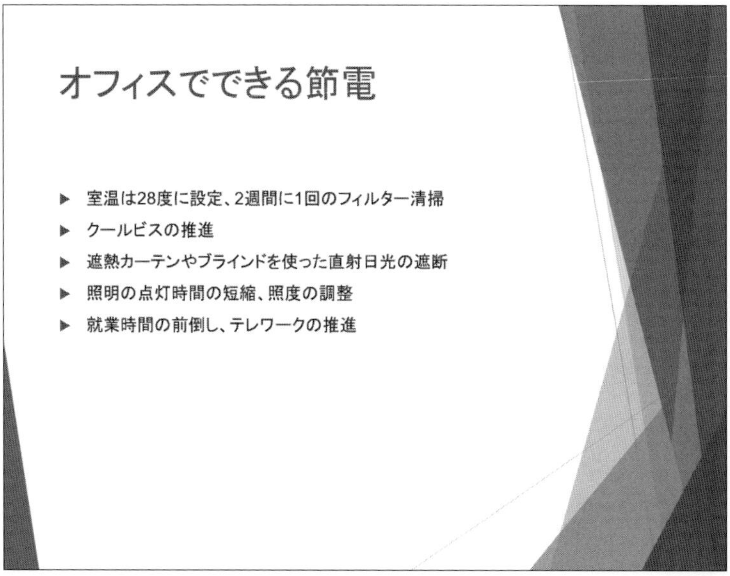

オフィスでできる節電

- 室温は28度に設定、2週間に1回のフィルター清掃
- クールビスの推進
- 遮熱カーテンやブラインドを使った直射日光の遮断
- 照明の点灯時間の短縮、照度の調整
- 就業時間の前倒し、テレワークの推進

■図4.5　コロン付きの箇条書きで表現したスライド

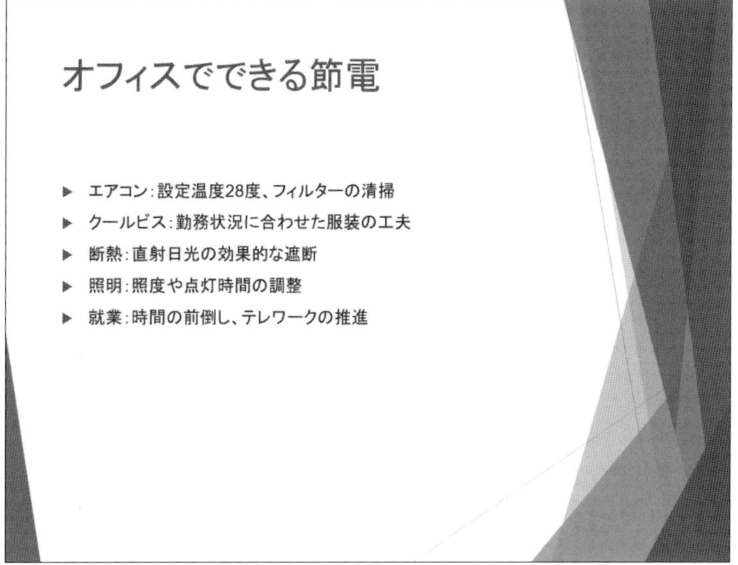

一方で、**「ですます体」**や**「である体」**では文末に句点（。）を付けることもあります。体言止めの箇条書きの場合は文末の句点を省略するのが一般的です。
箇条書きの文末はできるだけそろえます。ですます体とである体、ですます体と体言止めが混在するのは避けましょう。

2　箇条書きのレベルを変更する

箇条書きを、1階層、2階層、3階層のように、複数のレベル（階層）で表現することはよく行われています。1つの箇条書きの中にいくつかの項目が含まれているような場合は、複数のレベルの箇条書きにしたほうがわかりやすくなります。
レベルは、スライドに入力する箇条書きの大きさの違い（主従関係、階層関係）を示す言葉です。レベルを変更するとき、**「インデント」**という言葉を使うこともあります。インデントとは、行頭を下げる（字下げする）という意味です。1階層目にある箇条書きは、インデントを増やすことで2階層目になります。
PowerPointでは、簡単な操作でレベルを下げたり上げたりすることができます。また、PowerPointではほとんどのテーマでレベルを下げると文字サイズが一回り小さくなるように設定されており、視覚的にも主従関係を表せるようになっています。

Let's Try　箇条書きのレベルの変更

次のような箇条書きを入力しましょう。箇条書きを入力しながら、レベルを変更します。

・エアコンの設定
　・設定温度28度
　・フィルターの清掃
・クールビズの推進

フォルダー「第4章」のファイル「オフィスでできる節電1」を開いておきましょう。

①《テキストを入力》をクリックし、「エアコンの設定」と入力します。
② Enter を押して、改行します。
③《ホーム》タブを選択します。
④《段落》グループの（インデントを増やす）をクリックします。
2行目の箇条書きのレベルが下がります。

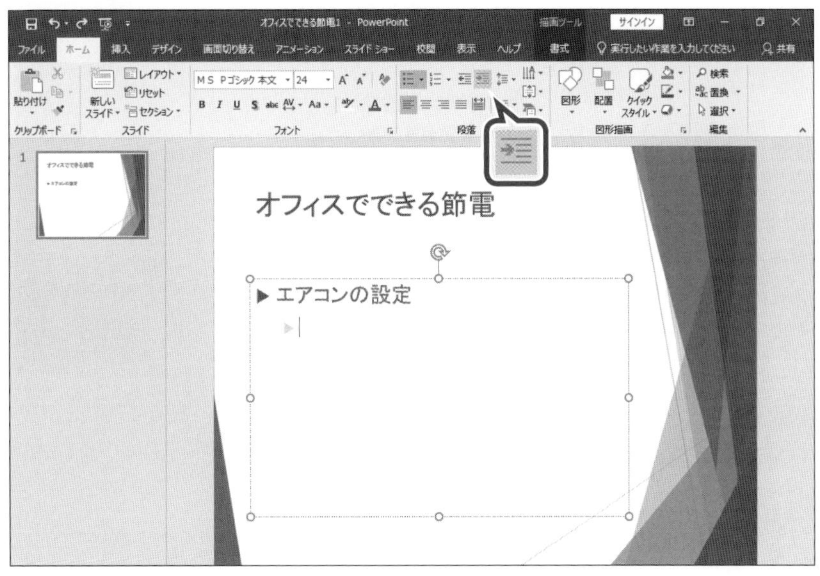

⑤2行目に「設定温度28度」と入力します。
※数字は半角で入力します。
⑥ Enter を押して、改行します。
※3行目は2行目と同じレベルになります。
⑦3行目に「フィルターの清掃」と入力します。
※数字は半角で入力します。
⑧ Enter を押して、改行します。
⑨《段落》グループの（インデントを減らす）をクリックします。
4行目の箇条書きのレベルが上がります。

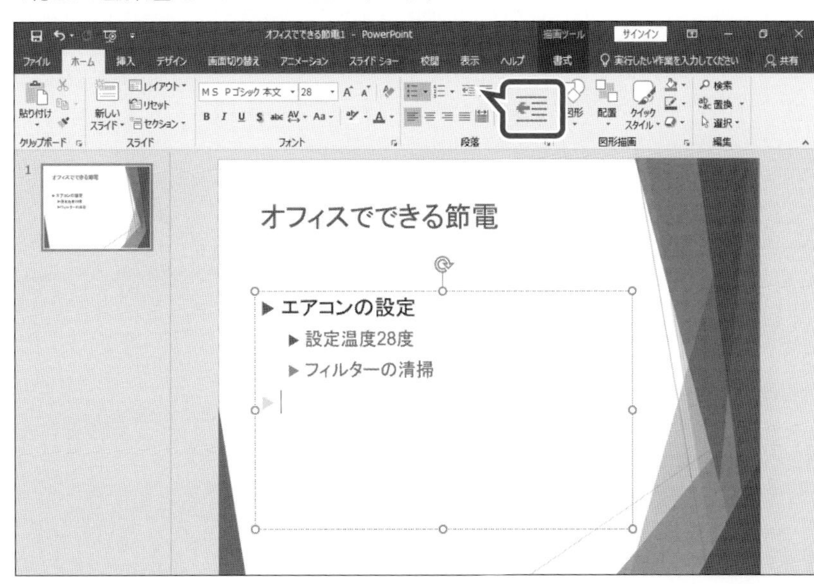

第1章 第2章 第3章 第4章 第5章 第6章 模擬試験 付録 索引

⑩4行目に「**クールビズの推進**」と入力します。

※プレースホルダー以外の場所をクリックし、入力を確定しておきましょう。

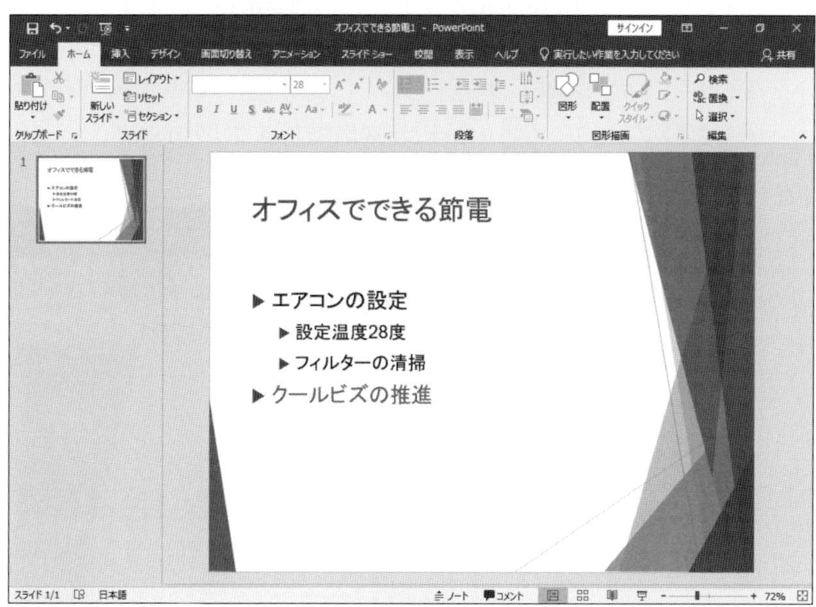

※プレゼンテーションを保存せずに、閉じておきましょう。

操作のポイント

その他の方法(インデントを増やす)

◆箇条書きの先頭にカーソルを移動→[Tab]

その他の方法(インデントを減らす)

◆箇条書きの先頭にカーソルを移動→[Shift]+[Tab]

箇条書きのレベル(階層)の変更

入力済みの箇条書きのレベルを変更することができます。入力済みの箇条書きのレベルを変更する場合は、変更する箇条書きを選択して操作します。

箇条書きのレベル(階層)の深さ

箇条書きのレベルは、3階層、4階層とさらに深めていくこともできますが、通常は3階層以内にとどめるようにします。それ以上になると複雑な印象を与え、わかりにくくなります。

3 箇条書きの行頭文字を変更する

入力した箇条書きには、テーマごとに決められた行頭文字が自動的に表示されます。この行頭文字を別の記号や数字に変更できます。

Let's Try 箇条書きの行頭文字の変更

あらかじめ設定されている行頭文字をほかの記号に変更しましょう。ここでは「▶」を「●」に変更します。

フォルダー「第4章」のファイル「オフィスでできる節電2」を開いておきましょう。

①箇条書きのプレースホルダーを選択します。

※プレースホルダー内をクリックし、枠線をクリックします。プレースホルダーの枠線をクリックすると、破線が実線に変わります。

②《ホーム》タブを選択します。

③《段落》グループの（箇条書き）のをクリックします。

④《塗りつぶし丸の行頭文字》をクリックします。

※一覧をポイントすると、設定後のイメージを画面で確認できます。

すべての行頭文字が変更されます。

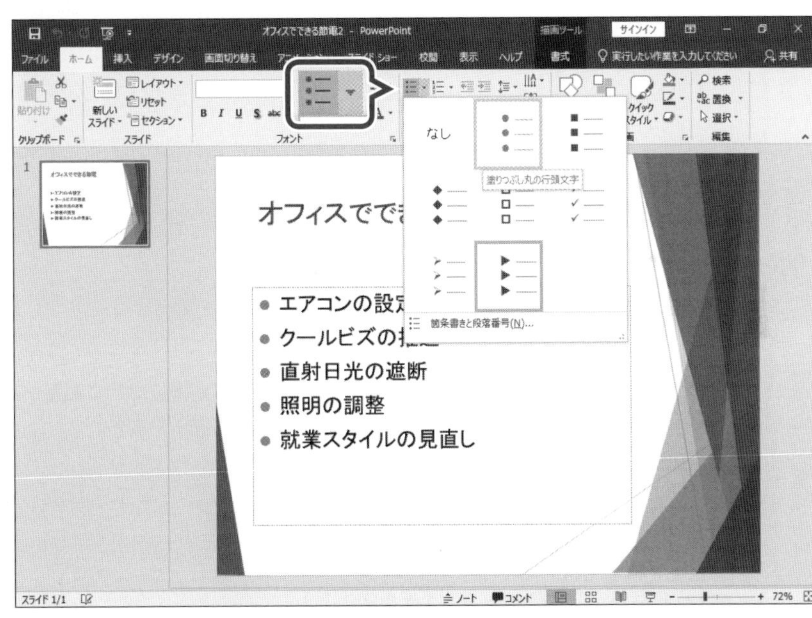

操作のポイント

特定の行の行頭文字の変更

特定の行だけ行頭文字を変更することができます。特定の行だけ行頭文字を変更する場合は、変更する行を選択して操作します。

すべてのスライドの行頭文字の変更

ここでの操作は、操作するスライドだけに適用されます。すべてのスライドの行頭文字を変更する場合は、スライドマスターを使います。

Let's Try 箇条書きの行頭文字を数字に変更

行頭文字を数字に変更しましょう。ここでは「①②③…」に変更します。

①箇条書きのプレースホルダーを選択します。
②《ホーム》タブを選択します。
③《段落》グループの（段落番号）のをクリックします。
④《囲み英数字》をクリックします。
※一覧をポイントすると、設定後のイメージを画面で確認できます。
すべての行頭文字が変更されます。

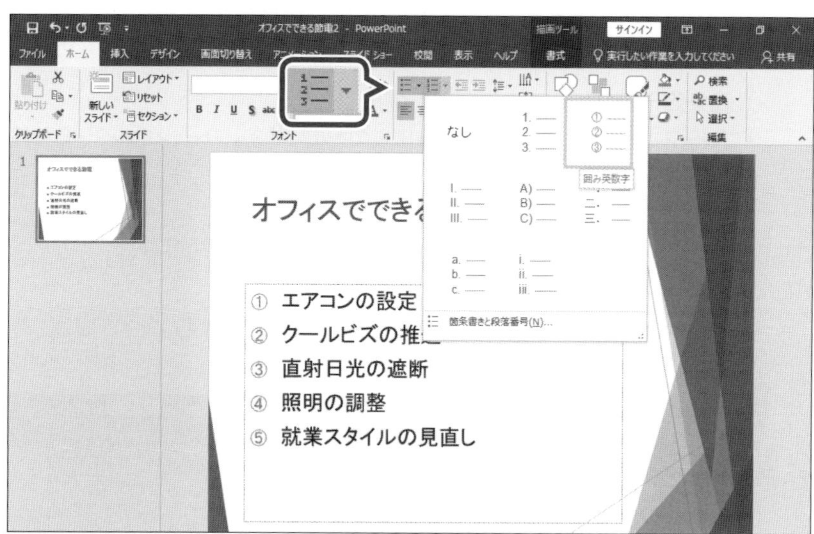

※プレゼンテーションを保存せずに、閉じておきましょう。

操作のポイント

行頭の数字

一般に箇条書きの行頭文字には記号を使いますが、手順の説明のように順番がある場合や、箇条書きが全部で何項目あるのかを明確に示したい場合は数字にします。

行頭文字の拡大・縮小

行頭文字の拡大率・縮小率を変更することができます。行頭文字の拡大率・縮小率を変更する場合は、《ホーム》タブ→《段落》グループの（箇条書き）または（段落番号）の→《箇条書きと段落番号》→《箇条書き》タブまたは《段落番号》タブ→《サイズ》の数値を変更します。

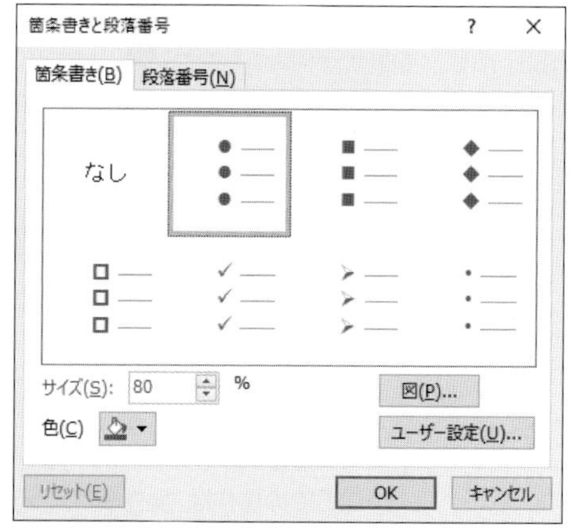

行頭文字が表示されないテーマ

行頭文字が表示されないテーマもあります。行頭文字は、「箇条書きの行頭文字の変更」と同じ手順で表示できます。

STEP 2 図解の活用

図解には、伝えたい内容の概要やポイントをわかりやすく表現でき、内容を素早く伝えられるという特長があります。図解はプレゼン資料にはなくてはならないものになっています。プレゼン資料を作るうえで、図解作成の基本技術は必須ですが、PCを使えばそれほど難しいものではありません。

1 図解とは

「図解」は図の一種で、主に抽象的な概念、仕組みなどを、円や矢印で表現した概念図を指します。組織図、フローチャート、グラフなども含まれます。箇条書きや表など、文字情報でまとめられたものについても、その中に視覚的な要素がかなり含まれる場合は図解として扱われることがあります。

2 図解の効果を考える

発表者には、聞き手に伝えたいことを"素早く"、"わかりやすく"伝えるための工夫が求められます。そのための有効な手段が図解です。図解を使う効果をまとめると、次のようになります。

❶ 情報を効果的に伝達する

よく整理された図解は、文章や口頭で説明するよりも全体像が素早く伝わります。重要なポイントを要約して伝えたい場合、複数の要素間の関係を明快に伝えたい場合、複雑な仕組みを伝えたい場合など、図解を効果的に利用できます。

❷ 訴求力を高める

文字だけのスライドは、単調で面白みに欠けます。また、文字が多いと内容を理解しにくいという欠点もあります。図解にできそうな箇所は、積極的に図解を使って訴求力を高めましょう。

図4.6は文字だけのスライドですが、同じ内容を図解を使って表現した図4.7のスライドと比べてみると、図解の効果がよくわかります。

■図4.6　箇条書きのスライド

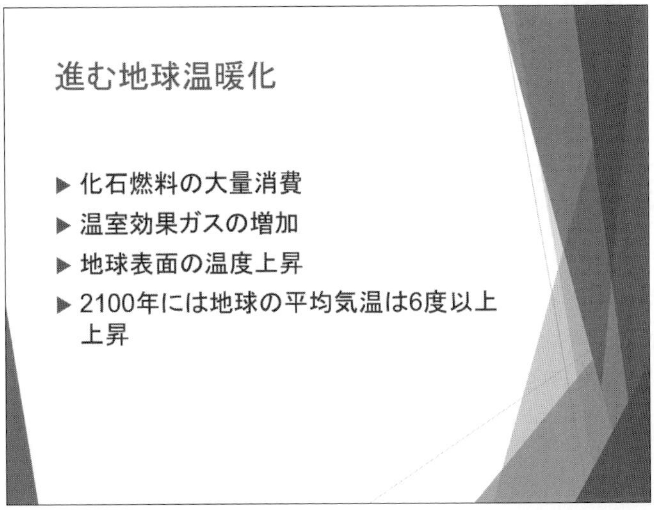

■図4.7　図解にしたスライド

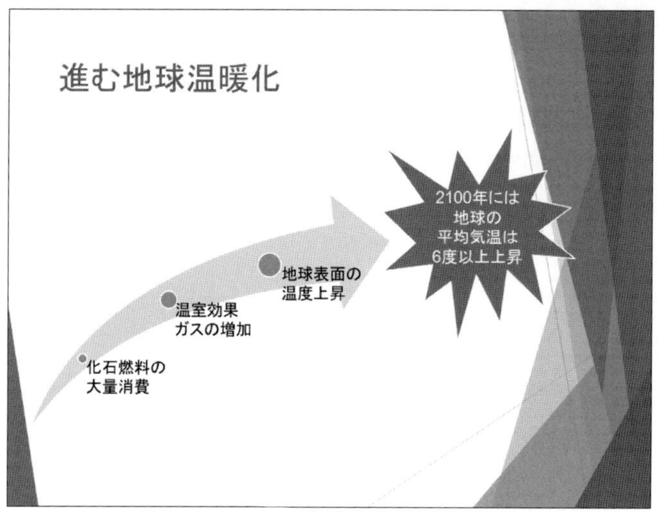

❸ 相手を納得させることができる

内容がうまく表現された図解は、情報を効果的に伝達するだけでなく、さらに聞き手を納得させる力も持っています。プレゼンの中で要点をうまく図解で示すことができれば、大きな成果が期待できます。

3　図解の特長を理解する

図解の特長を整理すると、次のようになります。

- 概要が素早く伝わる。
- 図解によって最初に全体像を示すことで、細部の話が理解されやすくなる。
- ひと目で要素同士の関連がわかる。
- 口頭による説明だけではわかりにくい内容を表現できる。
- 相互に複雑にからみ合う関係・構造・流れを整理して示すことができる。
- 重要なポイントを要約して伝えられる。
- 少ないスペースで多くの情報を提供できる。
- 直感的に把握しやすく、理解が促進される。
- プレゼン資料に変化を与え、注意を引くことができる。
- プレゼン資料の内容を印象付けられる。
- 興味を持ってもらえる。

4　図解を使う目的を明確にする

図解を使う場合は、その使用目的を明確にします。全体像を伝えるために図解を使う、口頭による説明だけでは伝えにくいので図解を使う、印象に残るようにするために図解を使うというように目的が明確であれば、どこに注意しながら図解を作成するべきかがわかります。図解では、聞き手に何を理解してほしいかを考えることが大切です。

STEP 3 PowerPointで作成する図解

PowerPointには、多彩な図解作成機能が用意されています。これらの機能を利用すれば、必要な図解を比較的簡単に作成することができます。

1 図解作成の基本を考える

PowerPointには、図解を効率よく描くことができる描画機能「SmartArtグラフィック」が搭載されています。SmartArtグラフィック（以下、SmartArt）は、複数の図形を組み合わせて作った、いわゆる図解のひな型です。このSmartArt機能は、WordやExcelでもPowerPointと同じような使い方で利用することができます。
PowerPointで図解を作成するときは、次のように考えます。

1 SmartArtを活用した図解作成

SmartArtには代表的な図解のひな型がメニューに収録されており、メニューの中から使いたい形を探して選択するだけで、スライドに選択した図解の基本形が挿入されます。その基本形をもとに、図形要素*を追加したり削除したり形状を変えたりしながら、目的の図解を効率よく作成することができます。
図解を作成するときは、まず、SmartArtの中に利用できるものがあるかどうかを確認し、適当な形があればそれを使って図解を作成します。なお、SmartArtは、図形要素の追加・削除・形状の変更・反転などができるので、それらも含めて利用できるかを検討します。

* SmartArtを構成している図形のパーツを、ここでは図形要素と呼んでいます。

2 SmartArtに別の図形を付加した図解作成

SmartArtだけでは目的とする図解の作成が難しい場合があります。その場合は、SmartArtに別の図形を追加したり、複数のSmartArtを組み合わせたりすることでカバーします。

3 基本図形を組み合わせた図解作成

1、2によって必要な図解が得られない場合は、SmartArtではなく、基本図形*を組み合わせて作成します。
基本図形として用意されているのは、円、三角形、四角形、矢印など、161種類に及ぶ図形です。この図形をいろいろ組み合わせてオリジナルの図解として完成させます。
基本図形を使った図解は、「STEP7　基本図形を組み合わせた図解作成」で説明します。

* PowerPointで用意されている円、三角形、四角形、矢印など、基本的な図形を、PowerPointでは単に「図形」と呼んでいますが、ここでは基本図形と呼びます。

図解作成の基本的な考え方をまとめると、図4.8のようになります。

■図4.8　図解作成の基本的な考え方

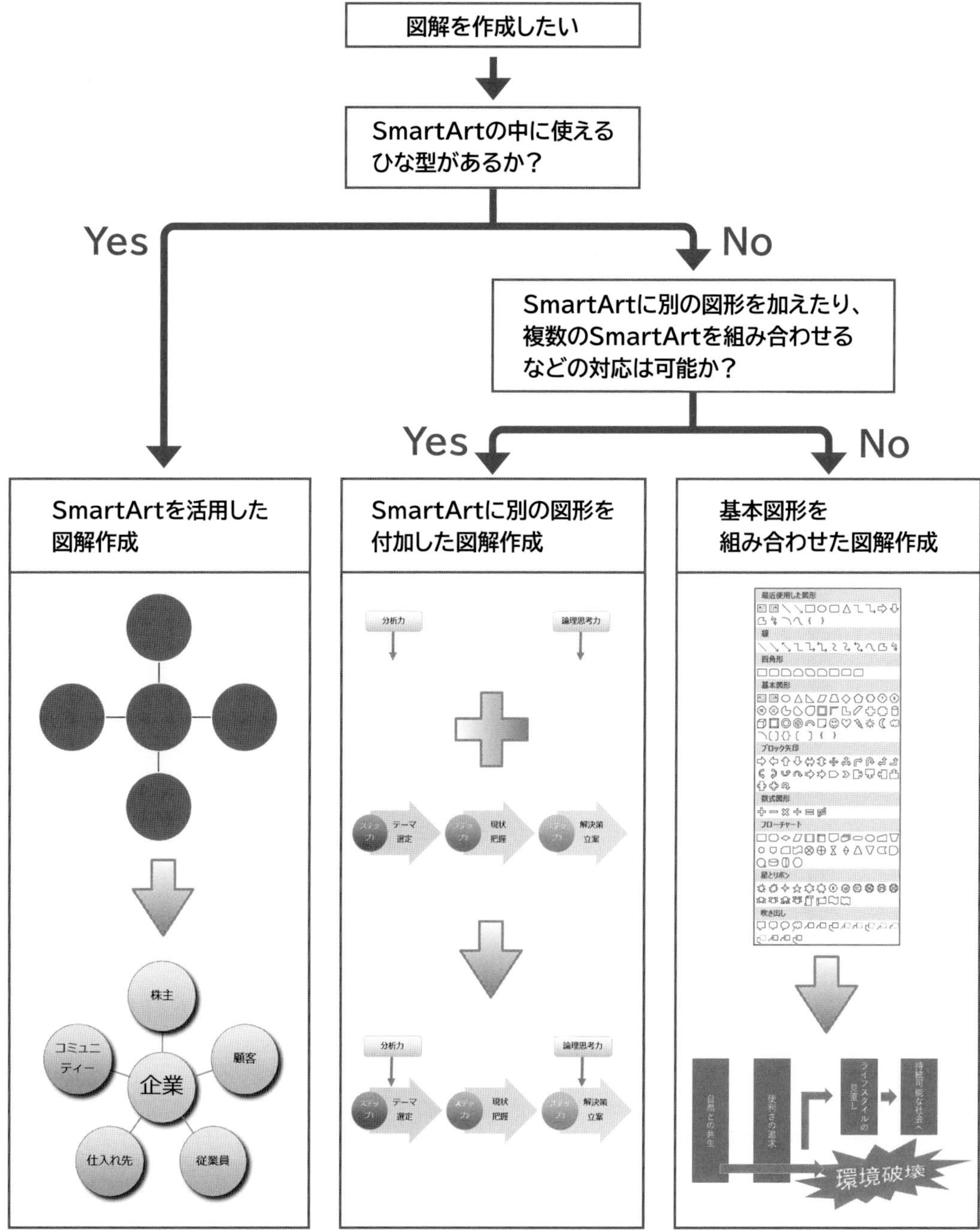

2 SmartArtを利用する

SmartArtを利用して、次のようなことができます。

- 描きたい図解をSmartArtの中から選んで挿入できる。
- SmartArtの図形要素の追加・削除・反転・ほかの図形への変換、複数のSmartArtの組み合わせなど、いろいろな加工ができる。
- 図形要素の中の文字はそのままで、別のSmartArtに変更できる。
- 箇条書きをもとに、簡単な操作でさまざまなSmartArtに変換できる。
- 複雑な組織図を効率よく作成できる。
- 一部のSmartArtでは、写真や画像を簡単な操作で取り込める。

SmartArtは**「リスト」「手順」「循環」「階層構造」「集合関係」「マトリックス」「ピラミッド」「図」**の8つに分類されています。この分類によって必要なSmartArtを探しやすくしています。分類の内容は、表4.1のとおりです。

■表4.1　SmartArtの分類と内容

分類	内容
リスト	並列の関係を表示する。
手順	プロセスや手順を表示する。
循環	連続的に循環するプロセスを表示する。
階層構造	組織図や意思決定ツリーを表示する。
集合関係	複数の要素の関係を表示する。
マトリックス	全体に対する各部分の関係を表示する。
ピラミッド	三角形で階層関係を表示する。
図	画像を含む情報を表示する。

※複数の分類に含まれるSmartArtもあります。

3　SmartArtの分類を確認する

SmartArtを利用するときは、どの分類にあてはまるのかを考えて、まず該当すると思える分類をクリックし、その分類に含まれるSmartArtを探すという方法が効率的です。
各分類には、次のようなSmartArtが含まれています。

❶リスト

図解を構成する図形要素を並列の関係で表現したいときは、「リスト」が利用できます。リストのSmartArtを図4.9に示します。

■図4.9　リストのSmartArt

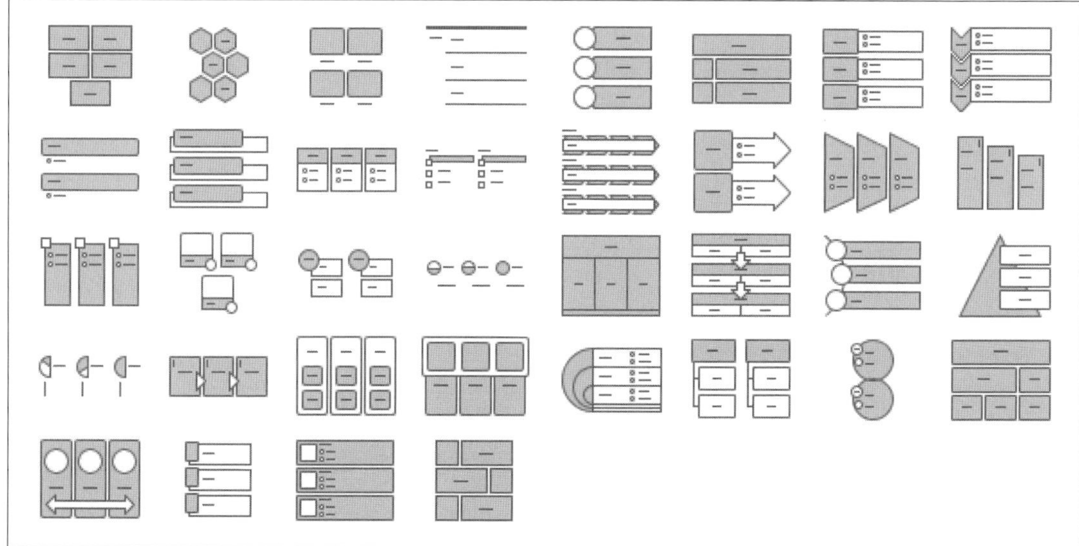

図4.10は、リストのSmartArtを使った図解の例です。

■図4.10　リストのSmartArtを使った図解の例

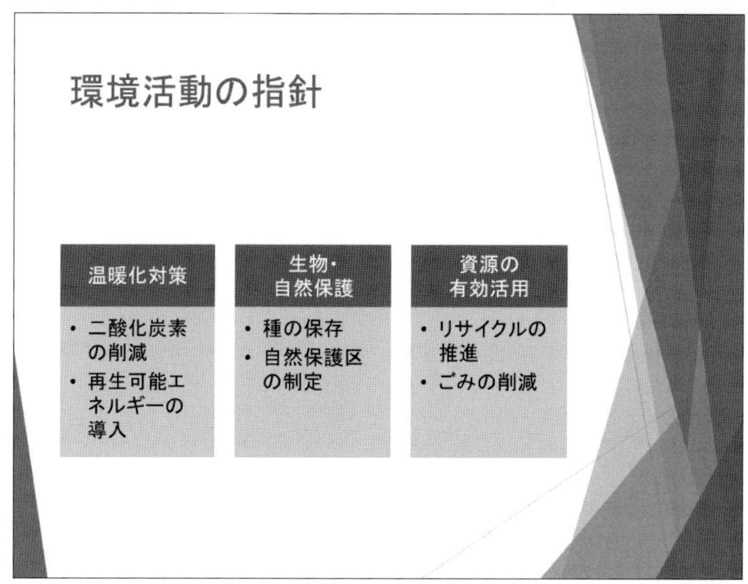

2 手順

時間と共に変化するプロセスや手順を表現したいときは、**「手順」**が利用できます。手順のSmartArtを図4.11に示します。

■図4.11　手順のSmartArt

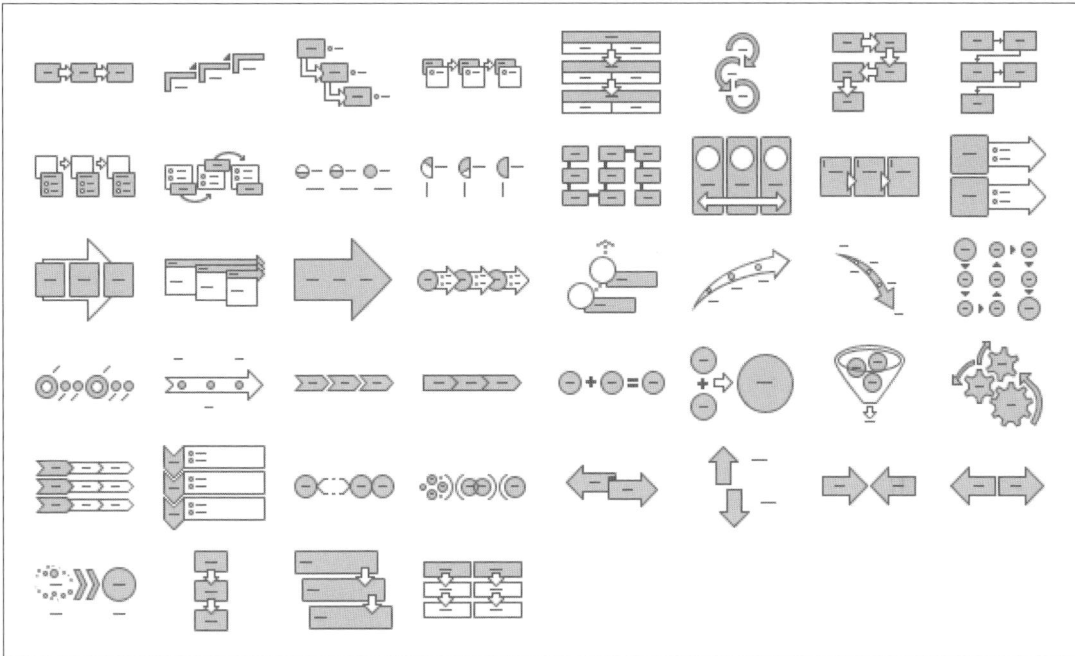

図4.12は、手順のSmartArtを使った図解の例です。

■図4.12　手順のSmartArtを使った図解の例

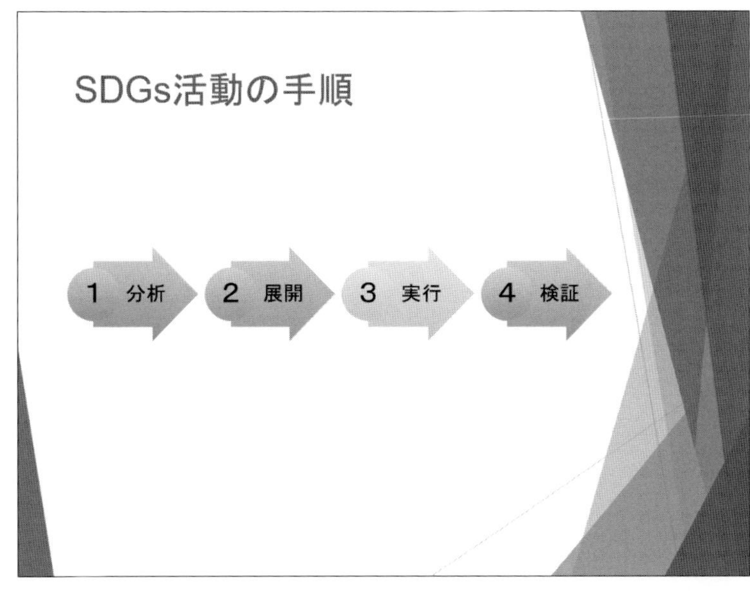

❸循環

一定の内容を何度も繰り返す図解を表現したいときは、**「循環」**が利用できます。循環のSmartArtを図4.13に示します。

■図4.13　循環のSmartArt

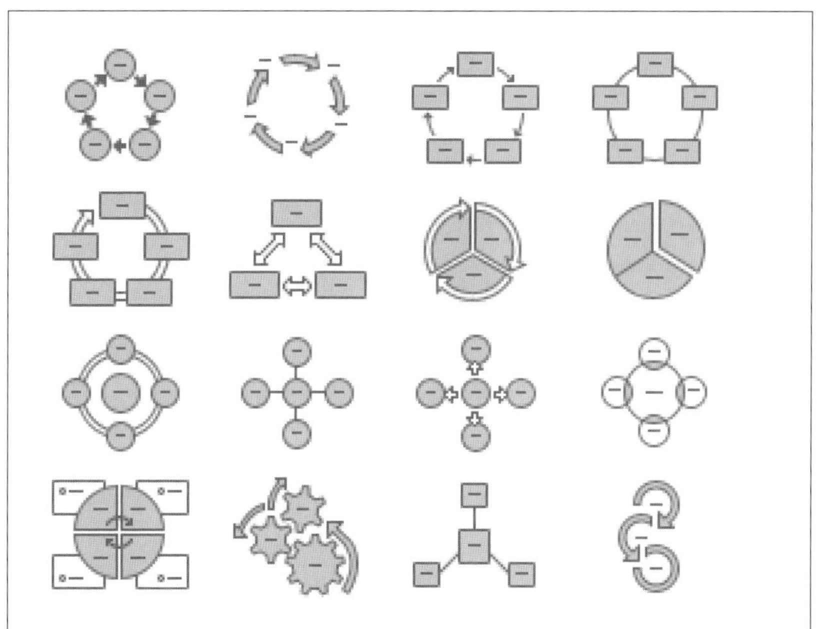

図4.14は、循環のSmartArtを使った図解の例です。

■図4.14　循環のSmartArtを使った図解の例

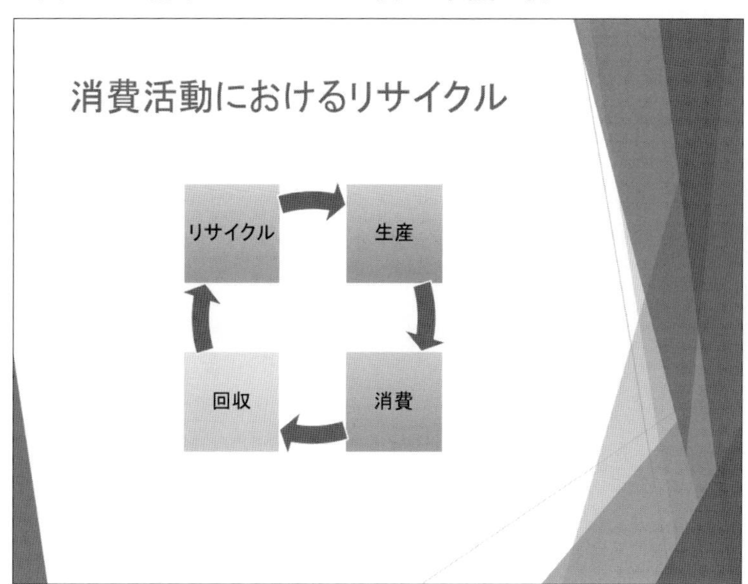

❹ 階層構造

会社や団体を構成する個々の組織とその相互の関係を図示したのが**「組織図」**です。組織図にすると、ひと目で組織名や相互の関係がわかります。組織図のような階層を持った構造を表現したい場合は、**「階層構造」**が利用できます。

階層構造のSmartArtを図4.15に示します。

■図4.15　階層構造のSmartArt

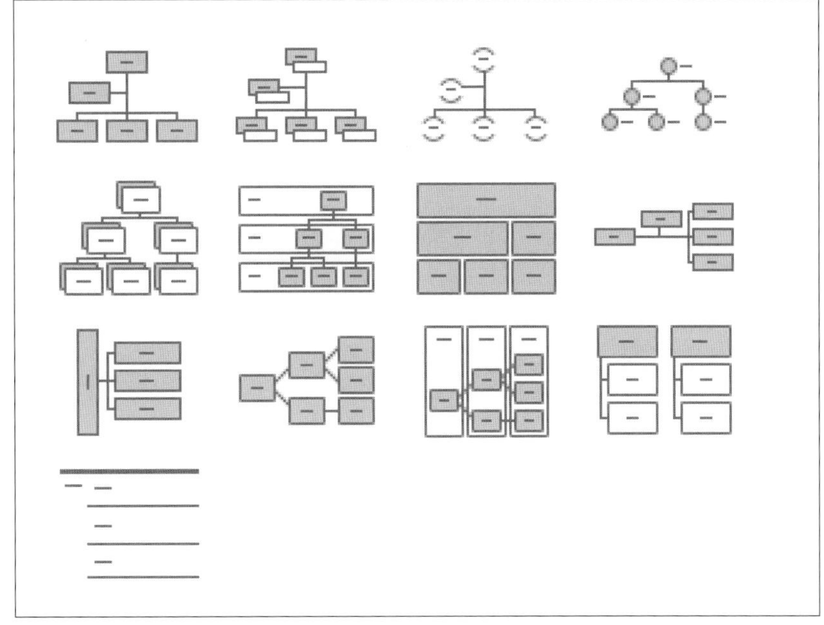

図4.16は、階層構造のSmartArtを使った図解の例です。

■図4.16　階層構造のSmartArtを使った図解の例

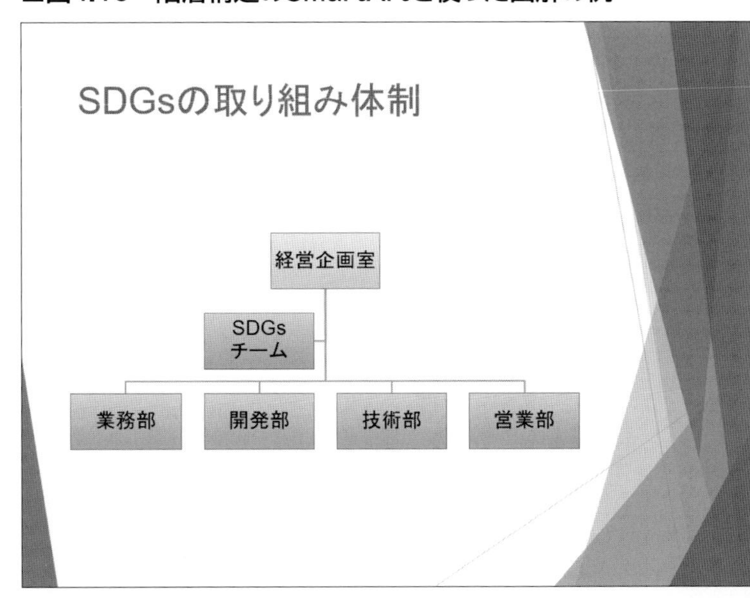

❺集合関係

放射状の図解、同心円の図解、ベン図などを表現したいときは、**「集合関係」**が利用できます。ある図形要素が複数の図形要素によって支えられている、あるいは関連付けられていることを示したいときは、その図形要素を中心にして放射状に配置するとわかりやすくなります。

1つの中心になる図形要素から複数の図形要素に影響が及ぶ様子を表現したい場合は、中心に置いた核になる図形要素から、周辺の図形要素に矢印を向けた表現が適しています。

集合関係のSmartArtを図4.17に示します。

■図4.17　集合関係のSmartArt

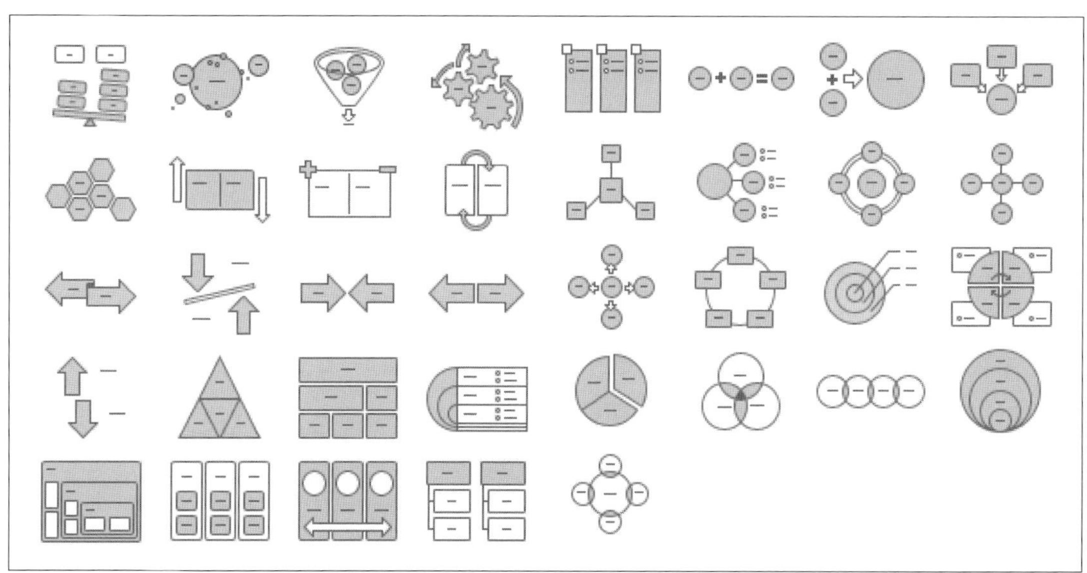

図4.18は、集合関係のSmartArtを使った図解の例です。

■図4.18　集合関係のSmartArtを使った図解の例

❻ マトリックス

マトリックス図や座標図を作成したいときは、**「マトリックス」**が利用できます。
縦軸・横軸を2分割して4つのマス目（象限）を作って、そのマス目にキーワードなどを配置したのが**「マトリックス図」**です。こうすることで、個々の図形要素の全体の中での位置付けや傾向が明確になり、現状の認識や今後の対策の検討に役立ちます。
座標軸を使った図解は、**「座標図」**と呼ばれます。座標図とは、**「大きい」「小さい」**、**「多い」「少ない」**、**「高い」「低い」**など、対極にある言葉を軸の両端に付けた縦軸と横軸で座標平面を作り、その平面上に定量的な情報を持つ図形要素をプロットしたものです。そうすることで、各図形要素の位置付けや相互の関係を明確に示すことができます。座標軸を使った図解は、比較的簡単に作れる割に効果が大きいのが特長です。
マトリックス図も座標図もプレゼンでは、よく使われる図解です。
マトリックスのSmartArtを図4.19に示します。

■図4.19　マトリックスのSmartArt

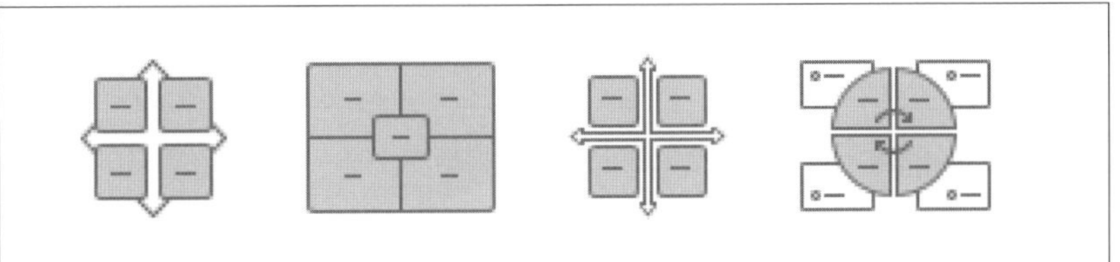

図4.20は、マトリックスのSmartArtを使った図解の例です。

■図4.20　マトリックスのSmartArtを使った図解の例

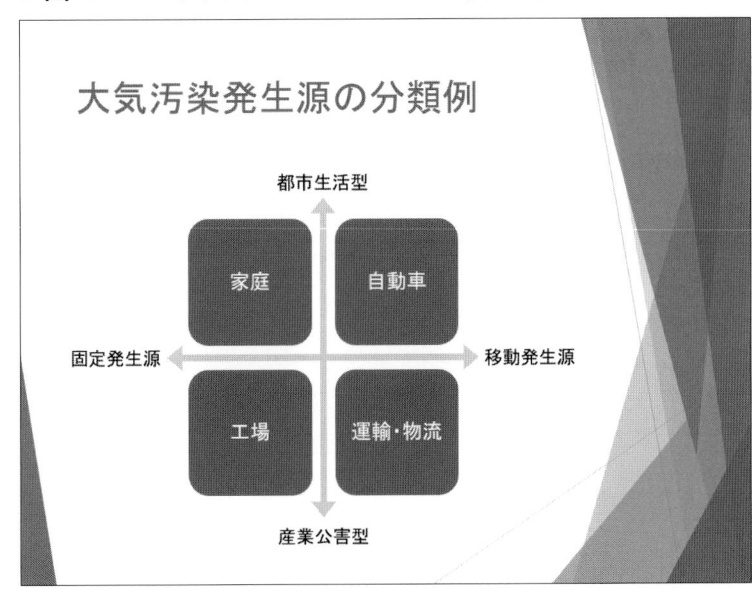

❼ピラミッド

ピラミッド状に階層構造を表す図解を作成したいときは、**「ピラミッド」**が利用できます。ピラミッドのSmartArtを図4.21に示します。

■図4.21　ピラミッドのSmartArt

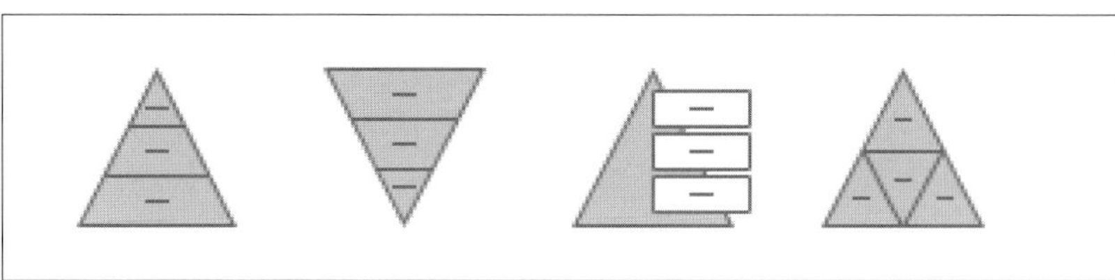

図4.22は、ピラミッドのSmartArtを使った図解の例です。

■図4.22　ピラミッドのSmartArtを使った図解の例

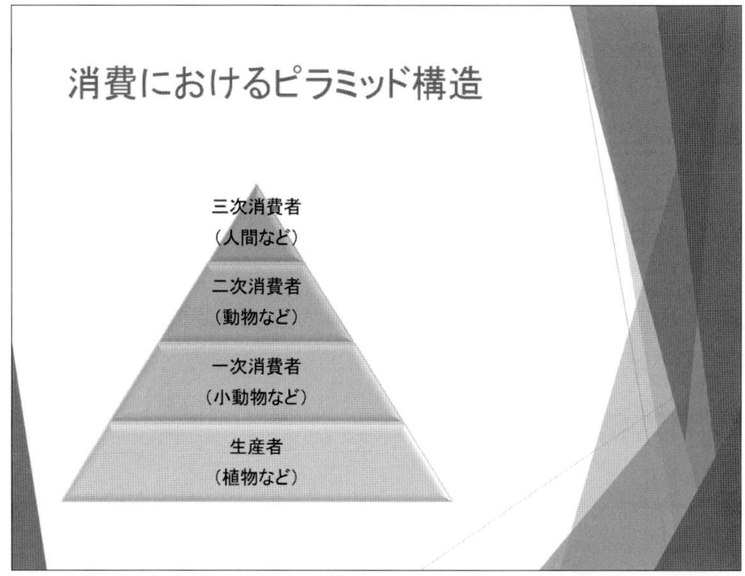

8 図

写真などの画像と文字を組み合わせたような図解を作成したいときは、**「図」**が利用できます。図のSmartArtを図4.23に示します。

■図4.23　図のSmartArt

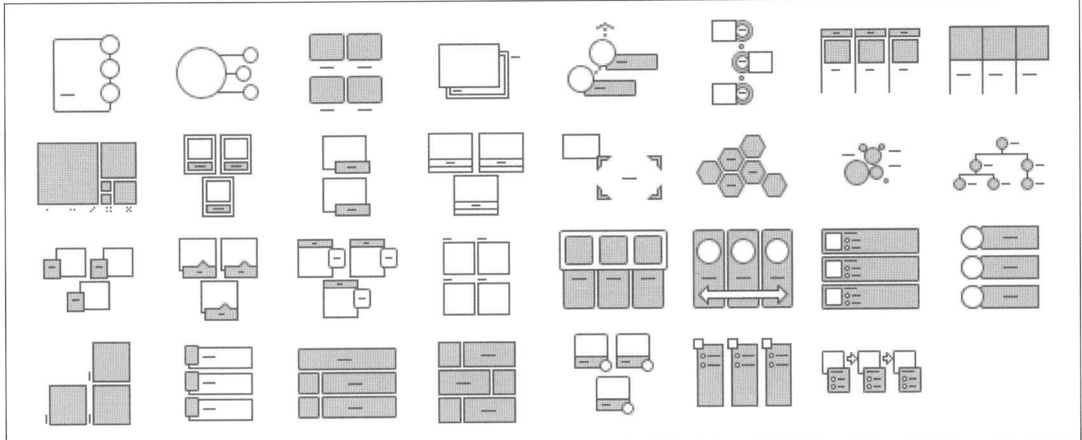

図4.24は、図のSmartArtを使った図解の例です。

■図4.24　図のSmartArtを使った図解の例

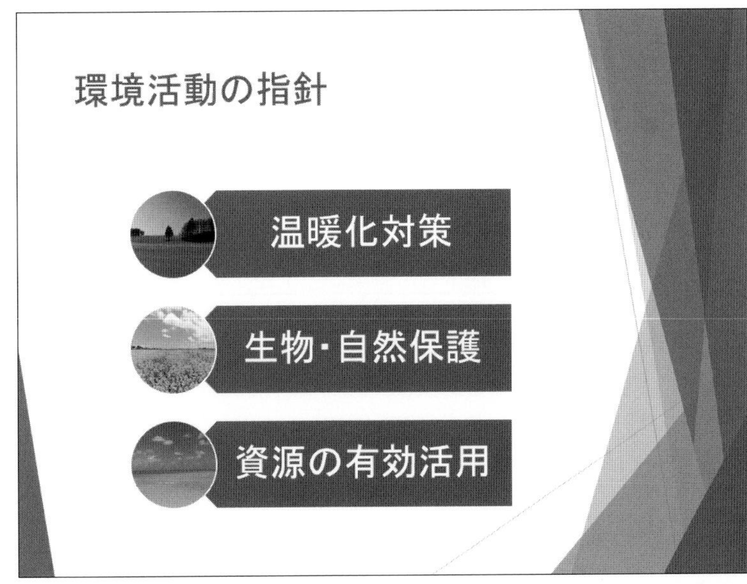

第1章
第2章
第3章
第4章
第5章
第6章
模擬試験
付録
索引

STEP 4

SmartArtの挿入と加工

SmartArtは、スライドに挿入し加工して利用します。簡単な操作で図形要素の数を増やしたり減らしたりすることができます。さまざまな加工を加えることで、SmartArtを活用できる範囲は拡大します。

1 SmartArtを挿入する

SmartArtを使った図解を作成したいときは、まずスライドにSmartArtを挿入します。

Let's Try SmartArtの挿入

SmartArtを挿入しましょう。ここでは、「リスト」に含まれる「グループリスト」を挿入します。

フォルダー「第4章」のファイル「エネルギーの種類」を開いておきましょう。

①《挿入》タブを選択します。

②《図》グループの SmartArt （SmartArtグラフィックの挿入）をクリックします。

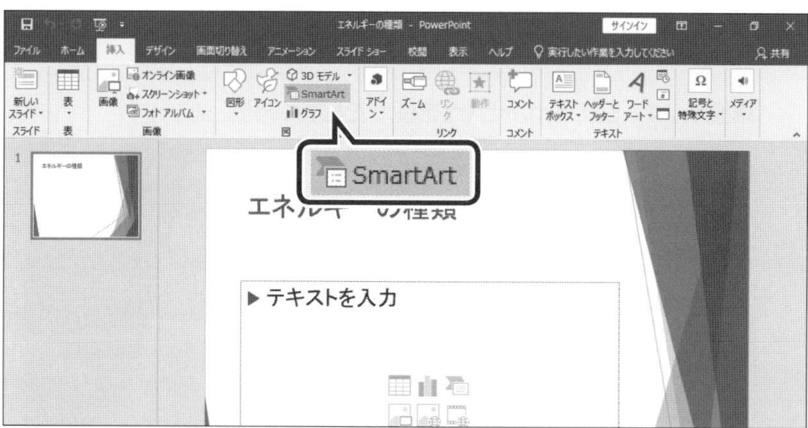

《SmartArtグラフィックの選択》ダイアログボックスが表示されます。

③左側の一覧から《リスト》を選択します。

④中央の一覧から《グループリスト》を選択します。

⑤《OK》をクリックします。

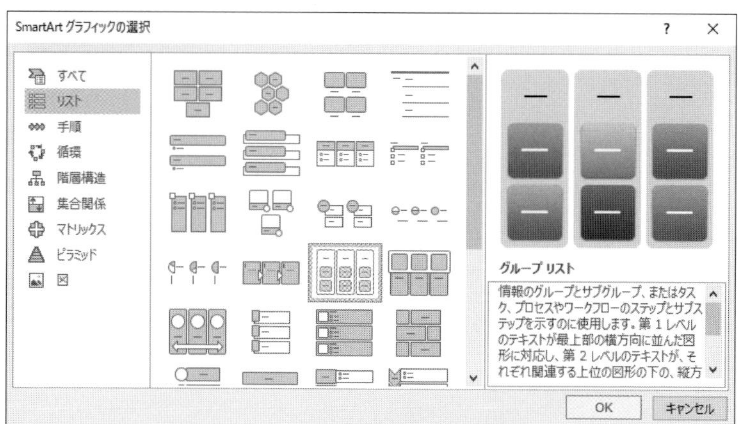

SmartArtが挿入されます。

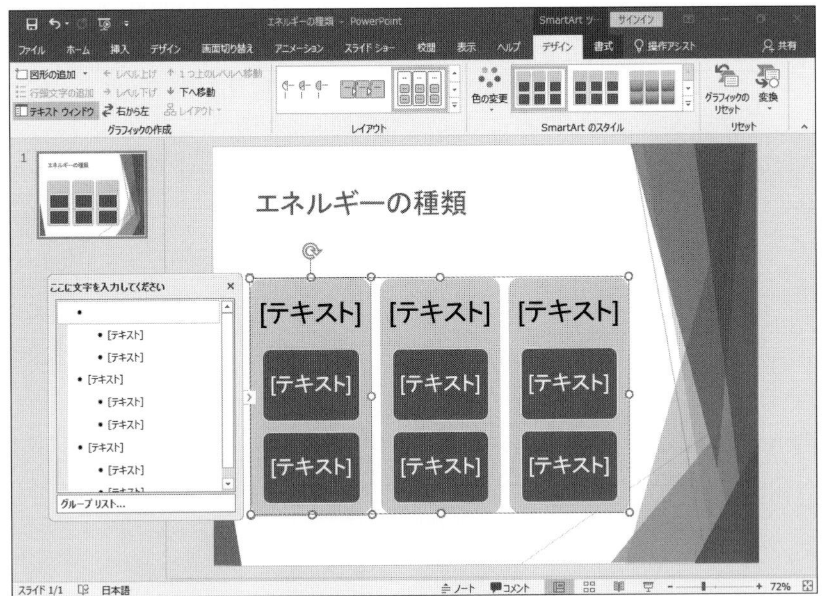

操作のポイント

プレースホルダーのアイコンを使ったSmartArtの挿入

スライドにコンテンツ用のプレースホルダーが含まれている場合は、プレースホルダー内の（SmartArtグラフィックの挿入）をクリックして、SmartArtを挿入できます。

Let's Try テキストウィンドウによる文字の入力

テキストウィンドウとSmartArtは連動しています。テキストウィンドウに箇条書きを入力すると、SmartArtにも反映されます。
テキストウィンドウを利用して、次のようにSmartArtに文字を入力しましょう。

- 化石燃料エネルギー
  - シェールオイル
  - シェールガス
- 再生可能エネルギー
  - 水
  - 太陽光

①SmartArtを選択します。

②SmartArtの左側にテキストウィンドウが表示されていることを確認します。

※テキストウィンドウが表示されていない場合は、《SmartArtツール》の《デザイン》タブ→《グラフィックの作成》グループの テキスト ウィンドウ (テキストウィンドウ)をクリックします。

③テキストウィンドウの1行目に**「化石燃料エネルギー」**と入力します。

テキストウィンドウに対応しているSmartArt内の図形要素に文字が表示されます。

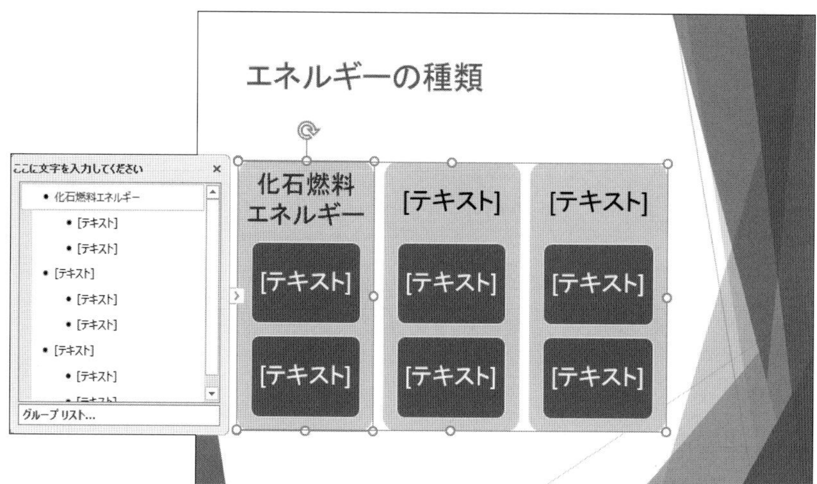

④2行目にカーソルを移動し、**「シェールオイル」**と入力します。

⑤3行目にカーソルを移動し、**「シェールガス」**と入力します。

⑥4行目にカーソルを移動し、**「再生可能エネルギー」**と入力します。

⑦5行目にカーソルを移動し、**「水」**と入力します。

⑧6行目にカーソルを移動し、**「太陽光」**と入力します。

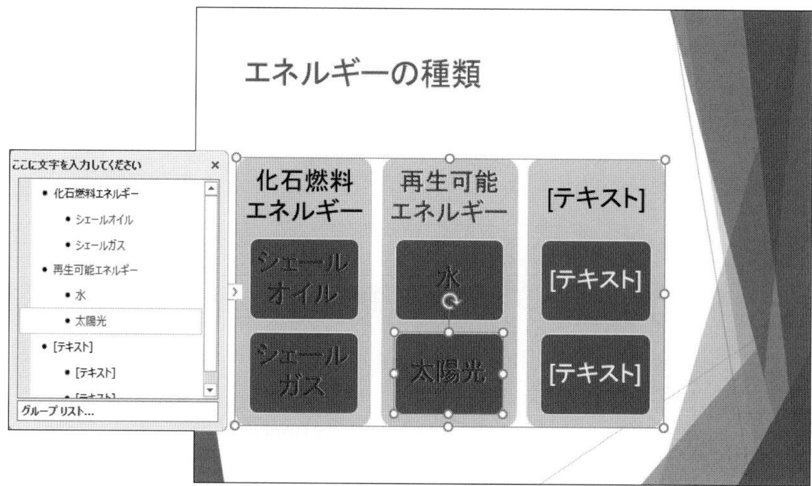

操作のポイント

テキストウィンドウによるSmartArtの加工

挿入されたSmartArtには、文字を入力するためのテキストウィンドウが表示されます。直接SmartArt内に文字を入力することもできますが、テキストウィンドウを使ったほうが効率的です。

テキストウィンドウの表示・非表示

テキストウィンドウの表示・非表示を切り替える方法は次のとおりです。

◆《SmartArtツール》の《デザイン》タブ→《グラフィックの作成》グループの テキスト ウィンドウ (テキストウィンドウ)

2 SmartArtの図形要素を増減する

SmartArt内の図形要素を追加したり、削除したりする方法を確認しましょう。
テキストウィンドウに箇条書きを追加すると、SmartArt内の図形要素も追加されます。また、テキストウィンドウから箇条書きを削除すると、SmartArt内の図形要素も削除されます。

Let's Try 図形要素の追加

テキストウィンドウに箇条書きを追加することで、SmartArtに図形要素を追加しましょう。ここでは、**「シェールガス」**の後ろに**「メタンハイドレート」**を追加し、**「太陽光」**の後ろに**「風」「バイオマス」「地熱」**を追加します。

①3行目の**「シェールガス」**の後ろにカーソルを移動します。
② Enter を押して、改行します。
テキストウィンドウに項目が追加され、SmartArt内にも図形要素が追加されます。
③4行目に**「メタンハイドレート」**と入力します。
④7行目の**「太陽光」**の後ろにカーソルを移動します。
⑤ Enter を押して、改行します。
⑥8行目に**「風」**と入力します。
⑦ Enter を押して、改行します。
⑧9行目に**「バイオマス」**と入力します。
⑨ Enter を押して、改行します。
⑩10行目に**「地熱」**と入力します。

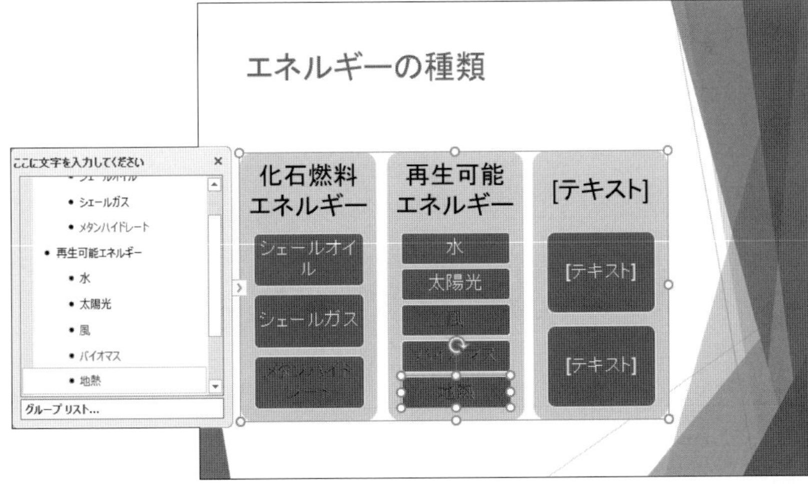

操作のポイント

その他の方法(図形要素の追加)

◆隣接する図形要素を選択→《SmartArtツール》の《デザイン》タブ→《グラフィックの作成》グループの 図形の追加 (図形の追加)の ▾ →現在選択している要素に対して前、後、上、下などの位置を指定

Let's Try 図形要素の削除

テキストウィンドウから箇条書きを削除することで、SmartArtから図形要素を削除しましょう。ここでは、右側の3つの図形要素を削除します。

①最終行にカーソルを移動します。
テキストウィンドウに対応するSmartArt内の図形要素が選択されます。

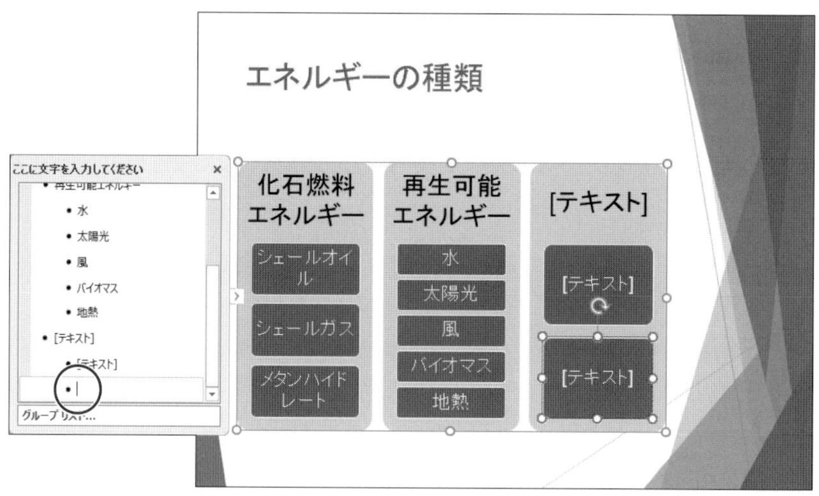

② BackSpace を5回押します。
テキストウィンドウの項目が削除され、SmartArt内からも図形要素が削除されます。
※10行目の「地熱」の後ろにカーソルを移動して、Delete を押して削除することもできます。

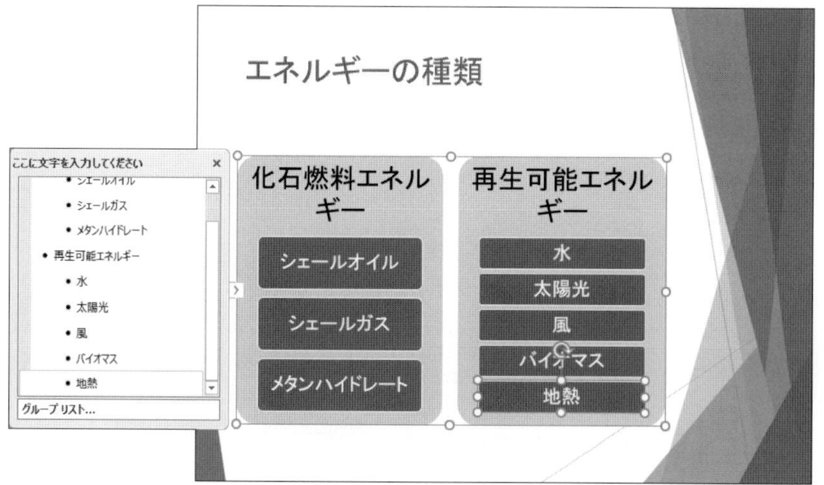

操作のポイント

その他の方法（図形要素の削除）

SmartArtの不要な図形要素を選択し、Delete または BackSpace を押しても図形要素を削除できます。

Let's Try 図形要素のレベルの変更

テキストウィンドウの箇条書きのレベルを調整して、SmartArt内の図形要素のレベルを変更しましょう。レベルを下げるときは Tab 、レベルを上げるときは Shift を押しながら Tab を押します。

①10行目の「**地熱**」の後ろにカーソルを移動します。

② Enter を押して、改行します。

テキストウィンドウに項目が追加され、SmartArt内にも図形要素が追加されます。

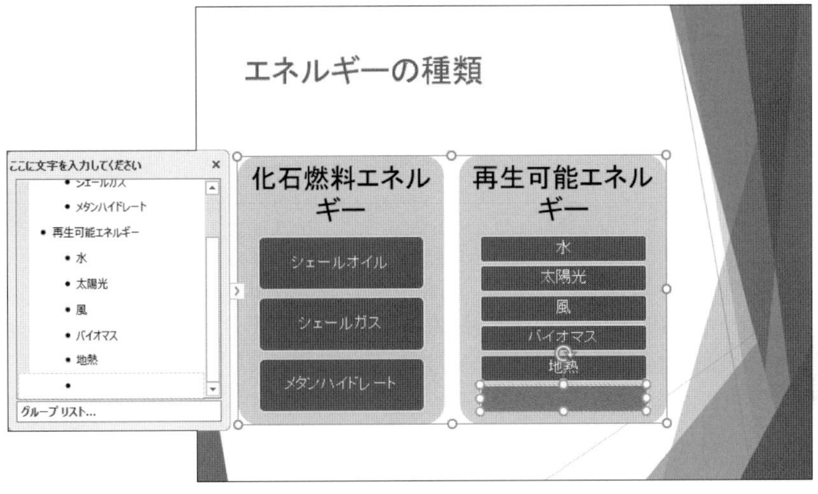

③ Shift を押しながら Tab を押します。

カーソルのある位置の項目のレベルが1階層上がり、テキストウィンドウに対応するSmartArt内の図形要素のレベルも1階層上がります。

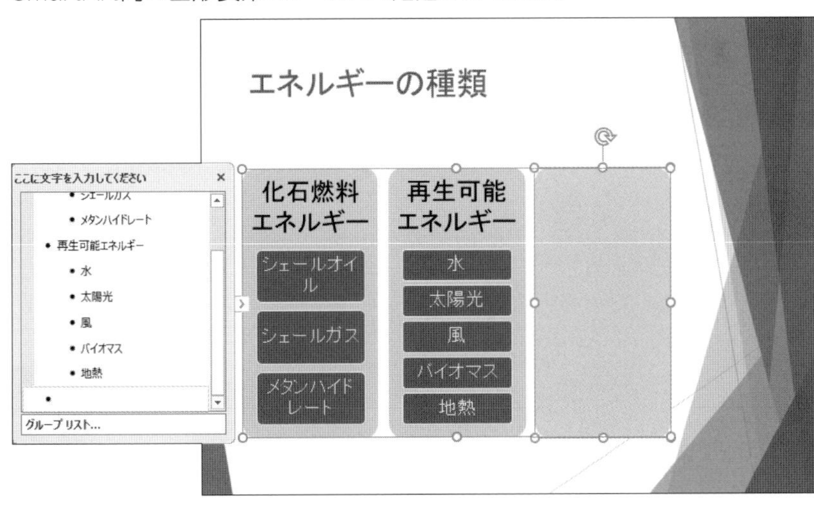

④ Enter を押して、改行します。
テキストウィンドウに項目が追加され、SmartArt内にも図形要素が追加されます。

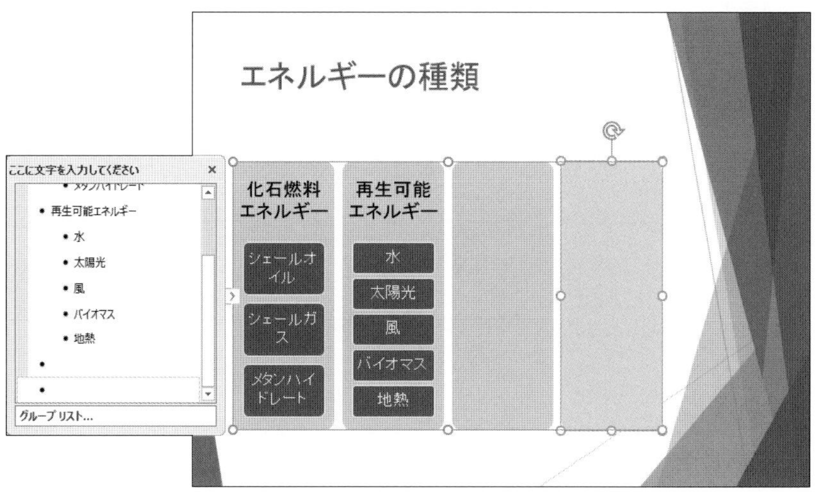

⑤ Tab を押します。
カーソルのある位置の項目のレベルが1階層下がり、テキストウィンドウに対応するSmartArt内の図形要素のレベルも1階層下がります。

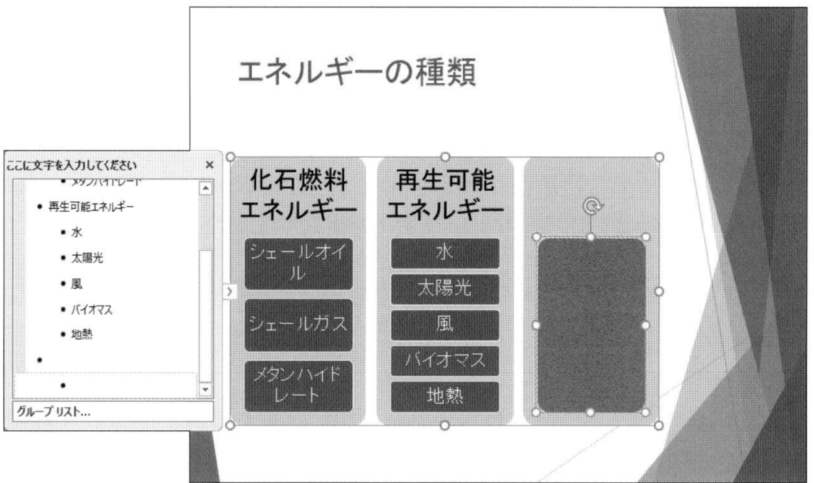

⑥ Enter を押して、改行します。
テキストウィンドウに項目が追加され、SmartArt内にも図形要素が追加されます。

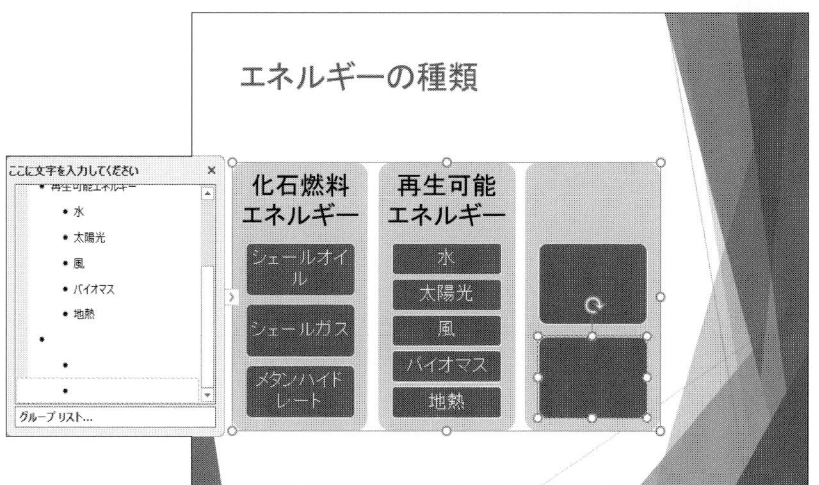

第4章 わかりやすいプレゼン資料

⑦テキストウィンドウの末尾3行分を削除します。

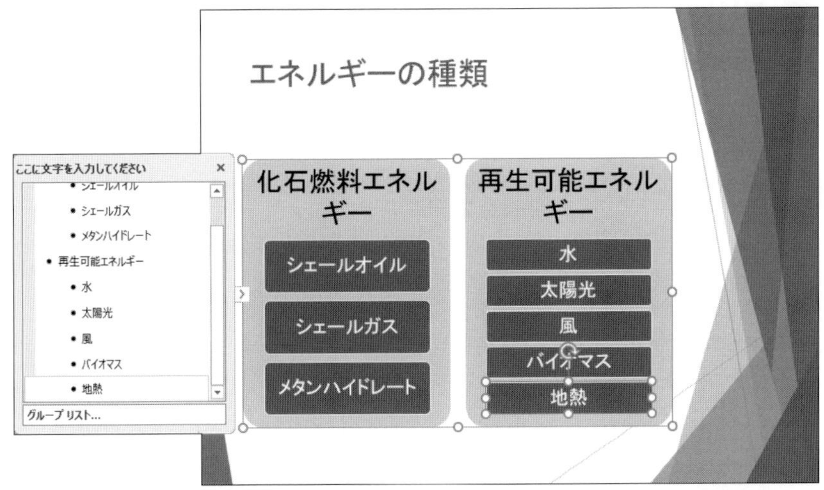

操作のポイント

その他の方法（図形要素のレベルの変更）

◆テキストウィンドウの項目またはSmartArt内の図形要素を選択→《SmartArtツール》の《デザイン》タブ→《グラフィックの作成》グループの［← レベル上げ］（選択対象のレベル上げ）または［→ レベル下げ］（選択対象のレベル下げ）

Let's Try 改行位置の調整

SmartArtの図形要素に入力した文字が、中途半端な位置で改行されて読みにくい場合は、改行したい位置にカーソルを移動し［Shift］を押しながら［Enter］を押します。

①1行目の「**化石燃料**」の後ろにカーソルを移動します。

②［Shift］を押しながら、［Enter］を押します。

「**化石燃料**」の後ろで強制的に改行されます。

③同様に、「**再生可能**」の後ろで強制的に改行します。

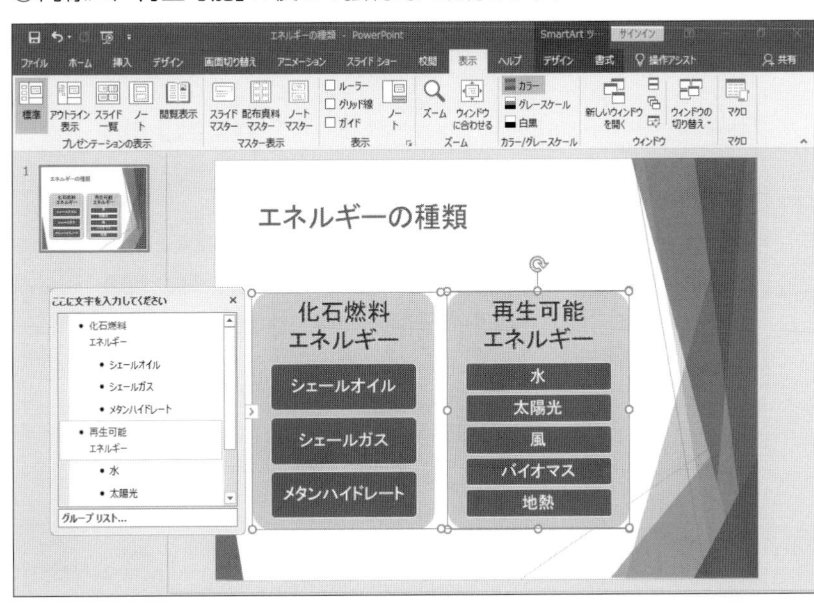

3 SmartArtにスタイルを設定する

スライドに挿入したSmartArtの表現はシンプルです。そこで、SmartArtにスタイルを設定して、光があたったような感じにしたり、凹凸が感じられるようにしたりすることができます。

Let's Try SmartArtのスタイルの設定

SmartArtに用意されているスタイルを設定しましょう。ここでは、スタイルを「グラデーション」に設定します。

①SmartArtを選択します。

②《SmartArtツール》の《デザイン》タブを選択します。

③《SmartArtのスタイル》グループの ▼ (その他)をクリックします。

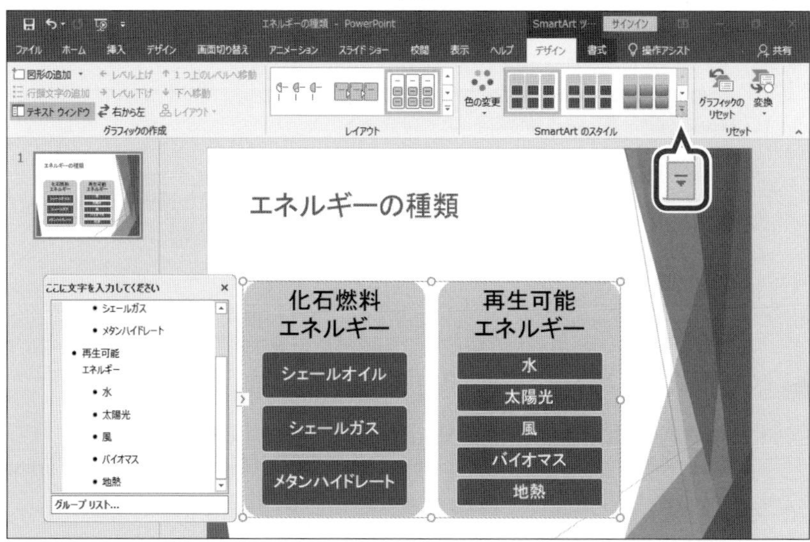

④《ドキュメントに最適なスタイル》の《グラデーション》をクリックします。

※一覧をポイントすると、設定後のイメージを画面で確認できます。

SmartArtにスタイルが設定されます。

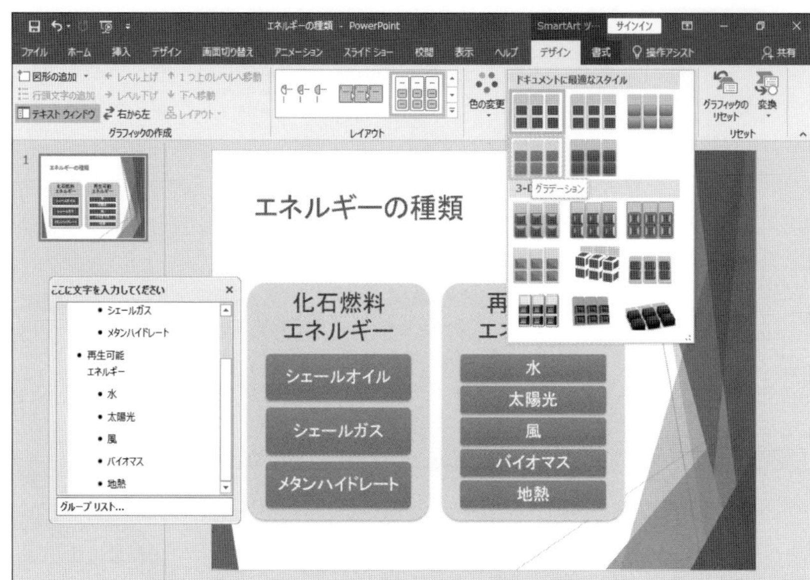

第4章 わかりやすいプレゼン資料

4 SmartArtの色を変更する

スタイルを設定した結果、SmartArtの表現力は高まりましたが、色を変更することでさらに高度な仕上がりにすることができます。SmartArtの色はテーマごとに異なっているため、テーマを変更するとSmartArtの色も変更されます。

Let's Try SmartArtの色の変更

SmartArtの色を変更しましょう。ここでは、SmartArtの色を**「カラフル-アクセント5から6」**に変更します。

①SmartArtを選択します。
②**《SmartArtツール》**の**《デザイン》**タブを選択します。
③**《SmartArtのスタイル》**グループの（色の変更）をクリックします。
④**《カラフル》**の**《カラフル-アクセント5から6》**をクリックします。
※一覧をポイントすると、設定後のイメージを画面で確認できます。
SmartArtの色が変更されます。

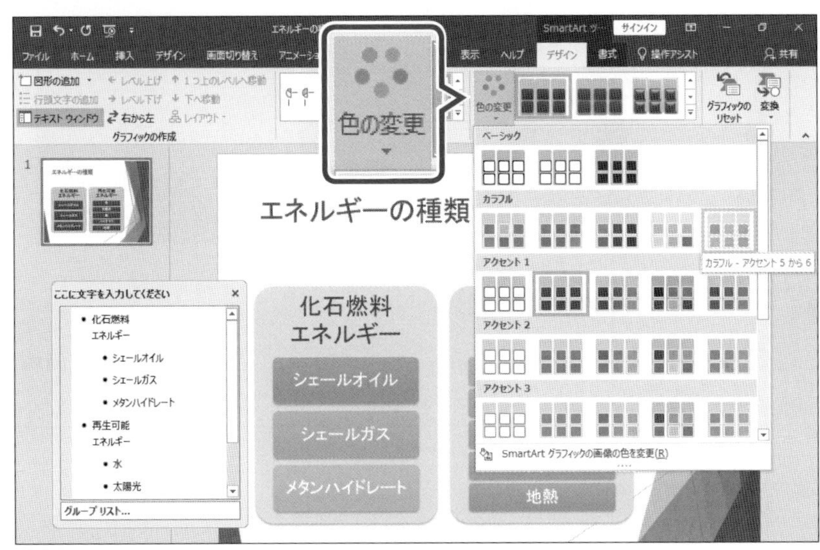

※プレゼンテーションを保存せずに、閉じておきましょう。

操作のポイント

SmartArtのサイズの変更
SmartArtのサイズを変更したいときは、SmartArtの周囲の枠線上にある○（ハンドル）をドラッグします。

SmartArtの移動
SmartArtを移動したいときは、SmartArtの周囲の枠線をドラッグします。

SmartArt内の文字の書式設定
SmartArt内のすべての文字の書式を変更したいときは、SmartArt全体を選択して操作すると効率的です。SmartArt全体を選択するには、SmartArtの周囲の枠線をクリックします。
SmartArt内の一部の文字の書式を変更したいときは、テキストウィンドウまたはSmartArt上で、対象となる文字を選択して操作します。

5 そのほかのSmartArtの図解例を確認する

図解でよく使われるSmartArtを循環と集合関係の分類から1つずつ選んで図形要素の追加と削除を行います。

❶ 循環のSmartArtを利用した図解例

次のような循環のSmartArtを作成する手順を確認しましょう。

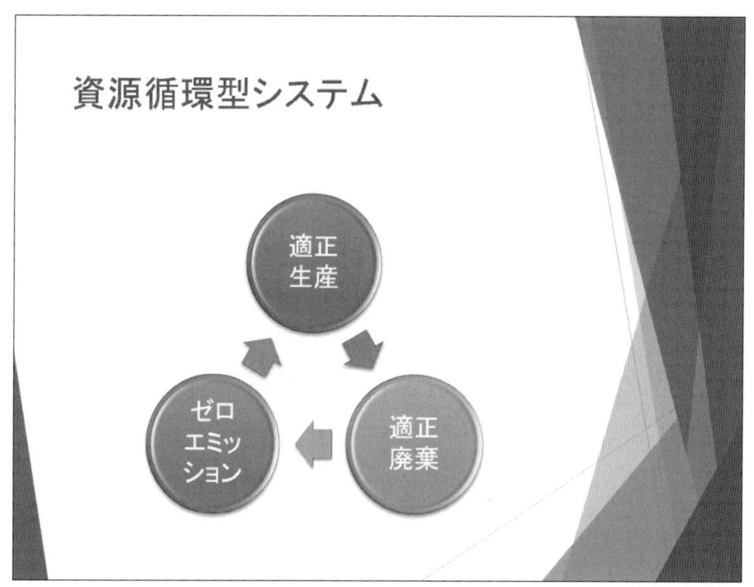

SmartArtの挿入と加工

SmartArtを挿入しましょう。ここでは、**「循環」**に含まれる**「基本の循環」**を挿入します。
次に、テキストウィンドウを利用して、次のようにSmartArtに文字を入力しましょう。

- 適正生産
- 適正廃棄
- ゼロエミッション

OPEN **フォルダー「第4章」のファイル「資源循環型システム」を開いておきましょう。**

①**《挿入》**タブを選択します。
②**《図》**グループの SmartArt （SmartArtグラフィックの挿入）をクリックします。
《SmartArtグラフィックの選択》ダイアログボックスが表示されます。
③左側の一覧から**《循環》**を選択します。
④中央の一覧から**《基本の循環》**を選択します。
⑤**《OK》**をクリックします。
SmartArtが挿入されます。
⑥SmartArtの左側にテキストウィンドウが表示されていることを確認します。
⑦1行目に**「適正生産」**と入力します。
テキストウィンドウに対応しているSmartArt内の図形要素に文字が表示されます。
⑧2行目に**「適正廃棄」**と入力します。

⑨3行目に「**ゼロエミッション**」と入力します。

⑩最終行にカーソルを移動します。

テキストウィンドウに対応するSmartArt内の図形要素が選択されます。

⑪ Back Space を2回押します。

テキストウィンドウの項目が削除され、SmartArt内からも図形要素が削除されます。

⑫1つ目の項目の「**適正**」の後ろにカーソルを移動します。

⑬ Shift を押しながら Enter を押します。

「**適正**」の後ろで強制的に改行されます。

⑭同様に、2つ目の項目の「**適正**」の後ろで強制的に改行します。

⑮同様に、3つ目の項目の「**ゼロ**」と「**エミッ**」の後ろで強制的に改行します。

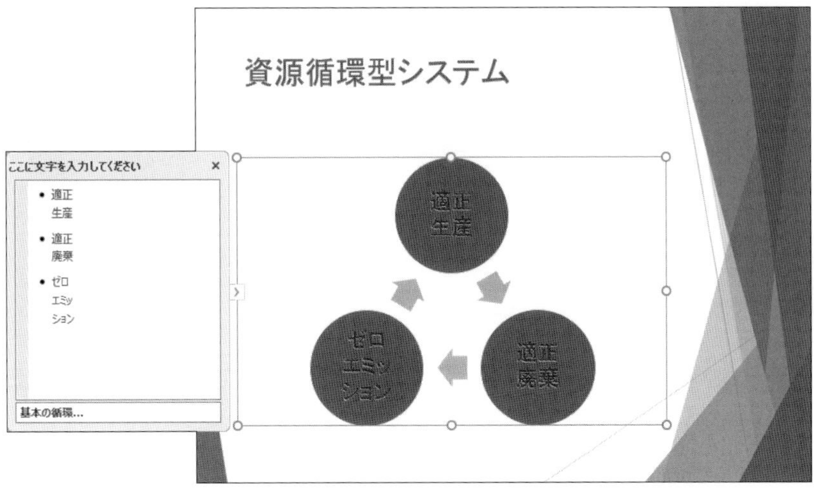

Let's Try スタイルと色の設定

作成したSmartArtに、次のようなスタイルと色を設定しましょう。

SmartArtのスタイル	：凹凸
SmartArtの色	：カラフル-アクセント5から6

①SmartArtを選択します。

②《**SmartArtツール**》の《**デザイン**》タブを選択します。

③《**SmartArtのスタイル**》グループの ▼ (その他)をクリックします。

④《**3-D**》の《**凹凸**》をクリックします。

SmartArtにスタイルが設定されます。

⑤《**SmartArtのスタイル**》グループの 色の変更 (色の変更)をクリックします。

⑥《**カラフル**》の《**カラフル-アクセント5から6**》をクリックします。

SmartArtの色が変更されます。

※プレゼンテーションを保存せずに、閉じておきましょう。

❷集合関係のSmartArtを利用した図解例

次のような集合関係のSmartArtを作成する手順を確認しましょう。

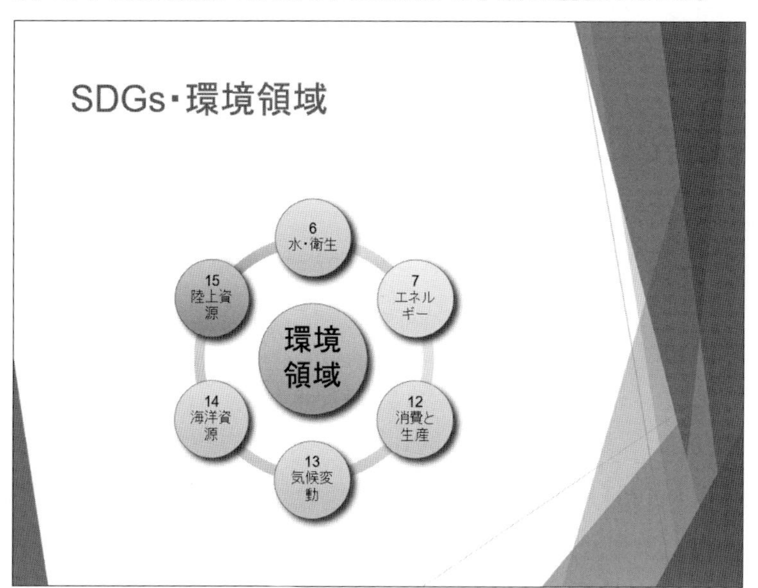

Let's Try SmartArtの挿入と加工

SmartArtを挿入しましょう。ここでは、**「集合関係」**に含まれる**「中心付き循環」**を挿入します。次に、テキストウィンドウを利用して、次のようにSmartArtに文字を入力しましょう。

- 環境領域
  - 6水・衛生
  - 7エネルギー
  - 12消費と生産
  - 13気候変動
  - 14海洋資源
  - 15陸上資源

フォルダー「第4章」のファイル「SDGs・環境領域」を開いておきましょう。

①**《挿入》**タブを選択します。

②**《図》**グループの SmartArt （SmartArtグラフィックの挿入）をクリックします。

《SmartArtグラフィックの選択》ダイアログボックスが表示されます。

③左側の一覧から**《集合関係》**を選択します。

④中央の一覧から**《中心付き循環》**を選択します。

⑤**《OK》**をクリックします。

SmartArtが挿入されます。

⑥SmartArtの左側にテキストウィンドウが表示されていることを確認します。

⑦1行目に**「環境領域」**と入力します。

⑧2行目に**「6水・衛生」**と入力します。

⑨3行目に**「7エネルギー」**と入力します。

⑩4行目に**「12消費と生産」**と入力します。

⑪5行目に「**13気候変動**」と入力します。

⑫5行目の「**13気候変動**」の後ろにカーソルがあることを確認します。

⑬ Enter を押して、改行します。

テキストウィンドウに項目が追加され、SmartArt内にも図形要素が追加されます。

⑭6行目に「**14海洋資源**」と入力します。

⑮ Enter を押して、改行します。

⑯7行目に「**15陸上資源**」と入力します。

⑰2行目の「**6**」の後ろにカーソルを移動します。

⑱ Shift を押しながら Enter を押します。

「6」の後ろで強制的に改行されます。

⑲同様に、その他の項目も数字の後ろで強制的に改行します。

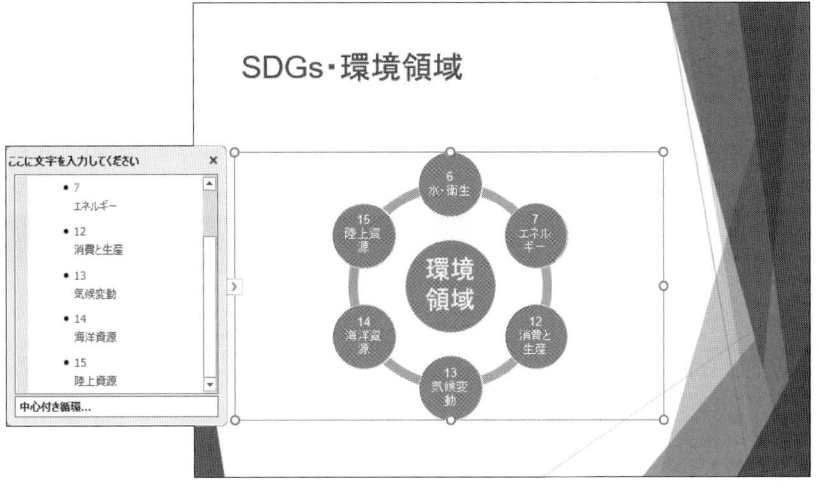

Let's Try スタイルと色の設定

作成したSmartArtに、次のようなスタイルと色を設定しましょう。

SmartArtのスタイル	：パステル
SmartArtの色	：カラフル-アクセント4から5

①SmartArtを選択します。

②《**SmartArtツール**》の《**デザイン**》タブを選択します。

③《**SmartArtのスタイル**》グループの（その他）をクリックします。

④《**ドキュメントに最適なスタイル**》の《**パステル**》をクリックします。

SmartArtにスタイルが設定されます。

⑤《**SmartArtのスタイル**》グループの（色の変更）をクリックします。

⑥《**カラフル**》の《**カラフル-アクセント4から5**》をクリックします。

SmartArtの色が変更されます。

Let's Try 影の設定

作成したSmartArtに影を付けましょう。ここでは、次のような影を設定します。

影の種類	：外側　オフセット：右下	ぼかし	：6pt
透明度	：30%	角度	：45°
サイズ	：100%	距離	：6pt

①テキストウィンドウのすべての行を選択します。

テキストウィンドウに対応するSmartArt内のすべての図形要素も選択されます。

②**《書式》**タブを選択します。

③**《図形のスタイル》**グループの 図形の効果▾ （図形の効果）をクリックします。

④ **2019**

《影》をポイントし、**《外側》**の**《オフセット：右下》**をクリックします。

2016

《影》をポイントし、**《外側》**の**《オフセット（斜め右下）》**をクリックします。

※お使いの環境によっては、「オフセット（斜め右下）」が「オフセット：右下」と表示される場合があります。

※一覧をポイントすると、設定後のイメージを画面で確認できます。

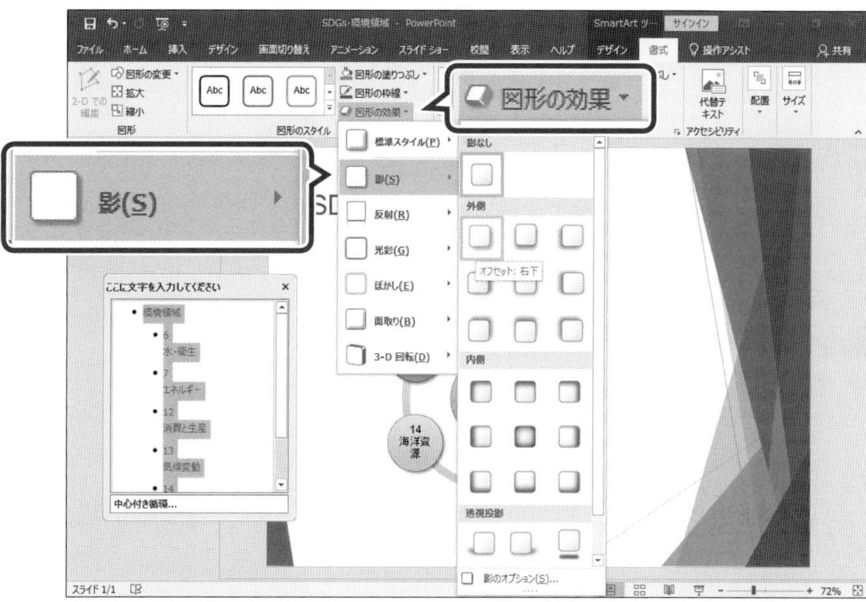

円に影が付きます。

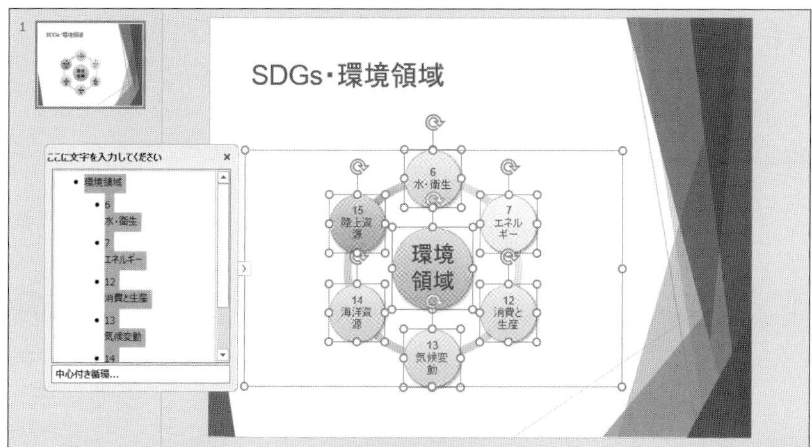

影が強調されるように、影のオプションを設定します。

⑤《図形のスタイル》グループの 図形の効果 （図形の効果）をクリックします。

⑥《影》をポイントし、《影のオプション》をクリックします。

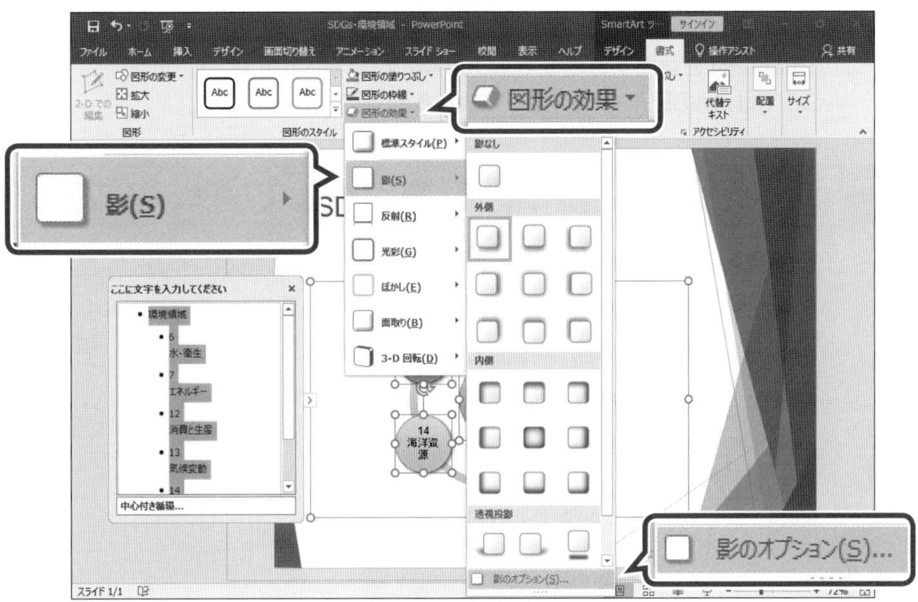

《図形の書式設定》作業ウィンドウが表示されます。

⑦《図形のオプション》の （効果）をクリックします。

⑧《影》の詳細を表示します。

※バーをクリックするごとに、詳細の表示／非表示が切り替わります。

⑨《透明度》を「30%」に設定します。

⑩《サイズ》を「100%」に設定します。

⑪《ぼかし》を「6pt」に設定します。

⑫《角度》を「45°」に設定します。

⑬《距離》を「6pt」に設定します。

円に影のオプションが設定されます。

⑭作業ウィンドウの × （閉じる）をクリックします。

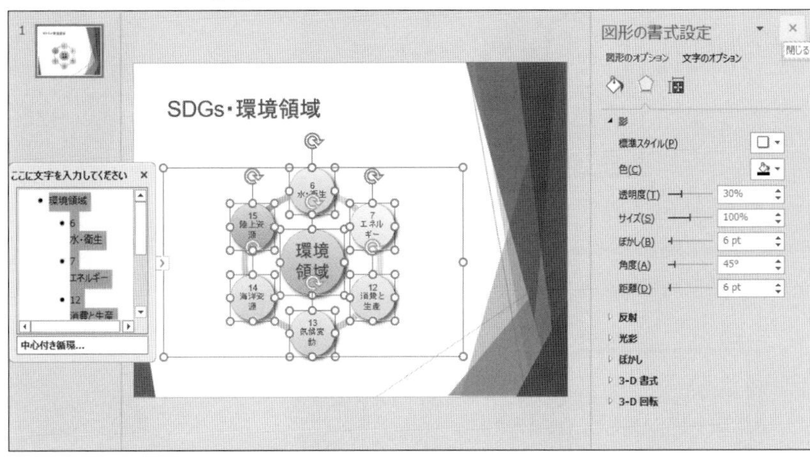

※プレゼンテーションを保存せずに、閉じておきましょう。

第1章 第2章 第3章 第4章 第5章 第6章 模擬試験 付録 索引

SmartArtを活用した図解作成

SmartArtは図形要素の追加・削除を中心に加工しますが、別の図形を追加することでSmartArtを活用する場面を拡大することができます。
ここでは、別の図形を追加して作成した図解の例を示します。

1 SmartArtに基本図形を追加して図解を作成する

SmartArtをそのまま使っただけでは必要な図解が得られない場合、基本図形を追加することで完成できないかを考えます。
SmartArtを使って作成した図解に、基本図形の吹き出しを追加して図解を完成させる例を示します。

Let's Try 吹き出しの追加

あらかじめ挿入されているSmartArtに、基本図形を追加しましょう。ここでは円形の吹き出しを追加します。

フォルダー「第4章」のファイル「SDGs活動の手順」を開いておきましょう。

①《挿入》タブを選択します。
②《図》グループの（図形）をクリックします。
③ 2019
《吹き出し》の（吹き出し：円形）をクリックします。
2016
《吹き出し》の（円形吹き出し）をクリックします。
※お使いの環境によっては、「円形吹き出し」が「吹き出し：円形」と表示される場合があります。

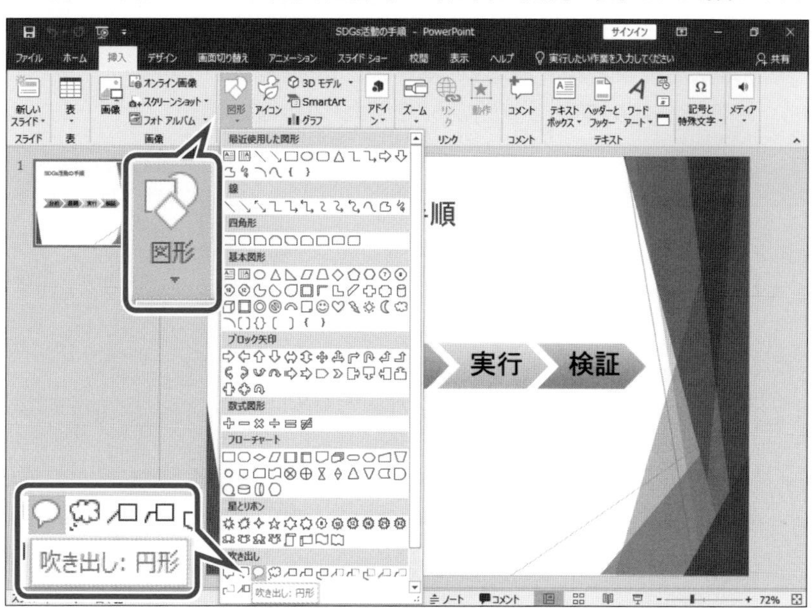

④図のように、吹き出しの始点から終点までドラッグします。
吹き出しが作成されます。

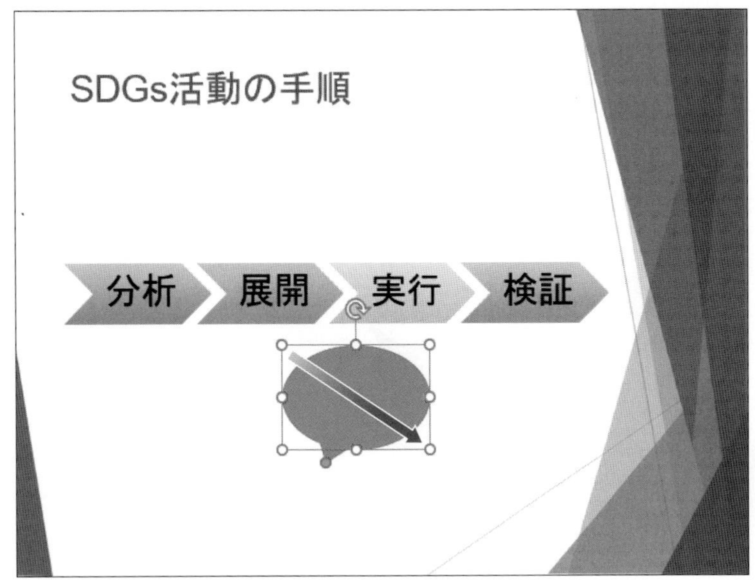

Let's Try 吹き出しの矢先移動と文字入力

吹き出しの矢先を移動し、吹き出し内に文字を入力しましょう。ここでは、吹き出しの矢先を**「実行」**に移動し、**「今年度の実行開始を目指す!」**の文字を入力します。

①吹き出しを選択します。
②吹き出しの黄色の○（ハンドル）をドラッグして、**「実行」**に向けます。

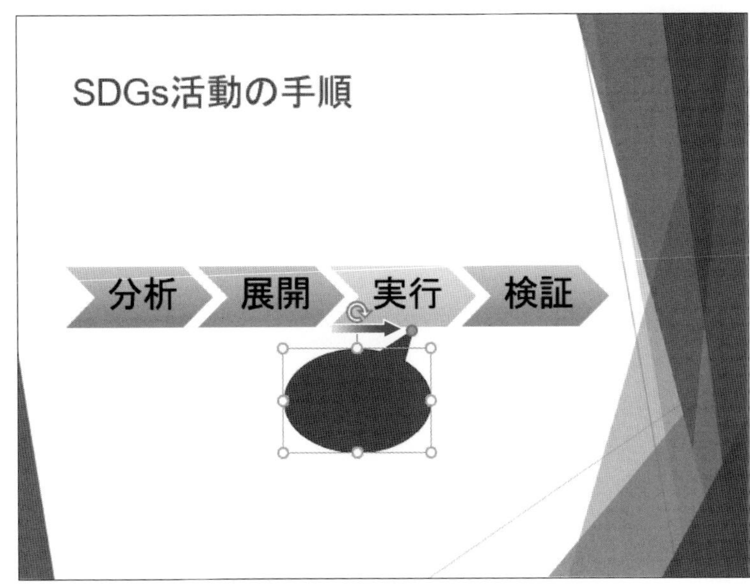

③円形吹き出しが選択されていることを確認します。

④「**今年度の実行開始を目指す！**」と入力します。

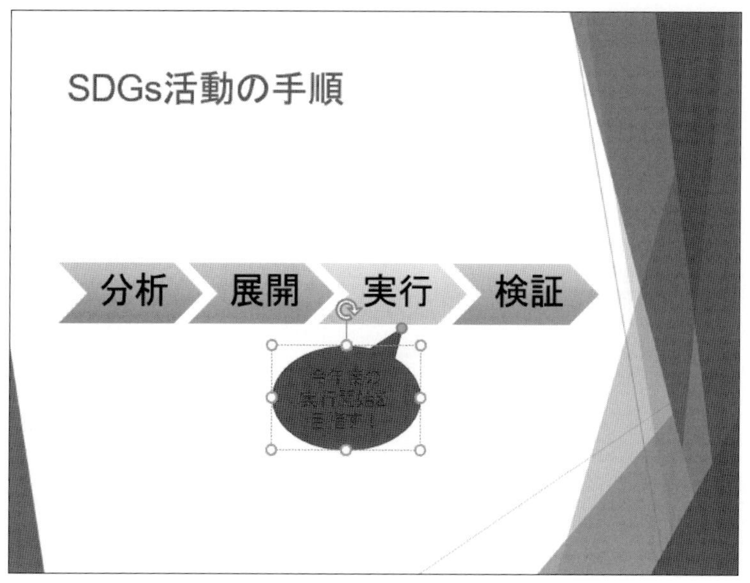

⑤円形吹き出し以外の場所をクリックし、入力を確定します。

操作のポイント

基本図形のサイズの変更

基本図形のサイズを変更したいときは、基本図形の周囲にある○（ハンドル）をドラッグします。

基本図形の移動

基本図形を移動したいときは、基本図形の周囲の枠線をドラッグします。

2 図形のスタイルを設定する

作成した図形には、塗りつぶしの色、枠線の色、文字の色などが組み合わされたスタイルが、あらかじめ設定されています。図形にはたくさんのスタイルが用意されており、ほかのスタイルに変更することができます。

Let's Try 吹き出しのスタイルの設定

吹き出しのスタイルを設定しましょう。ここでは、スタイル「**パステル-灰色、アクセント3**」に設定します。

①吹き出しを選択します。

②《**書式**》タブを選択します。

③《**図形のスタイル**》グループの ▼（その他）をクリックします。

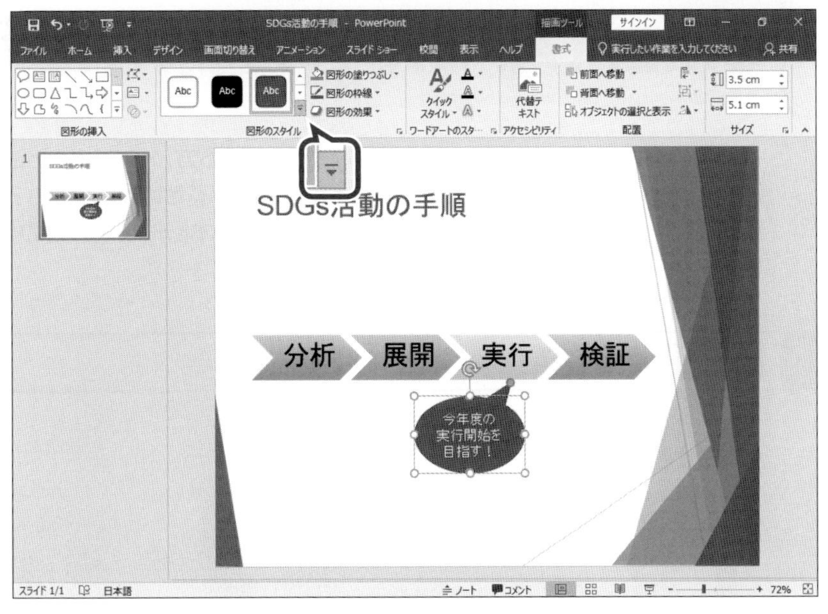

④《テーマのスタイル》の《パステル-灰色、アクセント3》をクリックします。
※一覧をポイントすると、設定後のイメージを画面で確認できます。
円形吹き出しのスタイルが変更されます。

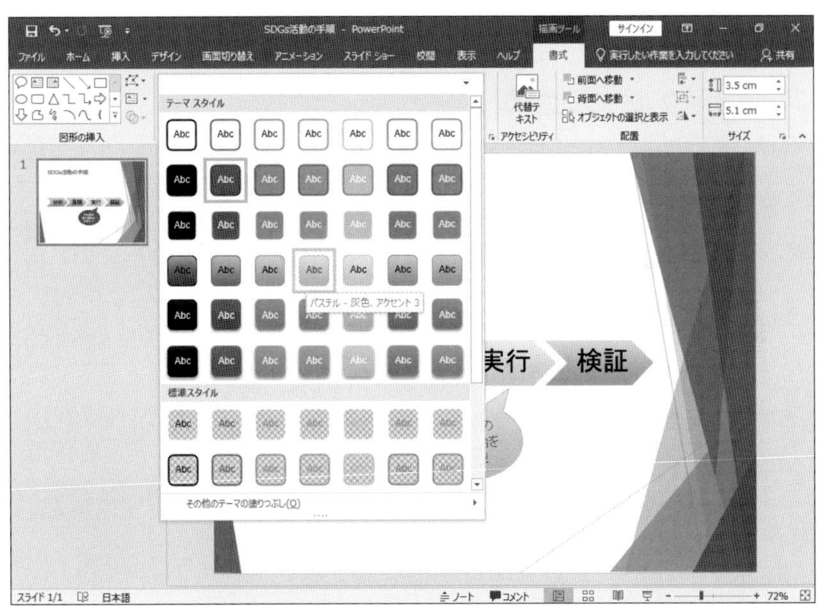

※プレゼンテーションを保存せずに、閉じておきましょう。

操作のポイント

その他の方法（図形のスタイルの設定）

◆《ホーム》タブ→《図形描画》グループの（図形クイックスタイル）

テーマとスタイルの関係

プレゼンテーションに設定されているテーマに応じて、SmartArtのスタイルや図形のスタイルは異なります。テーマを変更すると、スタイルの一覧に表示される色の組み合わせも変わります。

STEP 6 SmartArt以外の図解作成の検討

今までの方法は、SmartArtを利用して図解を得る方法について記述してきました。しかし、すべての図解がSmartArtをもとにして描けるということではありません。SmartArtに使いたいものが見つからない場合、基本図形を組み合わせた図解を検討します。

1 図解化の流れ

図解化の流れは、次のとおりです。

1 主題と目的を明確にする

まず、図解として取り上げたい主題と図解の目的を明確にします。何を伝えたいのか、その結果どうしてほしいのかをはっきりさせます。

2 キーワードを抜き出す

主題と目的に沿って頭の中で考えていることを、文字にして書き出します。キーワードを抽出する作業と考えることができます。

3 グループ化する

キーワードが多過ぎるときは、キーワードをいくつかのグループに分類して整理します。グループ化したものには、そのグループ全体を指すラベルを付けます。ラベルはグループ化したキーワード群の上位のキーワードであり、見出しと考えることができます。たとえば、2階層の箇条書きも一種のグループ化なので、この方法で整理することができます。

4 グループ間の関係を示す

関係のありそうなグループを線で結んでみたり、時間的推移、原因と結果、変化、循環などが感じられるときは矢印で結んでみたりします。
ここで、あらためてSmartArtを眺めて適用できるものがあれば利用します。

5 図解を作成し、全体の形を整える

図解の形が決まったら基本図形を組み合わせながら図解を作成し、図解全体の形を整えます。

STEP 7

基本図形を組み合わせた図解作成

SmartArtに使えるものがないときは、基本図形を組み合わせて図解を作成します。PowerPointには、いろいろな基本図形を組み合わせて図解として仕上げていくための多くの機能が用意されています。
また、「テキストボックス」と呼ばれる自由な位置に文字を配置する機能や、「ワードアート」と呼ばれるデザイン文字を作る機能も用意されています。

1 複数の基本図形を使って図解を作成する

複数の基本図形やテキストボックス、ワードアートを使い、図解を作成します。
図4.25のように、さまざまな機能を使いこなせると、SmartArtには含まれない図解が自由に描けるようになります。

■図4.25　図解作成に関連したPowerPointの機能

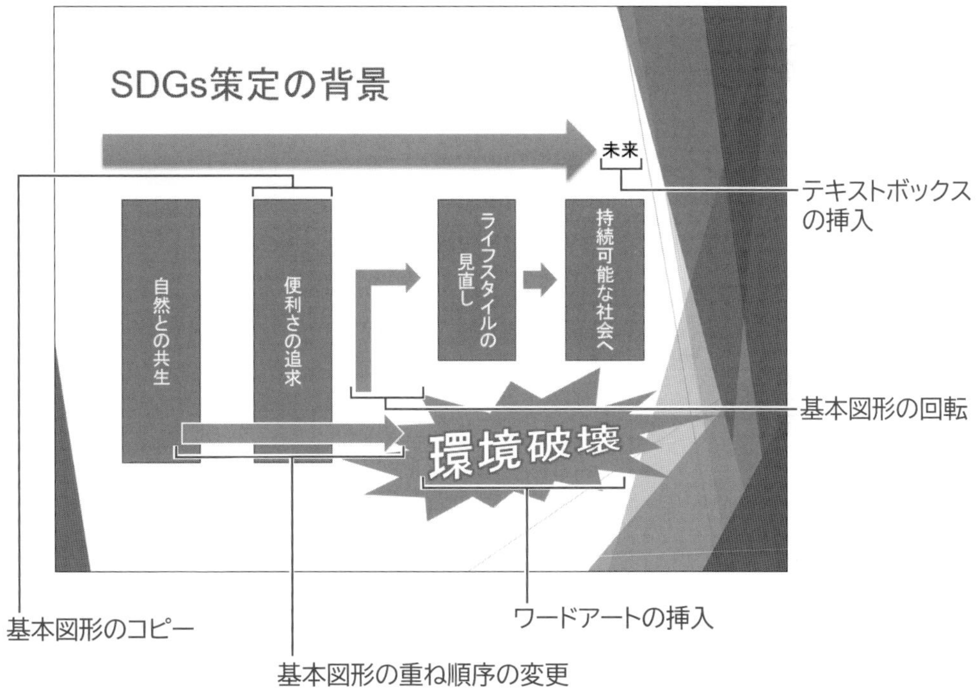

Let's Try 長方形の挿入と書式設定

長方形を挿入して、長方形内に**「自然との共生」**の文字を入力しましょう。次に、長方形に次のような書式を設定しましょう。

塗りつぶしの色	：青、アクセント5
線の色	：青、アクセント5、黒+基本色25%

フォルダー「第4章」のファイル「SDGs策定の背景」を開いておきましょう。

①《挿入》タブを選択します。

②《図》グループの（図形）をクリックします。

③《四角形》の（正方形/長方形）をクリックします。

④図のように、長方形の始点から終点までドラッグします。

長方形が作成されます。

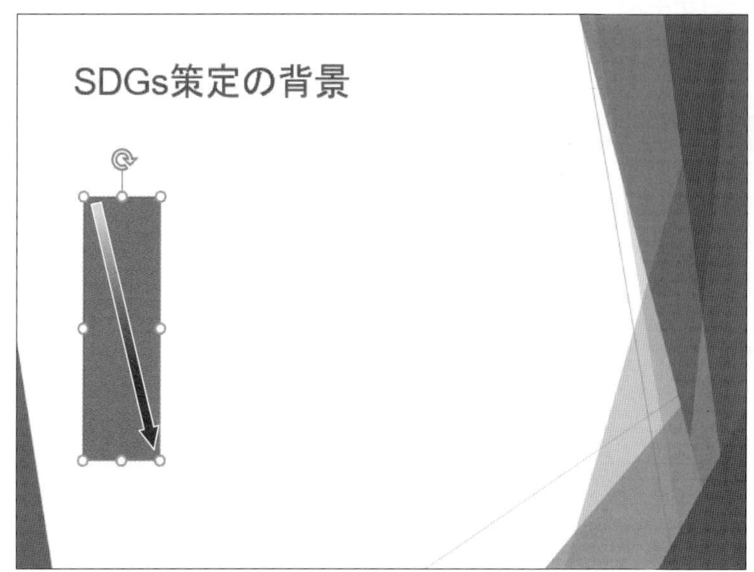

⑤長方形が選択されていることを確認します。

⑥《ホーム》タブを選択します。

⑦《段落》グループの（文字列の方向）をクリックします。

⑧《縦書き》をクリックします。

⑨「自然との共生」と入力します。

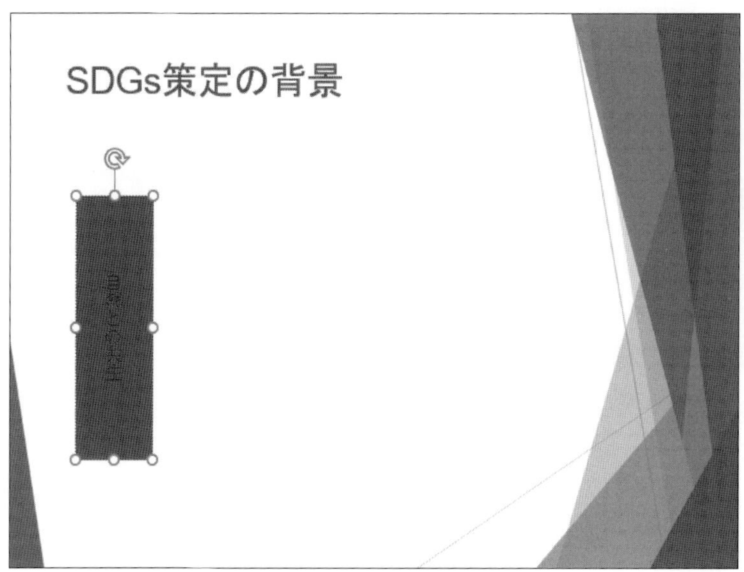

⑩長方形以外の場所をクリックし、入力を確定します。
⑪長方形を右クリックします。
⑫**《図形の書式設定》**をクリックします。
《図形の書式設定》作業ウィンドウが表示されます。
⑬**《図形のオプション》**の（塗りつぶしと線）をクリックします。
⑭**《塗りつぶし》**の詳細を表示します。
⑮**《塗りつぶし（単色）》**を◉にします。
⑯**《色》**の（塗りつぶしの色）をクリックします。
⑰**《テーマの色》**の**《青、アクセント5》**をクリックします。

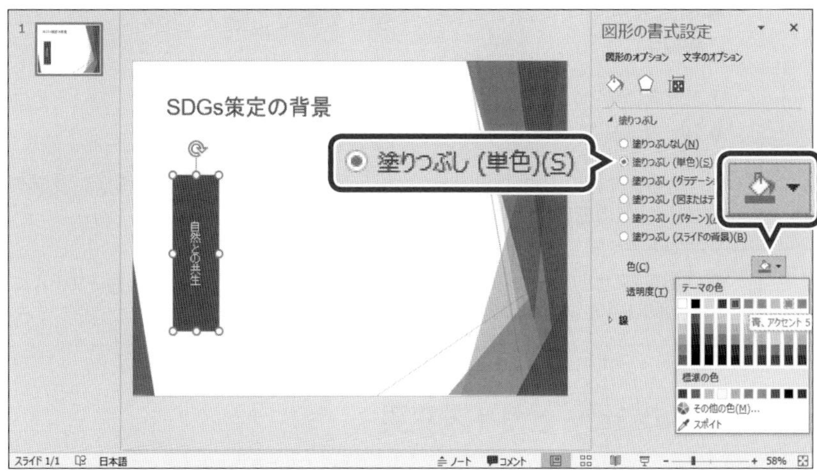

⑱**《線》**の詳細を表示します。
⑲**《線（単色）》**を◉にします。
⑳**《色》**の（輪郭の色）をクリックします。
㉑**《テーマの色》**の**《青、アクセント5、黒+基本色25%》**をクリックします。

長方形に書式が設定されます。
㉒作業ウィンドウの × （閉じる）をクリックします。

操作のポイント

基本図形の色の設定

塗りつぶしの色や線の色は、《書式》タブ→《図形のスタイル》グループの 図形の塗りつぶし (図形の塗りつぶし)または 図形の枠線 (図形の枠線)を使って設定することもできます。
《図形の書式設定》作業ウィンドウを利用する利点は、基本図形に関するさまざまな書式設定がこの作業ウィンドウにまとめられているため、ここだけで一度に設定ができることにあります。

基本図形内の文字の配置

図形内の文字の配置は、左右中央、上下中央などを設定できます。文字列の方向を縦書きにしている場合は、左右方向と上下方向が逆になります。
左右方向の文字の配置を変更する方法は、次のとおりです。

◆《ホーム》タブ→《段落》グループの (左揃え)/ (中央揃え)/ (右揃え)/ (両端揃え)

上下方向の文字の配置を変更する方法は、次のとおりです。

◆《ホーム》タブ→《段落》グループの (文字の配置)

ほかにも文字列の方向、自動調整(文字が枠からはみ出したときの指定)、文字の上下左右の余白など、文字の配置に関する詳細を設定できます。
文字の配置に関する詳細設定をする方法は、次のとおりです。

◆図形を右クリック→《図形の書式設定》→《図形のオプション》の (サイズとプロパティ)→《テキストボックス》

Let's Try 長方形のコピーとサイズ変更

長方形を右方向にコピーし、サイズを変更しましょう。コピーした長方形の文字は、「便利さの追求」「ライフスタイルの見直し」「持続可能な社会へ」と修正します。

①長方形を選択します。

②図のように、Ctrl と Shift を同時に押しながら、右方向にドラッグします。

※ Ctrl を押しながら、ドラッグすると、基本図形をコピーできます。

※ Shift を押しながら、ドラッグすると、垂直方向または水平方向に配置できます。

長方形が水平方向にコピーされます。

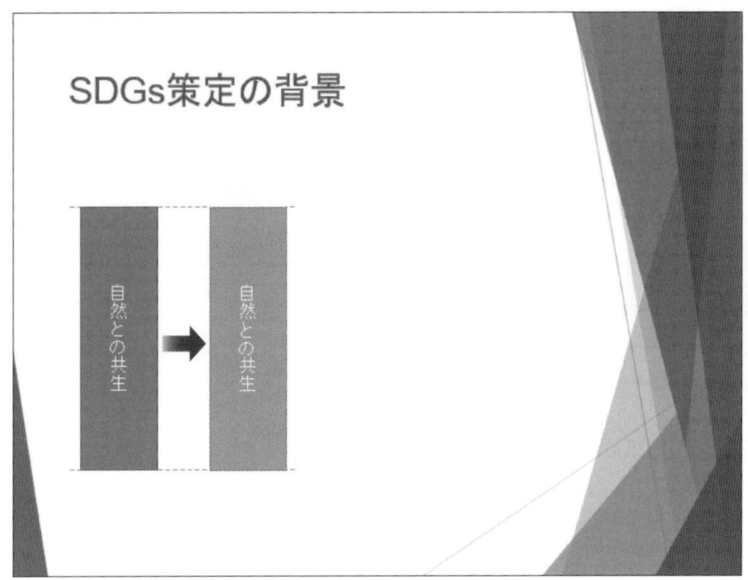

③同様に、長方形をコピーします。

④コピーした図形が選択されていることを確認します。

⑤図形の右下の○（ハンドル）をポイントします。

※マウスポインターの形が⇕に変わります。

⑥図のようにドラッグします。

※ドラッグ中、マウスポインターの形が＋に変わります。

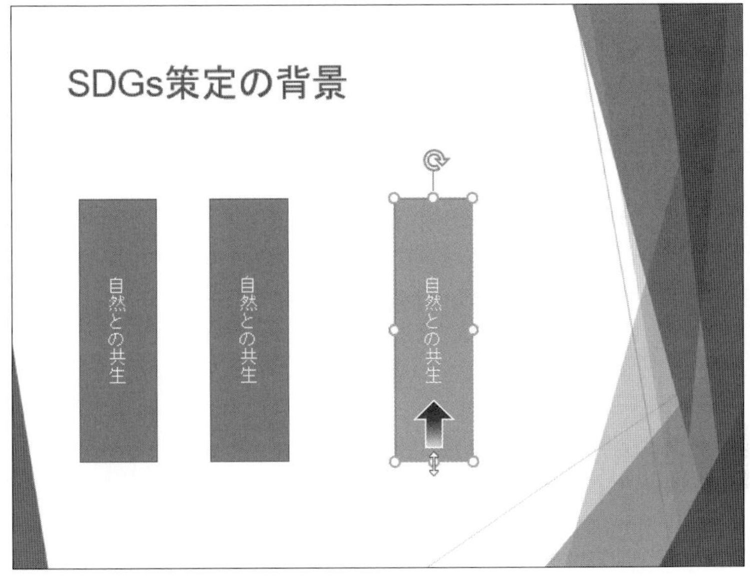

図形のサイズが変更されます。

⑦サイズ変更した長方形をコピーします。

⑧コピーした長方形の文字上をクリックし、カーソルを表示します。

⑨左から「**便利さの追求**」「**ライフスタイルの見直し**」「**持続可能な社会へ**」と修正します。

⑩長方形以外の場所をクリックし、入力を確定します。

Let's Try 右矢印の挿入と書式設定

右矢印を挿入し、次のような書式を設定しましょう。

塗りつぶしの色	：緑、アクセント6
線の色	：白、背景1

①《挿入》タブを選択します。

②《図》グループの（図形）をクリックします。

③ 2019

《ブロック矢印》の（矢印：右）をクリックします。

2016

《ブロック矢印》の（右矢印）をクリックします。

※お使いの環境によっては、「右矢印」が「矢印：右」と表示される場合があります。

④図のように、右矢印の始点から終点までドラッグします。

右矢印が作成されます。

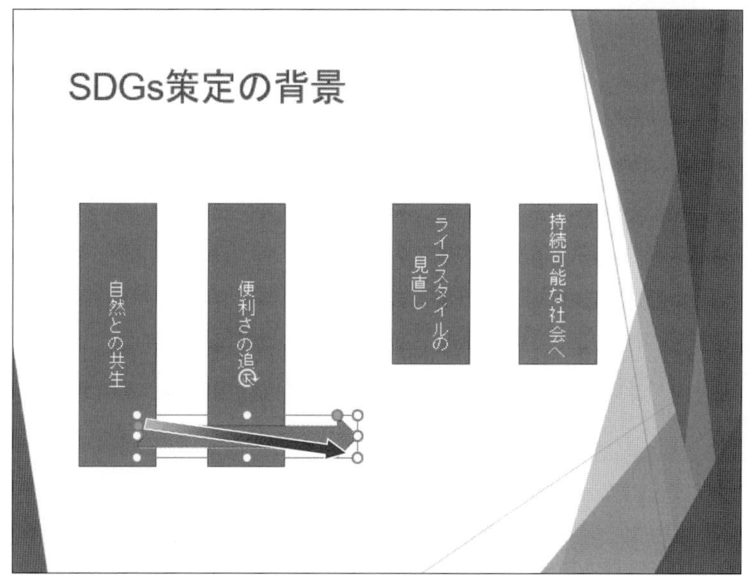

⑤右矢印を右クリックします。

⑥《図形の書式設定》をクリックします。

⑦《図形のオプション》の（塗りつぶしと線）をクリックします。

⑧《塗りつぶし》の詳細を表示します。

⑨《塗りつぶし（単色）》を◉にします。

⑩《色》の（塗りつぶしの色）をクリックします。

⑪《テーマの色》の《緑、アクセント6》をクリックします。

⑫《線》の詳細を表示します。

⑬《線（単色）》を◉にします。

⑭《色》の（輪郭の色）をクリックします。

⑮《テーマの色》の《白、背景1》をクリックします。

右矢印に書式が設定されます。

⑯作業ウィンドウの × （閉じる）をクリックします。

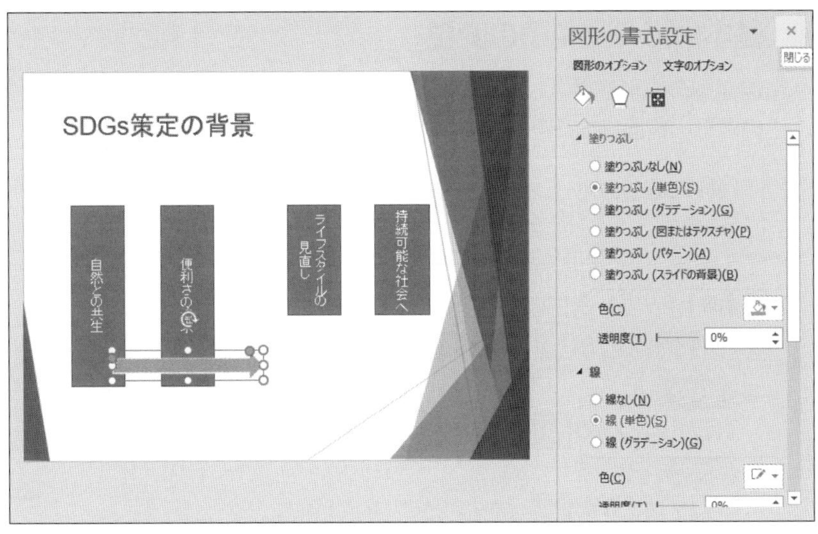

⑯右矢印を選択します。

⑰ Ctrl を押しながらドラッグします。

右矢印がコピーされます。

⑱図のように、コピーした右矢印のサイズを変更します。

⑲右矢印以外の場所をクリックし、選択を解除します。

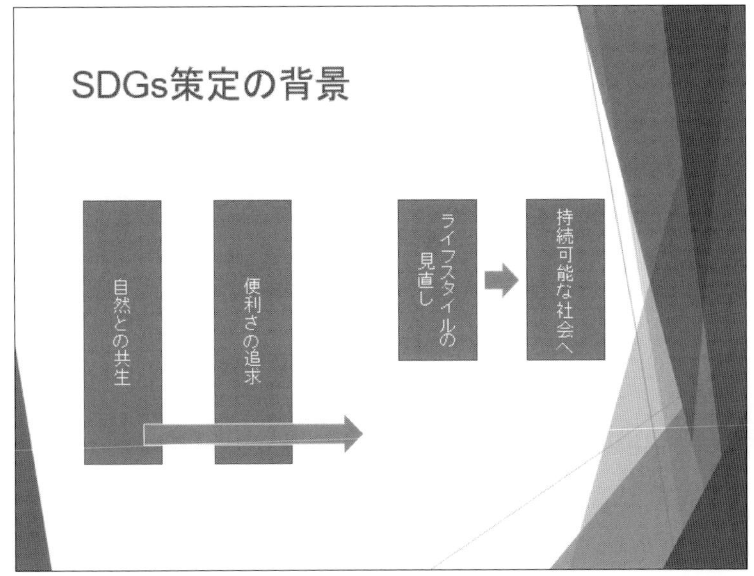

操作のポイント

矢印の調整

矢印には、黄色の○（ハンドル）が付いています。このハンドルをドラッグすると、矢の角度や軸の太さを変更できます。

Let's Try 基本図形の重ね順の変更

爆発型の図形を挿入し、次のような書式を設定しましょう。次に、爆発型の図形がすべての図形の背面になるように、基本図形の重ね順序を変更しましょう。

塗りつぶしの色	：オレンジ、アクセント2
線の色	：線なし

①《挿入》タブを選択します。

②《図》グループの (図形)をクリックします。

③ 2019

《星とリボン》の (爆発：14pt)をクリックします。

2016

《星とリボン》の (爆発2)をクリックします。

※お使いの環境によっては、「爆発2」が「爆発：14pt」と表示される場合があります。

④図のように、爆発型の図形の始点から終点までドラッグします。

爆発型の図形が作成されます。

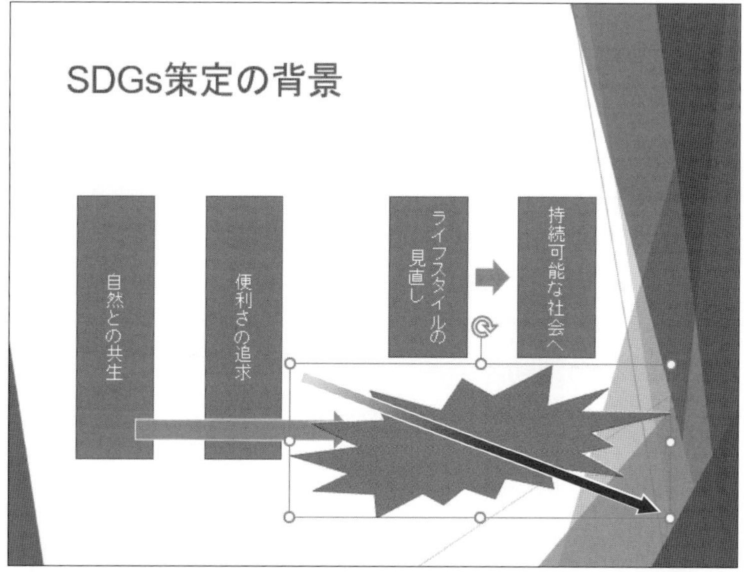

⑤爆発型の図形を右クリックします。

⑥《図形の書式設定》をクリックします。

《図形の書式設定》作業ウィンドウが表示されます。

⑦《図形のオプション》の (塗りつぶしと線)をクリックします。

⑧《塗りつぶし》の詳細を表示します。

⑨《塗りつぶし(単色)》を(●)にします。

⑩《色》の (塗りつぶしの色)をクリックします。

⑪《テーマの色》の《オレンジ、アクセント2》をクリックします。

⑫《線》の詳細を表示します。

⑬《線なし》を(●)にします。

爆発型の図形に書式が設定されます。

⑭作業ウィンドウの × (閉じる)をクリックします。

図形の重ね順序を変更します。

⑮爆発型の図形を右クリックします。

⑯**《最背面へ移動》**をクリックします。

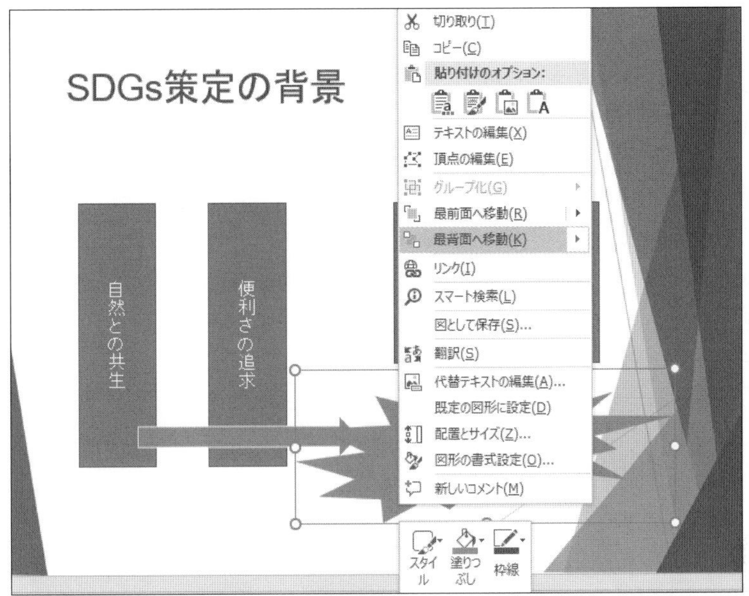

爆発型の図形が背面に移動し、右矢印が見えるようになります。

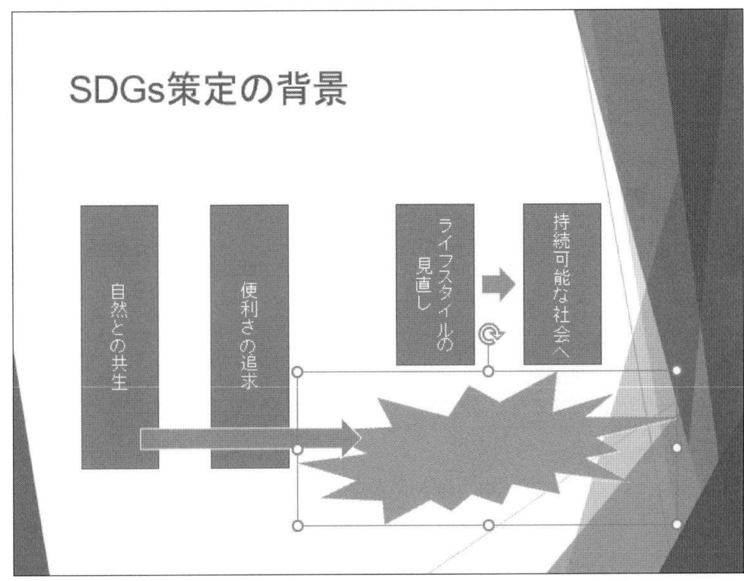

操作のポイント

その他の方法（最背面へ移動）

◆図形を選択→《書式》タブ→《配置》グループの 背面へ移動 （背面へ移動）の ▾ →《最背面へ移動》

Let's Try 矢印（上向き折線）の挿入と回転

矢印（上向き折線）を挿入し、矢印の方向を左右に反転し、右へ90度回転しましょう。
次に、矢印に右矢印の書式をコピーしましょう。

①**《挿入》**タブを選択します。

②**《図》**グループの［図形］（図形）をクリックします。

③ 2019

《ブロック矢印》の［矢印：上向き折線］（矢印：上向き折線）をクリックします。

2016

《ブロック矢印》の［屈折矢印］（屈折矢印）をクリックします。

※お使いの環境によっては、「屈折矢印」が「矢印：上向き折線」と表示される場合があります。

④図のように、矢印の始点から終点までドラッグします。

矢印（上向き折線）が作成されます。

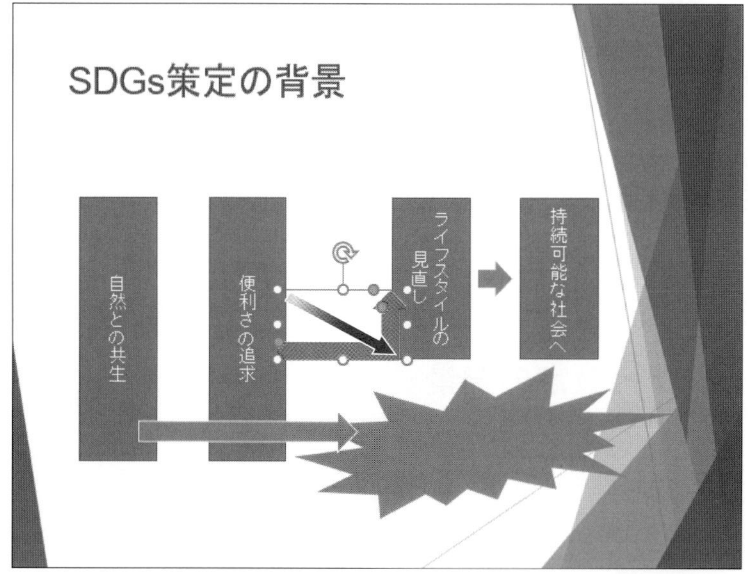

⑤矢印（上向き折線）が選択されていることを確認します。

⑥**《書式》**タブを選択します。

⑦**《配置》**グループの［オブジェクトの回転］（オブジェクトの回転）をクリックします。

⑧**《左右反転》**をクリックします。

※一覧をポイントすると、設定後のイメージを画面で確認できます。

矢印（上向き折線）が左右反転されます。

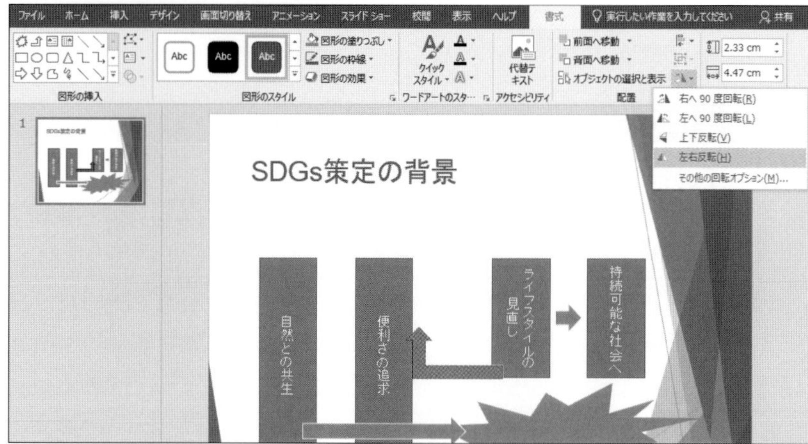

⑨《配置》グループの［オブジェクトの回転］（オブジェクトの回転）をクリックします。
⑩《右へ90度回転》をクリックします。
⑪右矢印を選択します。
※どちらの右矢印でもかまいません。
⑫《ホーム》タブを選択します。
⑬《クリップボード》グループの［書式のコピー/貼り付け］（書式のコピー/貼り付け）をクリックします。
⑭矢印（上向き折線）をクリックします。

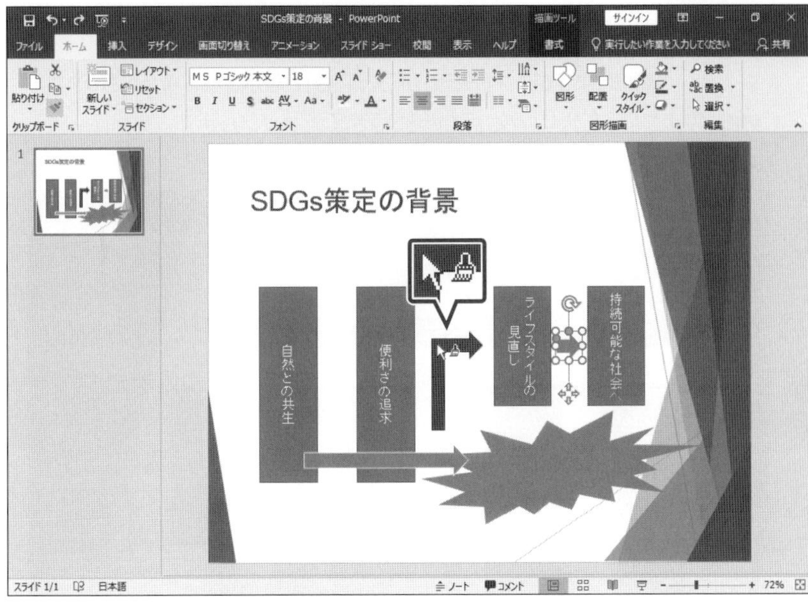

矢印（上向き折線）に書式がコピーされます。

操作のポイント

基本図形の回転

基本図形は、反転や90度回転だけでなく、（ハンドル）をドラッグして任意の角度で回転させたり、角度を指定したりできます。
ハンドルで回転させる場合は、Shift を押しながらドラッグすると15度刻みで回転します。
角度を指定して回転させる方法は、次のとおりです。

◆基本図形を右クリック→《図形の書式設定》→《図形のオプション》の（サイズとプロパティ）→《サイズ》→《回転》に角度を設定

連続した書式のコピー/貼り付け

（書式のコピー/貼り付け）をダブルクリックすると、複数の範囲に連続して書式をコピーすることができます。ダブルクリックしたあと、コピー先の範囲を選択するごとに書式がコピーされます。
書式をコピーできる状態を解除するには、再度（書式のコピー/貼り付け）をクリックするか、Esc を押します。

Let's Try 右矢印の挿入と書式設定

右矢印を挿入し、スタイル「**光沢-オレンジ、アクセント2**」を設定しましょう。

①**《挿入》**タブを選択します。

②**《図》**グループの（図形）をクリックします。

③ 2019

《ブロック矢印》の（矢印：右）をクリックします。

2016

《ブロック矢印》の（右矢印）をクリックします。

※お使いの環境によっては、「右矢印」が「矢印：右」と表示される場合があります。

④図のように、右矢印の始点から終点までドラッグします。

右矢印が作成されます。

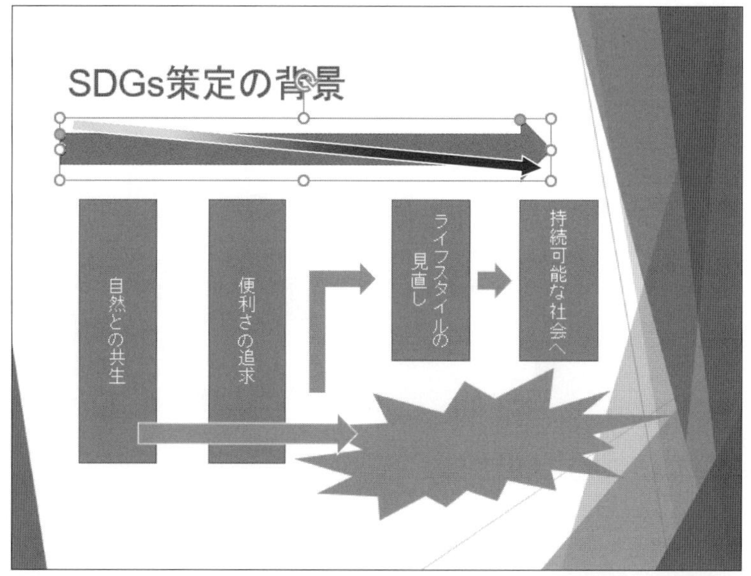

⑤**《書式》**タブを選択します。

⑥**《図形のスタイル》**グループの（その他）をクリックします。

⑦**《テーマスタイル》**の**《光沢-オレンジ、アクセント2》**をクリックします。

※一覧をポイントすると、設定後のイメージを画面で確認できます。

右矢印のスタイルが変更されます。

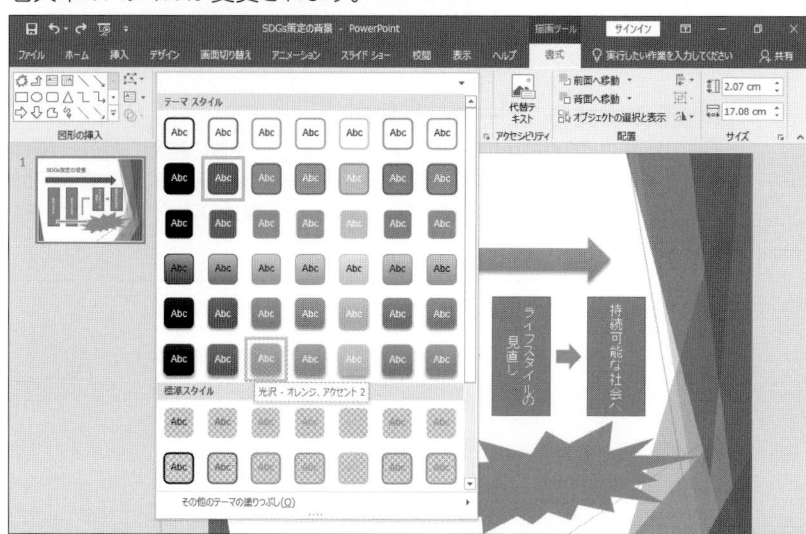

2 テキストボックスを挿入する

任意の位置に文字を配置したいときは、「テキストボックス」を使用します。

Let's Try テキストボックスの挿入

横書きのテキストボックスを挿入し、「未来」の文字を入力しましょう。

①《挿入》タブを選択します。
②《テキスト》グループの（横書きテキストボックスの描画）の テキストボックス をクリックします。
③《横書きテキストボックス》をクリックします。

④テキストボックスを挿入する位置でクリックします。
⑤「未来」と入力します。

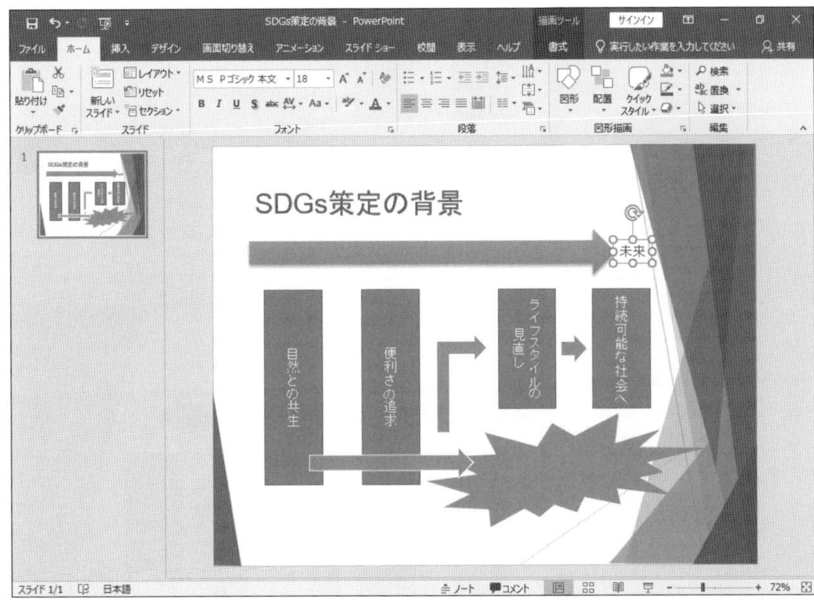

⑥テキストボックス以外の場所をクリックし、入力を確定します。
※テキストボックスの位置がずれている場合は、テキストボックスの枠線をドラッグして調整します。

3 ワードアートを挿入する

「ワードアート」とは、デザイン文字を作る機能です。ワードアートは、インパクトのある文字をスライドに配置したいときに使用します。

第4章 わかりやすいプレゼン資料

Let's Try ワードアートの挿入と変形

ワードアートを挿入し、**「環境破壊」**の文字を入力しましょう。
次に、ワードアートを変形しましょう。

①**《挿入》**タブを選択します。
②**《テキスト》**グループの（ワードアートの挿入）をクリックします。
③ 2019
《塗りつぶし：白；輪郭：青、アクセントカラー1；光彩：青、アクセントカラー1》をクリックします。

2016
《塗りつぶし-白、輪郭-アクセント1、光彩-アクセント1》をクリックします。

※お使いの環境によっては、「塗りつぶし-白、輪郭-アクセント1、光彩-アクセント1」が「塗りつぶし：白；輪郭：青、アクセントカラー1；光彩：青、アクセントカラー1」と表示される場合があります。

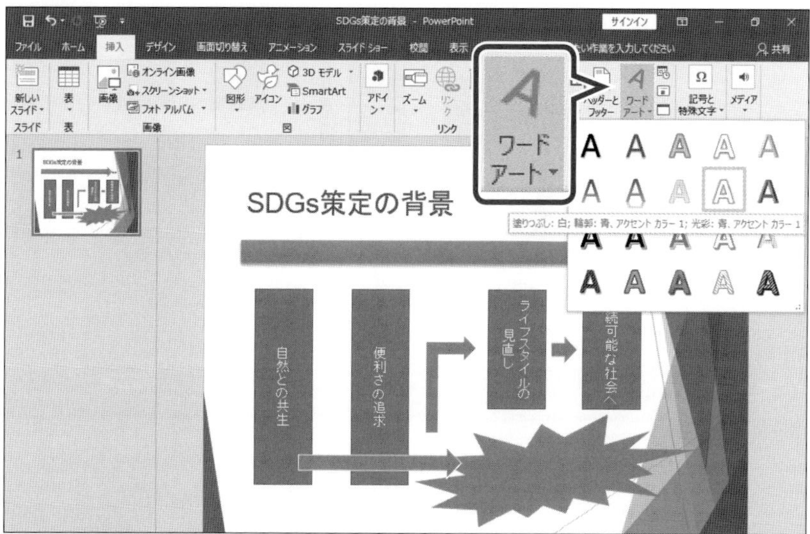

④**《ここに文字を入力》**が選択されていることを確認します。
⑤**「環境破壊」**と入力します。

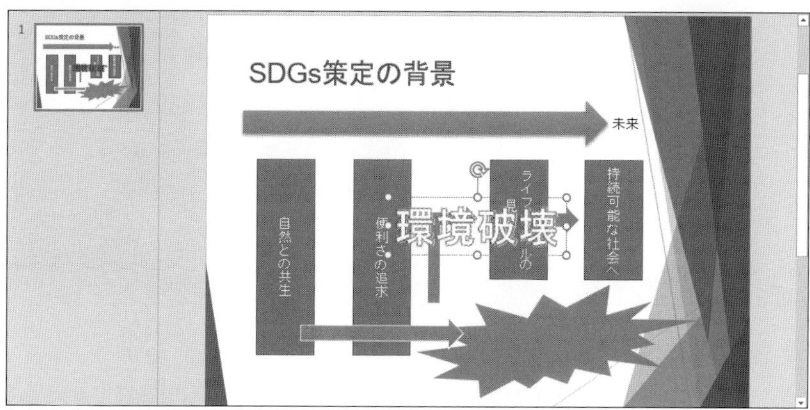

⑥ワードアート以外の場所をクリックし、入力を確定します。

⑦ワードアートを選択します。

⑧**《書式》**タブを選択します。

⑨**《ワードアートのスタイル》**グループの［A▾］（文字の効果）をクリックします。

⑩ **2019**

《変形》をポイントし、**《カスケード：上》**をクリックします。

2016

《変形》をポイントし、**《右上がり2》**をクリックします。

※お使いの環境によっては、「右上がり2」が「カスケード:上」と表示される場合があります。
※一覧に表示されていない場合は、スクロールして調整します。
※一覧をポイントすると、設定後のイメージを画面で確認できます。

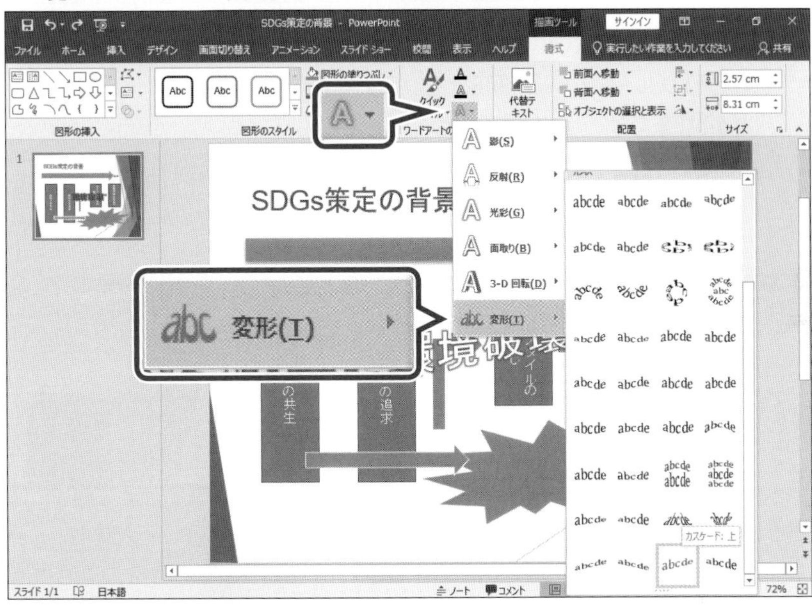

ワードアートが変形します。

⑪ワードアートが選択されていることを確認します。

⑫ワードアートの枠線をドラッグし、位置を調整します。

⑬ワードアートの○（ハンドル）をドラッグし、サイズを調整します。

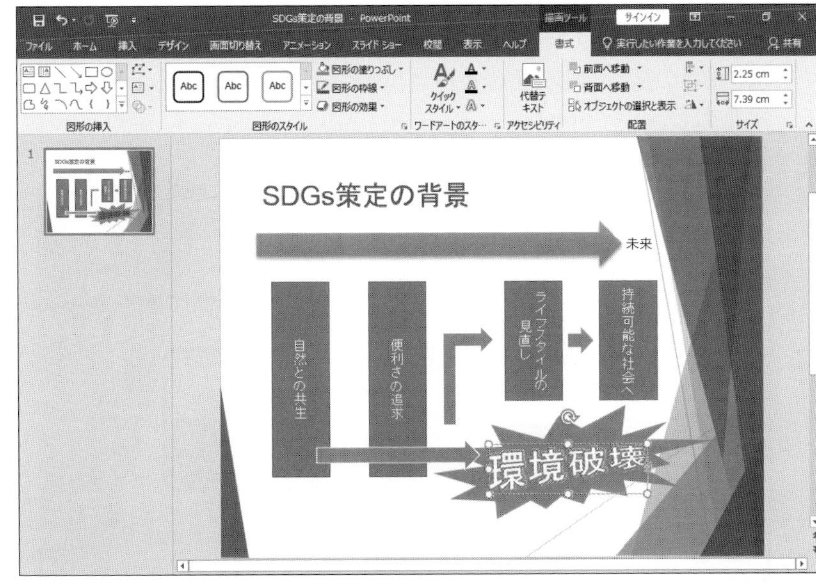

※プレゼンテーションを保存せずに、閉じておきましょう。

4 コネクターで基本図形をつなぐ

フローチャートのように、基本図形と基本図形を直線や矢印などで結ぶときには、基本図形に表示される接合点を利用すると、正確な位置でバランスよく接合できます。

Let's Try 基本図形の接合

4つの基本図形を矢印で接合しましょう。次に、接合する矢印の太さを「3pt」に設定しましょう。

フォルダー「第4章」のファイル「SDGs活動の計画」を開いておきましょう。

①《挿入》タブを選択します。

②《図》グループの（図形）をクリックします。

③ 2019

《線》の（線矢印）をクリックします。

2016

《線》の（矢印）をクリックします。

※お使いの環境によっては、「矢印」が「線矢印」と表示される場合があります。

④1番目の基本図形をポイントします。

基本図形に●（接合点）が表示されます。

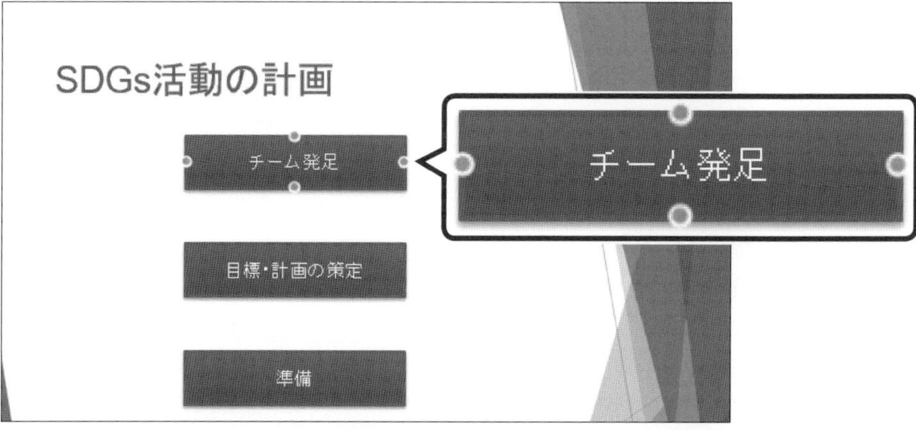

⑤1番目の基本図形の下の接合点から2番目の基本図形の上の接合点までをドラッグします。

2つの基本図形が矢印でつながります。

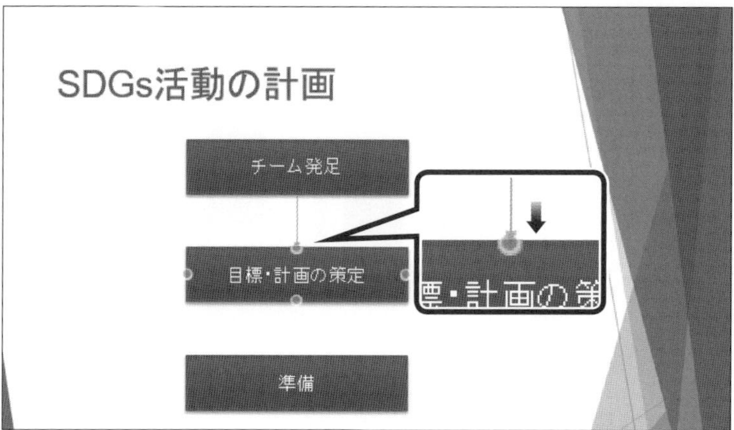

⑥同様に、2番目の基本図形と3番目の基本図形の接合点をつなぎます。
⑦同様に、3番目の基本図形と4番目の基本図形の接合点をつなぎます。
⑧1つ目の矢印を選択します。
⑨ Ctrl を押しながら、そのほかの矢印を選択します。
⑩**《書式》**タブを選択します。
⑪**《図形のスタイル》**グループの 図形の枠線 （図形の枠線）をクリックします。
⑫**《太さ》**をポイントし、**《3pt》**をクリックします。
※一覧をポイントすると、設定後のイメージを画面で確認できます。

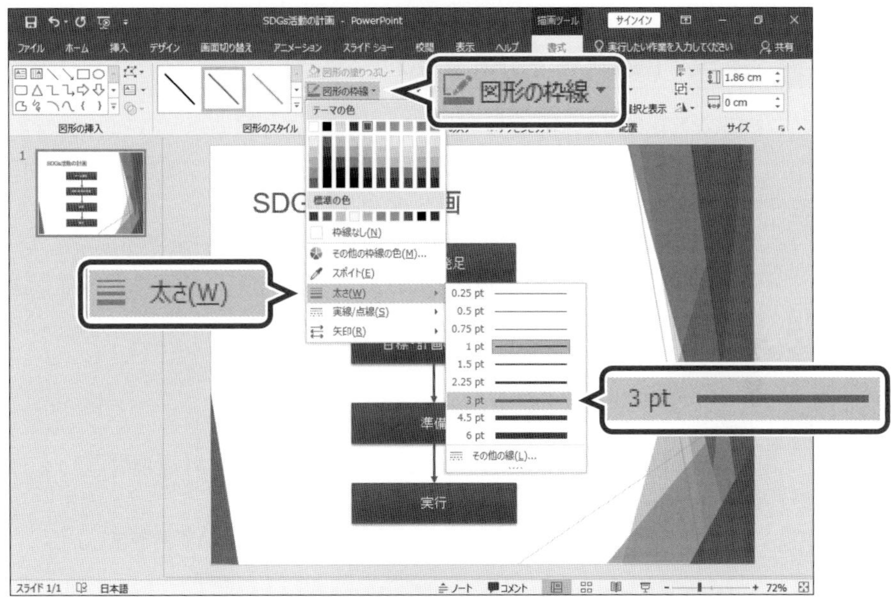

矢印の太さが変更されます。

※プレゼンテーションを保存せずに、閉じておきましょう。

第1章
第2章
第3章
第4章
第5章
第6章
模擬試験
付録
索引

STEP 8 写真・画像の活用

PowerPointでは、写真や画像を簡単に扱うことができるので、それらを活用して変化に富んだプレゼンが実施できます。
PowerPointに挿入できる画像は、デジタルカメラやスマートフォンで撮影した写真、スキャナーで取り込んだ画像、スクリーンショット*で撮影したPCの画面などがあります。
*PCやスマートフォンの画面のイメージをそのまま画像ファイルとして保存することを指します。

1 写真・画像を利用する

商品などに関するプレゼンで、実物を見せることができないときは、写真を示すとリアルで臨場感が生まれるため説得力が増します。人物が入った写真も、内容によっては親しみが感じられたり現実味が増したりして効果的です。
カタログのような印刷物をスキャンした画像データも表示できるので、必要なときは利用するとよいでしょう。ただし、カタログなどの著作物については著作権で認められている引用の範囲を超えない利用などに留意します。

写真の挿入

スライドに写真を挿入しましょう。ここでは、画像ファイル「**環境問題1**」を挿入します。

フォルダー「第4章」のファイル「SDGs事務局窓口」を開いておきましょう。

①《挿入》タブを選択します。
②《画像》グループの (図)をクリックします。
※お使いの環境によっては、「図」が「画像を挿入します」と表示される場合があります。「画像を挿入します」と表示された場合は、《このデバイス》をクリックします。

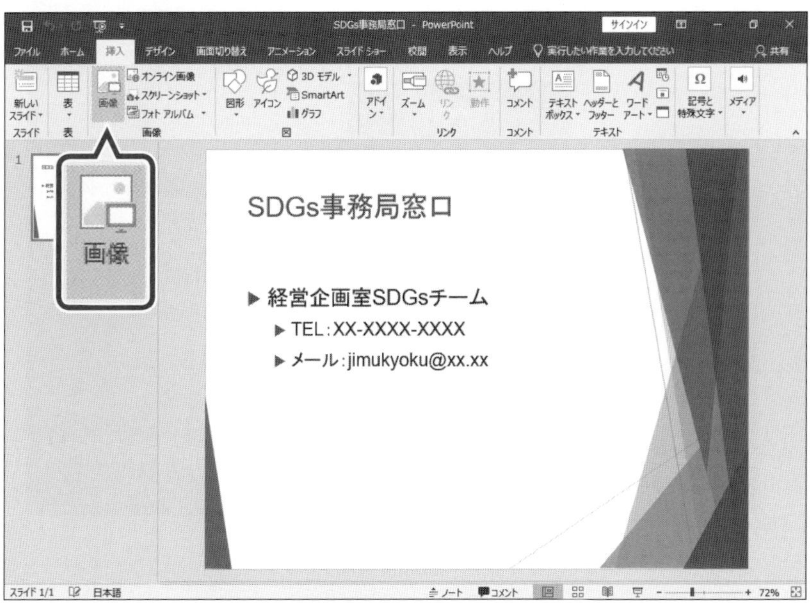

《図の挿入》ダイアログボックスが表示されます。
③《ドキュメント》をクリックします。
④「日商PC プレゼン3級 PowerPoint2019／2016」をダブルクリックします。
⑤「第4章」をダブルクリックします。
⑥一覧から「環境問題1」を選択します。
⑦《挿入》をクリックします。

スライドに写真が挿入されます。
⑧写真が選択されていることを確認します。
⑨写真の○（ハンドル）をドラッグし、サイズを調整します。
⑩写真をドラッグし、位置を調整します。

操作のポイント

オンライン画像の挿入

PowerPointのスライドには、インターネット上で公開されているオンライン画像を挿入することもできます。オンライン画像をスライドに挿入する方法は、次のとおりです。

2019

◆《挿入》タブ→《画像》グループの（オンライン画像）（オンライン画像）→キーワードを入力→Enterを押して検索→画像を選択→《挿入》

2016

◆《挿入》タブ→《画像》グループの（オンライン画像）（オンライン画像）→《Bingの検索》にキーワードを入力→Enterを押して検索→画像を選択→《挿入》

※お使いの環境によっては、（オンライン画像）（オンライン画像）が表示されない場合があります。表示されない場合は、《挿入》タブ→《画像》グループの（画像を挿入します）（画像を挿入します）→（オンライン画像）（オンライン画像）をクリックします。

オンライン画像を利用する際の注意点

オンライン画像は手軽に利用できますが、創作された画像には「著作権」が存在するので、安易に転用するのは禁物です。オンライン画像を利用する場合には、画像を提供しているホームページで利用可否を確認しましょう。私用目的であれば利用可能な場合でも、営利目的では利用不可という画像もあります。使用許諾の範囲内で正しく利用しましょう。

Let's Try 写真のトリミング

スライドに挿入した写真をトリミングしましょう。「**トリミング**」とは、写真の一部を切り取ることです。

①写真を選択します。

②《**書式**》タブを選択します。

③《**サイズ**》グループの（トリミング）（トリミング）をクリックします。

写真にトリミングハンドルが表示されます。

④上中央のトリミングハンドルをポイントします。

※マウスポインターの形が⊥に変わります。

⑤図のように、下方向にドラッグします。

※ドラッグ中、マウスポインターの形が┼に変わります。

⑥同様に、下中央のトリミングハンドルを上方向にドラッグします。

⑦写真以外の場所をクリックし、トリミングを確定します。
写真がトリミングされます。
⑧写真をドラッグして、位置を調整します。

※プレゼンテーションを保存せずに、閉じておきましょう。

2 図のSmartArtを利用して写真を挿入する

写真などの画像と文字を組み合わせたような図解を作成したいときは、図のSmartArtが利用できます。

Let's Try SmartArtへの写真の挿入

SmartArtに写真を挿入しましょう。ここでは、**「図」**または**「リスト」**に含まれる**「縦方向円形画像リスト」**のSmartArtに、画像ファイル**「環境問題1」「環境問題2」「環境問題3」**をそれぞれ挿入します。

フォルダー「第4章」のファイル「活動環境の指針」を開いておきましょう。

①1番目の をクリックします。

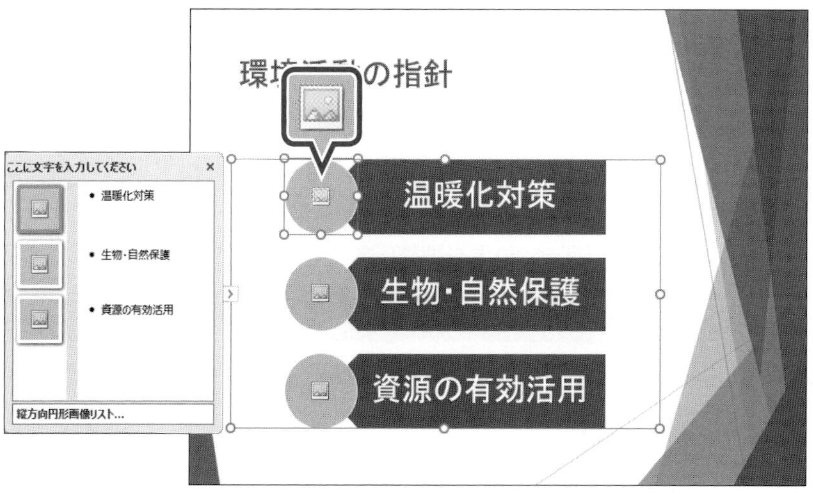

《図の挿入》または**《画像の挿入》**が表示されます。

② **2019**

《ファイルから》をクリックします。

2016

《ファイルから》の**《参照》**をクリックします。

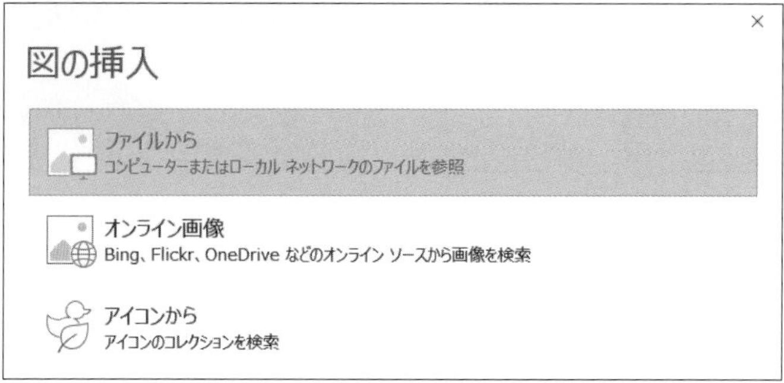

《**図の挿入**》ダイアログボックスが表示されます。

③《**ドキュメント**》をクリックします。

④「**日商PC プレゼン3級 PowerPoint2019／2016**」をダブルクリックします。

⑤「**第4章**」をダブルクリックします。

⑥一覧から「**環境問題1**」を選択します。

⑦《**挿入**》をクリックします。

SmartArtに写真が挿入されます。

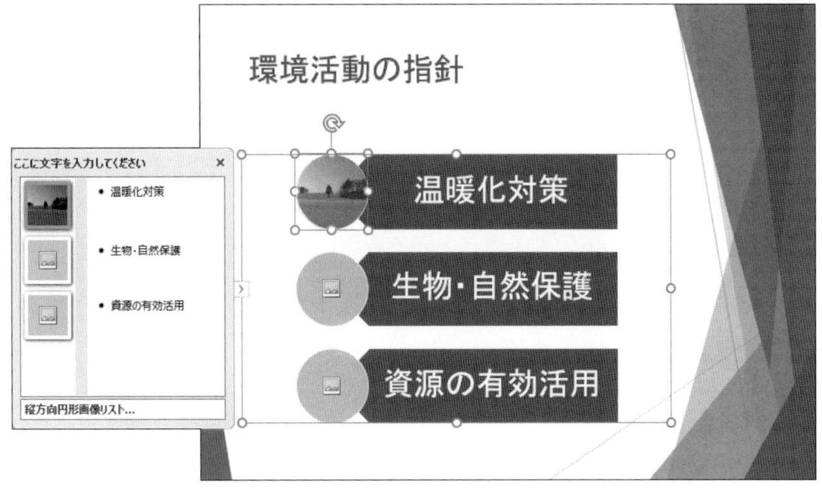

⑧同様に、2番目の をクリックし、「**環境問題2**」を挿入します。

⑨同様に、3番目の をクリックし、「**環境問題3**」を挿入します。

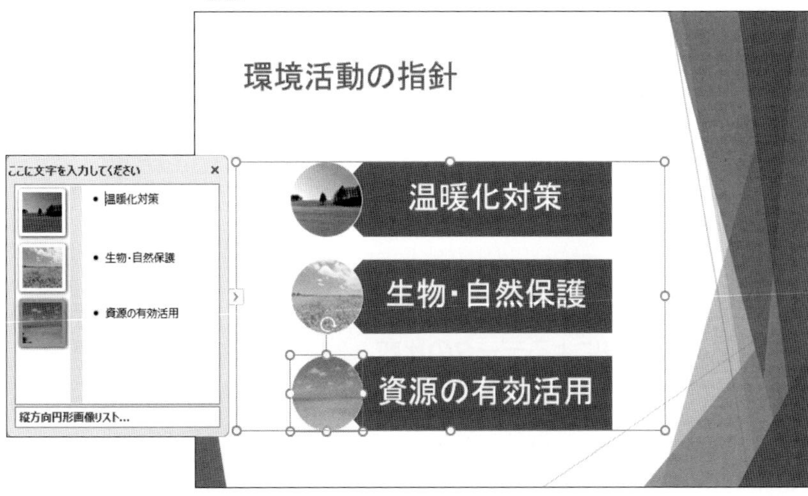

※プレゼンテーションを保存せずに、閉じておきましょう。

STEP 9

表・グラフの活用

表やグラフは、プレゼン資料で頻繁に使われています。表にすることですっきりまとめることができたり、グラフにすることでデータが把握しやすくなったりします。

1 表にまとめる

長い複雑な内容の文章や箇条書きを、簡潔にわかりやすくまとめる方法のひとつに、**「表」**があります。同じような項目が並んでいる文章や箇条書きの場合は、特に効果的です。
図4.26の箇条書きは、一度読んだだけでは頭に入りません。この箇条書きは、それぞれの計画目標が含まれています。このように共通の項目が含まれているときは、表にまとめると比較しやすくなります。
図4.27は、図4.26の箇条書きを表で表現したものです。見比べると、表の効果がよくわかります。

■図4.26　文章によるデータの比較

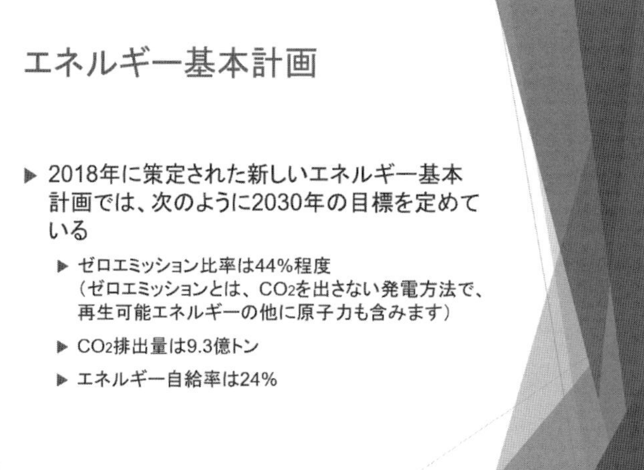

■図4.27　表によるデータの比較

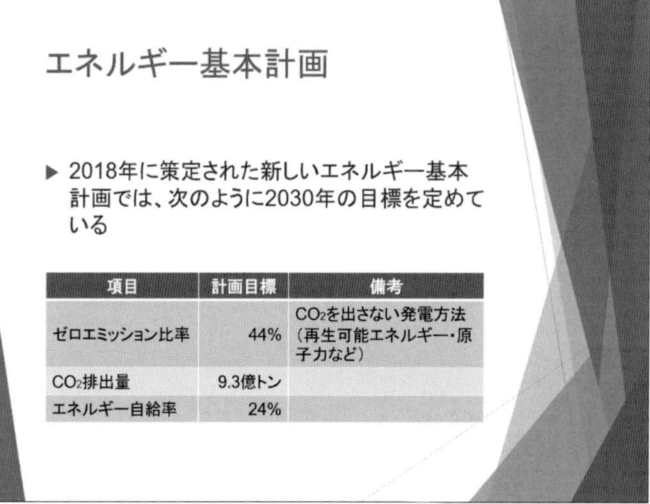

項目	計画目標	備考
ゼロエミッション比率	44%	CO_2を出さない発電方法（再生可能エネルギー・原子力など）
CO_2排出量	9.3億トン	
エネルギー自給率	24%	

2 PowerPointで表を作成する

PowerPointでは、行数と列数を選択するだけで簡単に整った表を挿入できます。行数や列数は、あとから変更することもできます。

Let's Try 表の挿入

スライドに7行×3列の表を挿入し、次のような文字を入力しましょう。

順位	国名	地域
1	スウェーデン	北欧
2	デンマーク	
3	フィンランド	
4	フランス	欧州
5	ドイツ	
6	ノルウェー	北欧

フォルダー「第4章」のファイル「SDGs国別達成度」を開いておきましょう。

①《挿入》タブを選択します。

②《表》グループの（表の追加）をクリックします。

③左から3番目、上から7番目のマス目をクリックします。

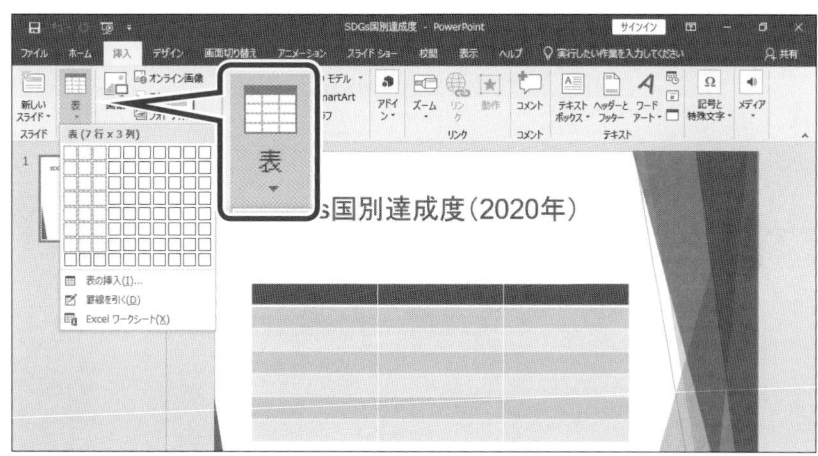

7行×3列の表が挿入されます。

④図のように、表に文字を入力します。

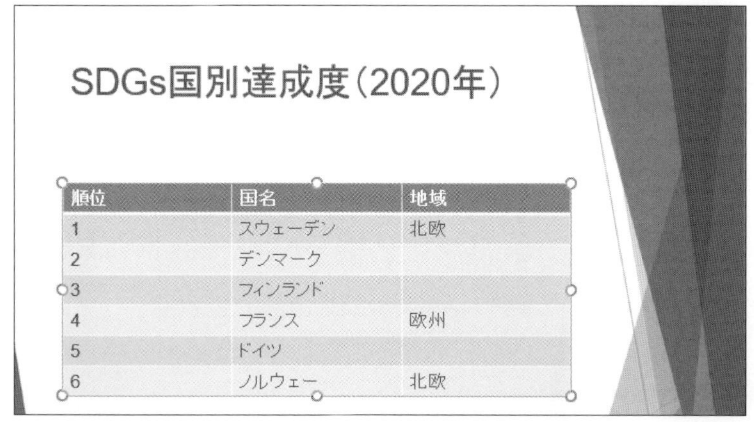

プレースホルダーのアイコンを使った表の挿入

スライドにコンテンツ用のプレースホルダーが含まれている場合は、プレースホルダー内の（表の挿入）をクリックして、表を挿入できます。

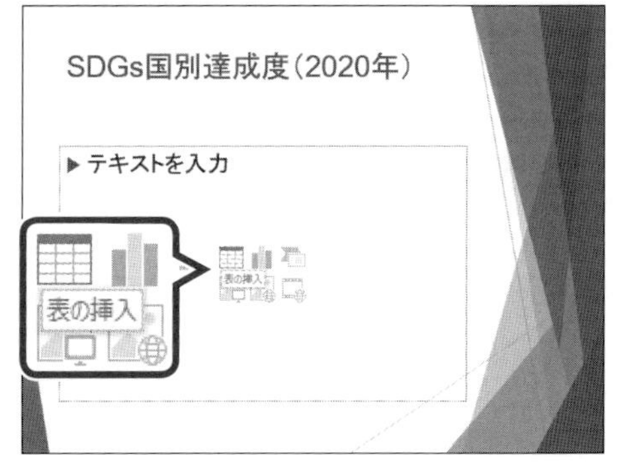

Let's Try 行の削除

表から行を削除しましょう。ここでは、一番下の行を削除します。

①一番下の行のセルをクリックします。
※一番下の行のセルであれば、どこでもかまいません。
②《レイアウト》タブを選択します。
③《行と列》グループの（表の削除）をクリックします。
④《行の削除》をクリックします。

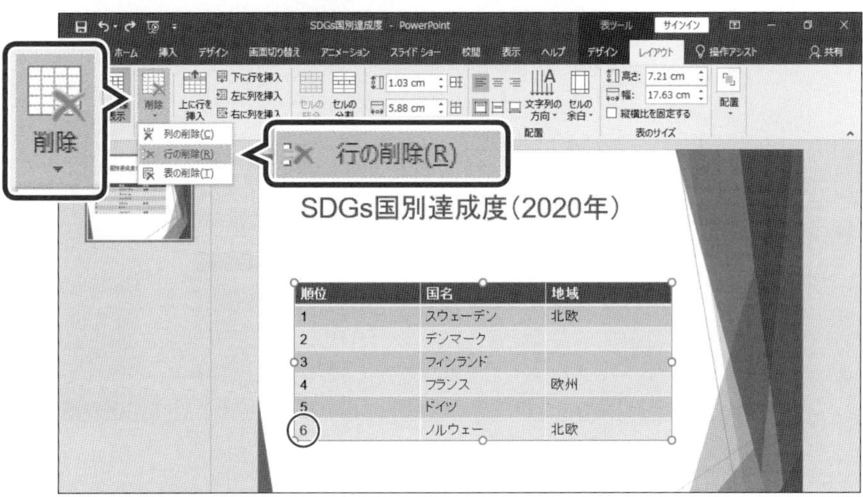

行が削除されます。

Let's Try 行の挿入

表に行を挿入しましょう。ここでは、5位のドイツの行の下に次のような1行を挿入します。

17	日本	アジア

①5位のドイツの行のセルをクリックします。

※5位のドイツの行のセルであれば、どこでもかまいません。

②《レイアウト》タブを選択します。

③《行と列》グループの 下に行を挿入 (下に行を挿入)をクリックします。

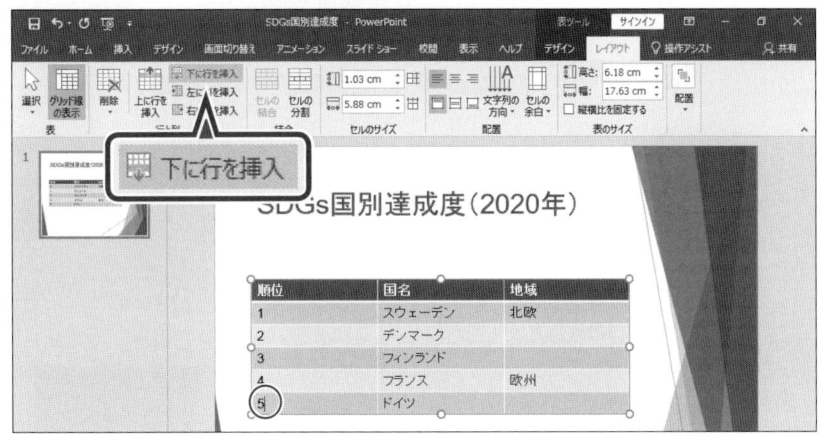

行が挿入されます。

④図のように、追加した行に文字を入力します。

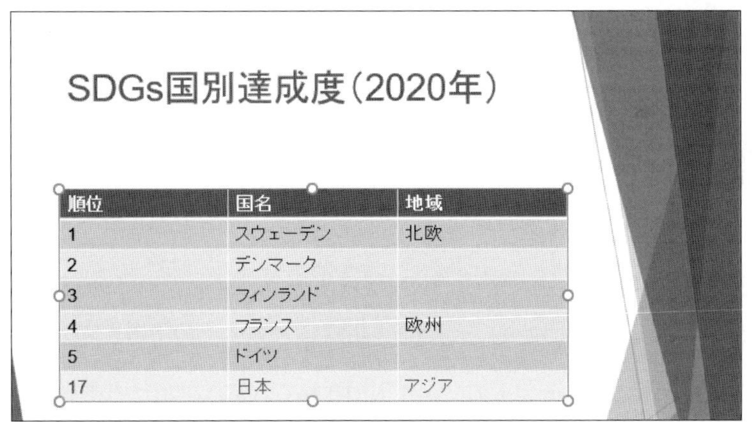

Let's Try 列の挿入

表に列を挿入しましょう。ここでは、**「国名」**の列の右に次のような1列を挿入します。

スコア
84.72
84.56
83.77
81.13
80.77
79.17

①**「国名」**の列のセルをクリックします。

※「国名」の列のセルであれば、どこでもかまいません。

②**《レイアウト》**タブを選択します。

③**《行と列》**グループの 右に列を挿入 (右に列を挿入) をクリックします。

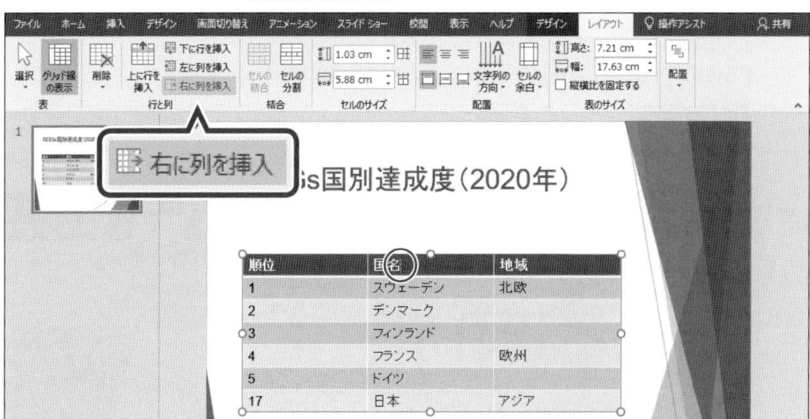

列が挿入されます。

④図のように、挿入した列に文字を入力します。

Let's Try セルの結合

表のセルを結合しましょう。ここでは、**「北欧」**のセルとその下の2つのセルを結合します。

①**「北欧」**のセルと、その下の文字が入力されていない2つのセルを選択します。

②**《レイアウト》**タブを選択します。

③**《結合》**グループの (セルの結合) をクリックします。

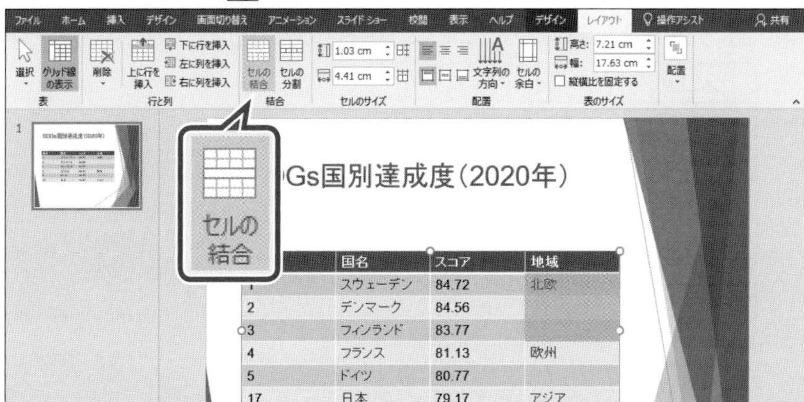

セルが結合されます。

④同様に、**「欧州」**のセルとその下のセルを結合します。

Let's Try 列幅の変更

列の右側の境界線をドラッグすると、列幅を変更できます。
「順位」と**「国名」**の列幅を調整しましょう。

①**「順位」**と**「国名」**の間の境界線をポイントします。
※マウスポインターの形が+||+に変わります。
②左方向にドラッグします。

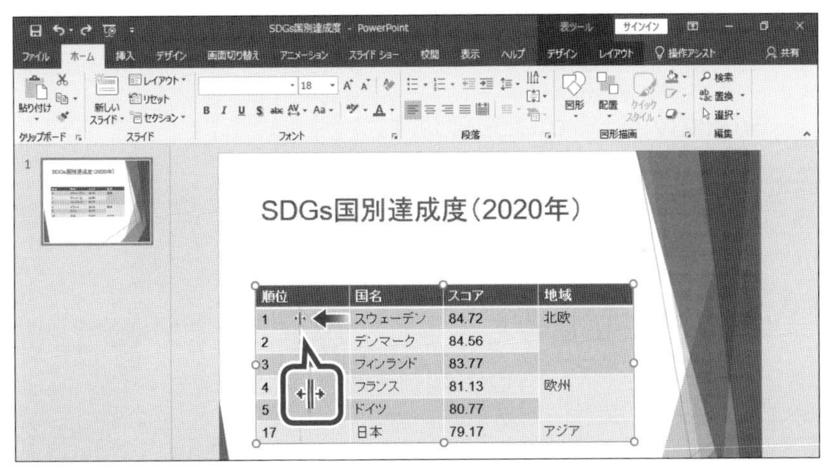

「順位」の列幅が狭くなり、**「国名」**の列幅が広くなります。

操作のポイント

行の高さや列の幅を変更する

行の高さを変更するには、行の下側の境界線をドラッグします。
列の幅を変更するには、列の右側の境界線をドラッグします。境界線をダブルクリックすると、列内の最長データに合わせて、列の幅が自動的に調整されます。

行の高さや列の幅をそろえる

行の高さや列の幅がそろっていると整然と見えます。セル内の文字量が大きく異なる場合は無理にそろえる必要はありません。
行の高さや列の幅をそろえる方法は、次のとおりです。

◆《レイアウト》タブ→《セルのサイズ》グループの（高さを揃える）または（幅を揃える）

Let's Try 文字の配置の変更

1行目の項目名を中央揃え、「**順位**」と「**スコア**」の数字を右揃えにしましょう。

①1行目の左側をポイントします。
※マウスポインターの形が➡に変わります。
②クリックします。
③《**レイアウト**》タブを選択します。
④《**配置**》グループの[≡](中央揃え)をクリックします。
1行目の項目名が中央揃えになります。

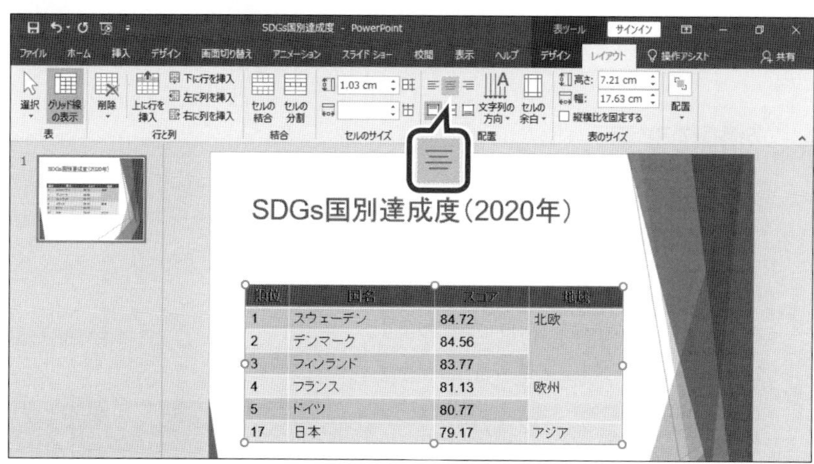

順位	国名	スコア	地域
1	スウェーデン	84.72	北欧
2	デンマーク	84.56	
3	フィンランド	83.77	
4	フランス	81.13	欧州
5	ドイツ	80.77	
17	日本	79.17	アジア

⑤「**順位**」の数字のセルを選択します。
※「1」から「17」までのセルをドラッグします。
⑥《**配置**》グループの[≡](右揃え)をクリックします。
「**順位**」の数字が右揃えになります。
⑦同様に、「**スコア**」の数字のセルを右揃えにします。

順位	国名	スコア	地域
1	スウェーデン	84.72	北欧
2	デンマーク	84.56	
3	フィンランド	83.77	
4	フランス	81.13	欧州
5	ドイツ	80.77	
17	日本	79.17	アジア

操作のポイント

数字のそろえ方

数字だけが入力されているセルは、右揃えにするのが一般的です。

項目名のそろえ方

上端の行が項目名の場合は、中央揃えにするのが一般的です。
左端の列が項目名の場合は、上下中央揃えにするのが一般的です。

3 表の表現力を高める

表は、簡単な操作で表現効果を高めることができます。PowerPointには、いろいろな表のスタイルが用意されています。このスタイルを設定することで、表現力は格段に高まります。1つのプレゼンテーションの中では、同じ表のスタイルを設定すると統一感がでます。
図4.28は、表の見栄えを整え、表のスタイルを設定した例です。

■図4.28　スタイルを設定した表

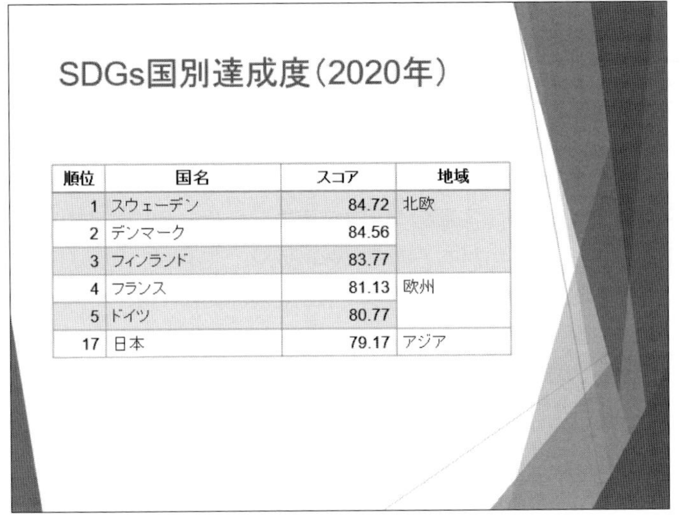

順位	国名	スコア	地域
1	スウェーデン	84.72	北欧
2	デンマーク	84.56	
3	フィンランド	83.77	
4	フランス	81.13	欧州
5	ドイツ	80.77	
17	日本	79.17	アジア

Let's Try 表のスタイルの設定

表にスタイルを設定しましょう。ここでは、「淡色スタイル3-アクセント2」を設定します。

①表内にカーソルを移動します。
②《表ツール》の《デザイン》タブを選択します。
③《表のスタイル》グループの ▼ （その他）をクリックします。
④《淡色》の《淡色スタイル3-アクセント2》をクリックします。
※一覧をポイントすると、設定後のイメージを画面で確認できます。
表にスタイルが設定されます。

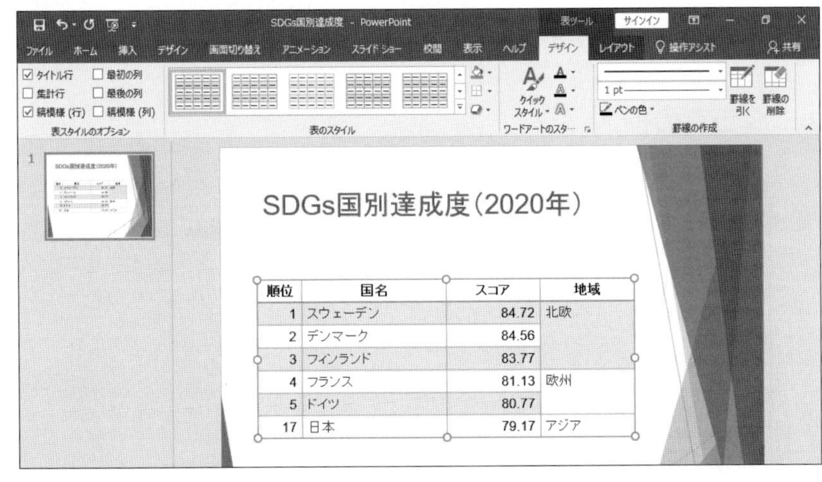

※プレゼンテーションを保存せずに、閉じておきましょう。

第1章
第2章
第3章
第4章
第5章
第6章
模擬試験
付録
索引

操作のポイント

表の書式設定

表のスタイルを設定すると、塗りつぶしや罫線、影などの書式をまとめて設定できますが、これらの書式は個別に設定することもできます。
表の書式を個別に設定する方法は、次のとおりです。

◆セルを選択→《表ツール》の《デザイン》タブ→《表のスタイル》グループの［塗りつぶし］(塗りつぶし)／［枠なし］(枠なし)／［効果］(効果)

4 グラフで示す

数値の大小や割合を直感的に理解できるようにするためには、グラフが適しています。グラフにすれば、数値を並べただけの表ではわかりにくい状況や傾向をひと目で理解できます。PowerPointでは、各種のグラフを簡単な操作で作成することができます。
グラフにはいろいろな種類があるので、表4.2のように目的に合ったものを選択するようにします。選択したグラフの種類が適切でないと、効果は半減します。

■表4.2　グラフの使用目的と種類

グラフの使用目的	グラフの種類
時間に対する連続的な変化や傾向を表すとき	折れ線グラフ 棒グラフ
各項目の値を比較するとき	棒グラフ
構成比率を示すとき	円グラフ 100%積み上げ棒グラフ 100%積み上げ面グラフ
相関関係を示すとき	散布図

5 PowerPointでグラフを作成する

PowerPointでは、いろいろな種類のグラフを挿入できます。グラフの種類は、あとから変更することもできます。

Let's Try　グラフの挿入

スライドに円グラフを挿入し、次のようなデータを入力しましょう。

	企業のSDGsの取り組み
本格的に取り組んでいる	11
取り組みはじめた	52
準備中	34
取り組んでいない	12
わからない	4

フォルダー「第4章」のファイル「企業の取り組み動向」を開いておきましょう。

①《挿入》タブを選択します。

②《図》グループの グラフ (グラフの追加)をクリックします。

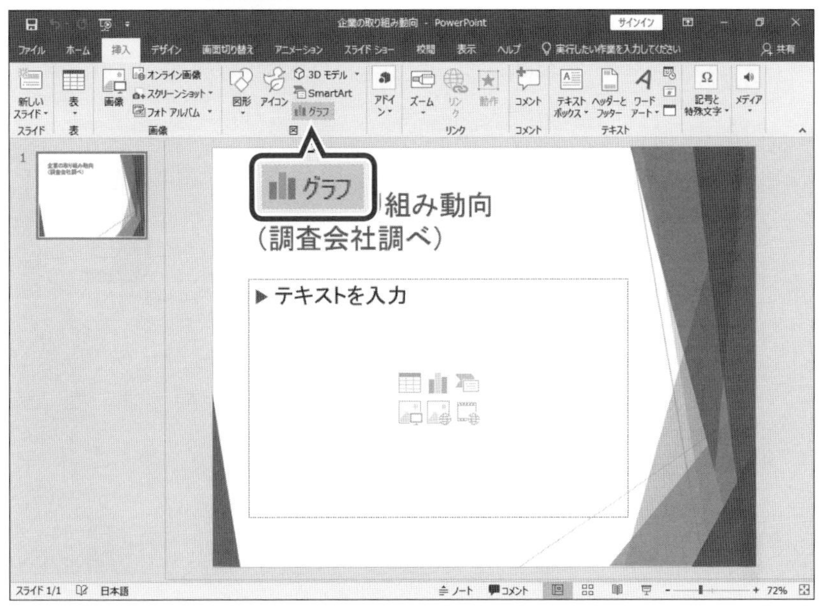

《グラフの挿入》ダイアログボックスが表示されます。

③左側の一覧から《円》を選択します。

④右側の一覧から (円)を選択します。

⑤《円》のプレビューを確認します。

⑥《OK》をクリックします。

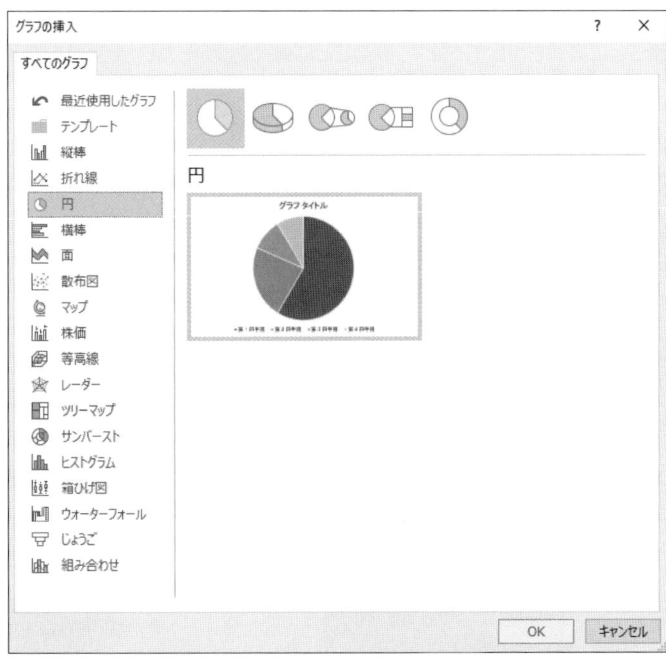

ワークシートが表示され、仮データでグラフが作成されます。

⑦図のように、データを入力します。

※ワークシートのウィンドウを大きくしたり、列幅を調整したりして入力します。あらかじめ入力されている文字は、上書きします。

入力したデータがグラフに反映されます。

⑧ワークシートウィンドウの ✕ （閉じる）をクリックします。

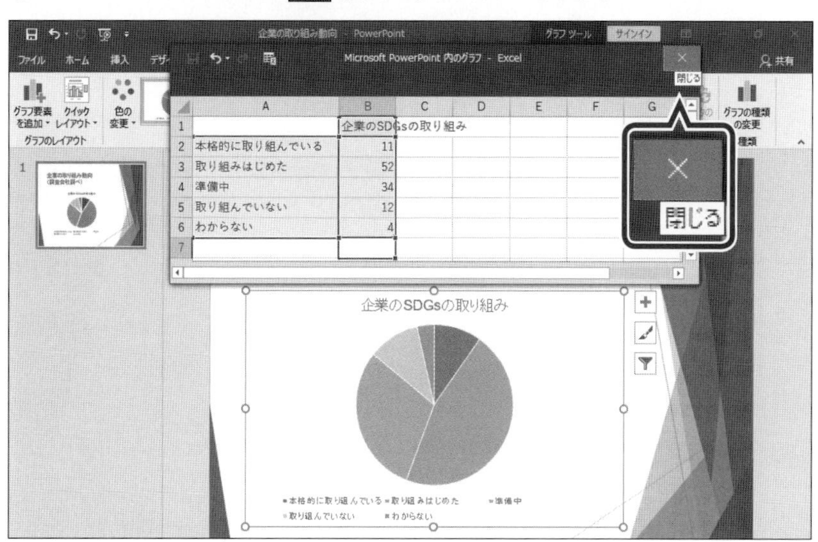

操作のポイント

グラフの種類の変更

作成したグラフを別の種類のグラフに変更したい場合は、グラフを選択→《グラフツール》の《デザイン》タブ→《種類》グループの （グラフの種類の変更）→グラフの種類を選択します。

グラフ要素の書式設定

タイトルのフォントを変更したり、データ系列の色を変更したり、目盛間隔を変更したりなど、グラフは要素ごとに書式を設定できます。要素ごとに書式を設定したい場合には、変更したい要素を右クリック→《（要素名）の書式設定》を選択します。

Let's Try グラフタイトルの削除

円グラフのグラフタイトルを削除しましょう。

①グラフを選択します。

② ＋ をクリックします。

③《グラフ要素》の《グラフタイトル》を □ にします。

グラフタイトルが削除されます。

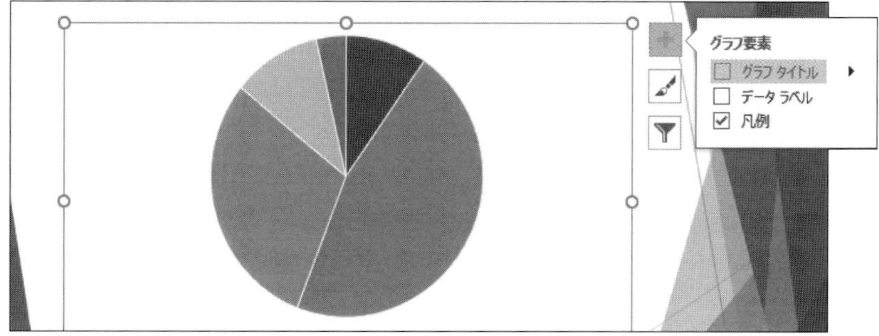

第4章 わかりやすいプレゼン資料

Let's Try データラベルの表示

円グラフのデータラベルを表示しましょう。ここでは、データラベルをパーセンテージで表示し、円の外側に配置します。

①グラフを選択します。
②[+]をクリックします。
③《グラフ要素》の《データラベル》を☑にします。
④▶をクリックし、《その他のオプション》をクリックします。

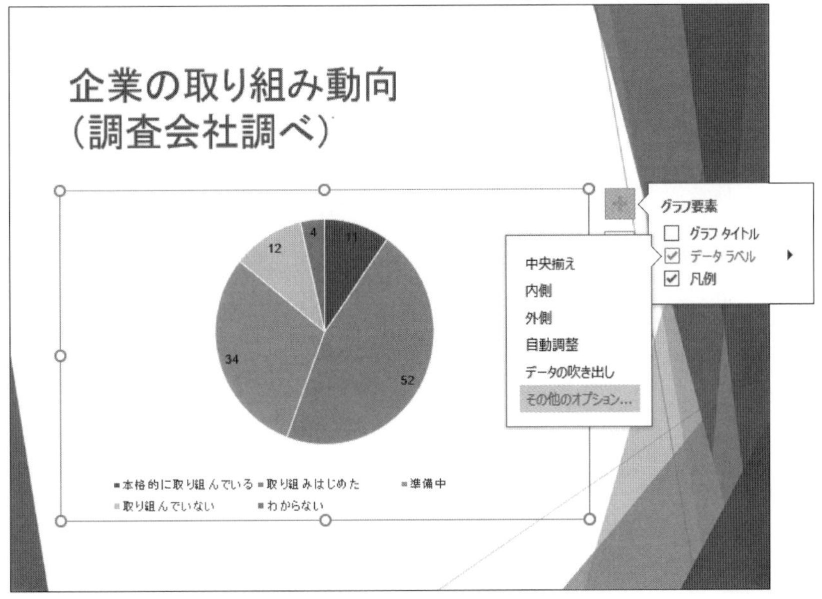

《データラベルの書式設定》作業ウィンドウが表示されます。
⑤《ラベルオプション》の[■](ラベルオプション)をクリックします。
⑥《ラベルオプション》の詳細を表示します。
⑦《ラベルの内容》の《パーセンテージ》を☑にします。
⑧《ラベルの内容》の《値》を☐にします。
⑨《ラベルの位置》の《外部》を◉にします。
データラベルが表示されます。
⑩作業ウィンドウの[×](閉じる)をクリックします。

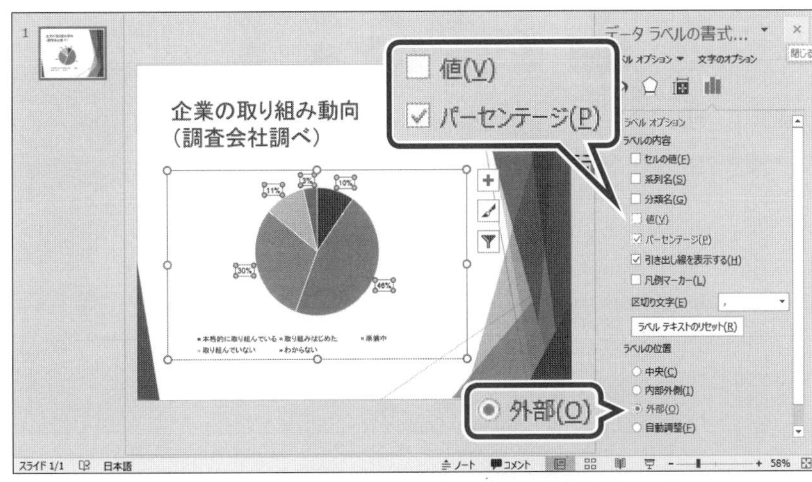

6 グラフの表現力を高める

グラフは、簡単な操作で表現効果を高めることができます。PowerPointには、いろいろなグラフのスタイルが用意されています。このスタイルを設定することで、表現力は格段に高まります。
1つのプレゼンテーションの中では、同じグラフのスタイルを設定すると統一感がでます。図4.29は、グラフの見栄えを整え、グラフのスタイルを設定した例です。

■図4.29　スタイルを設定したグラフ

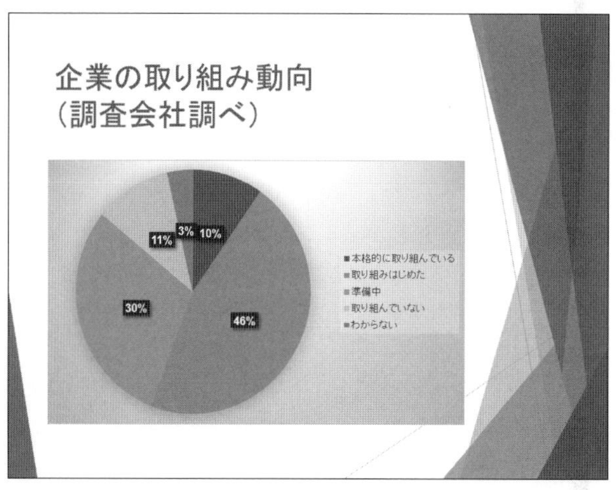

Let's Try グラフのスタイルの設定

グラフにスタイルを設定しましょう。ここでは、**「スタイル3」**を設定します。

①グラフを選択します。
②**《グラフツール》**の**《デザイン》**タブを選択します。
③**《グラフスタイル》**グループの［▼］（その他）をクリックします。
④**《スタイル3》**をクリックします。
※一覧をポイントすると、設定後のイメージを画面で確認できます。
グラフにスタイルが設定されます。

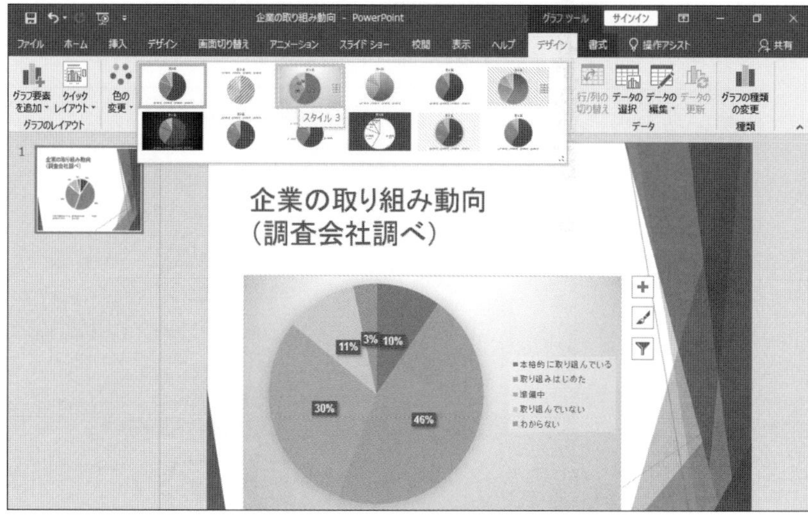

※プレゼンテーションを保存せずに、閉じておきましょう。

STEP 10

確認問題

解答 ▶ 別冊P.6

知識科目

問題 1 スライドの箇条書きに関する記述として、適切なものを次の中から選びなさい。

1 プレゼンで使う箇条書きの文末は、原則として体言止めにする。
2 箇条書きは、省略できる語句は削ってできるだけ簡潔に表現する方がよい。
3 文末の表現は内容で決まるので、不ぞろいであるかどうかを気にする必要はない。

問題 2 スライドに使われる図解の特長に関する記述として、適切なものを次の中から選びなさい。

1 図解には、概要が素早く伝わるという特長がある。
2 図解は見ただけで詳細がわかるので、言葉による説明は書かない方がよい。
3 図解は複雑な内容も伝えることができるので、いろいろな事柄を1つの図解にまとめると効果的である。

問題 3 時間に対する連続的な変化や傾向を表したいときに使うグラフとして、適切なものを次の中から選びなさい。

1 円グラフ
2 散布図
3 棒グラフ

問題 4 SmartArtに関する記述として、適切なものを次の中から選びなさい。

1 放射状の図解を描きたいときは、**「集合関係」**の分類の中から探せばよい。
2 放射状の図解を描きたいときは、**「手順」**の分類の中から探せばよい。
3 放射状の図解を描きたいときは、**「マトリックス」**の分類の中から探せばよい。

問題 5 SmartArtを使わない場合の図解作成の流れとして、適切なものを次の中から選びなさい。

1 キーワードの抽出 → グループ化 → 主題・目的の明確化 → グループ間の関係の明示 → 図解作成と形の整理
2 主題・目的の明確化 → キーワードの抽出 → グループ化 → グループ間の関係の明示 → 図解作成と形の整理
3 主題・目的の明確化 → キーワードの抽出 → グループ間の関係の明示 → グループ化 → 図解作成と形の整理

実技科目

あなたは、日商建築設計株式会社の安全衛生企画部に所属しています。
今回、上司から、会社が推進しているリスクアセスメントの社内啓発用プレゼン資料を作成するよう指示を受けました。
そこで、リスクアセスメントのプレゼン資料を作成して上司に提出したところ、下記の[修正内容]に示したような指摘事項がありました。
これらの指摘に従ってプレゼン資料を修正するために、**「ドキュメント」**内のフォルダー**「日商PC プレゼン3級 PowerPoint2019／2016」**内にあるフォルダー**「第4章」**内のファイル**「リスクアセスメントの基礎」**を開き、修正を加えてください。

[修正内容]

1 スライド3に関わる修正

❶箇条書きのフォントサイズを**「14ポイント」**にすること。箇条書きを残したまま、その内容を❷以降の手順に従って図解で表現すること。
❷左から右方向に、**「フローチャート：結合子」「フローチャート：処理」「フローチャート：処理」「フローチャート：判断」「フローチャート：結合子」**の5つの図形を並べること。
❸5つの図形に、左から順に**「開始」「ハザードの特定」「リスクの見積もり」「評価」「終了」**と記入すること。
❹5つの図形に、図形スタイル**「パステル-緑、アクセント6」**を設定すること。
❺5つの図形のあいだをつなぐように矢印を挿入すること。
❻矢印の線の太さを**「3pt」**、線の色を**「白、背景1、黒+基本色50%」**にすること。
❼**「リスクの見積もり」**の下部に、**「リスクの見積もり」**の図形をコピーし、図形内の文字を**「リスクの除去」**と修正すること。
❽**「評価」**から**「リスクの除去」**、**「リスクの除去」**から**「ハザードの特定」**に向かってあいだをつなぐ折れ曲がった矢印を挿入し、線の太さや線の色を❻の矢印と近似のものとすること。
❾**「評価」**から**「終了」**に向かう矢印の上側に、テキストボックスを使って**「YES」**と記入すること。
❿**「評価」**から**「リスクの除去」**に向かう矢印の右側に、テキストボックスを使って**「NO」**と記入すること。

2 スライド4に関わる修正

❶各箇条書き内の「：」を削除し、「：」以下を2階層目の箇条書きにすること。2階層目の箇条書きの行頭文字は大きい方の**「塗りつぶし丸の行頭文字」**にすること。

3 スライド5に関わる修正

❶箇条書きのフォントサイズを**「14ポイント」**にすること。箇条書きを残したまま、その内容を❷以降の手順に従って図解で表現すること。
❷SmartArt**「基本の循環」**を使って、端的に4つの過程を表現すること。
❸SmartArtにスタイル**「光沢」**、色**「カラフル-アクセント3から4」**を設定すること。
❹SmartArtの右側に、画像**「現場」**を挿入すること。

4 スライド6に関わる修正

❶文字が入力されていないセルを結合すること。
❷結合したセルに右上がりの斜め罫線を引くこと。
❸「A」の文字が入ったセルを「**赤**」、「B」の文字が入ったセルを「**オレンジ**」、「C」の文字が入ったセルを「**黄**」に塗りつぶすこと。
❹「A」の文字の色を白にすること。

5 スライド7に関わる修正

❶SmartArt「**基本ピラミッド**」を挿入し、ピラミッドの上から順に「**安全衛生理念**」「**安全衛生方針**」「**労働安全衛生マネジメントシステムガイドライン**」「**安全衛生マネジメント共通マニュアル**」と記入すること。
❷SmartArtにスタイル「**白枠**」、色「**カラフル-アクセント3から4**」を設定すること。

6 スライド8に関わる修正

❶表の内容を縦棒グラフで表現すること。
❷グラフスタイルとして「**スタイル6**」を設定すること。
❸グラフのタイトルと凡例を非表示にすること。
❹横軸ラベル「**開催回**」、縦軸ラベル「**受講者数**」をそれぞれ配置すること。縦軸ラベル「**受講者数**」は縦書きにすること。
❺縦軸の最大値を「1000」、目盛間隔を「200」とすること。
❻グラフを作成後、表は削除すること。

7 全スライドに関わる修正

❶修正したファイルは、「ドキュメント」内のフォルダー「日商PC プレゼン3級 PowerPoint2019／2016」内にあるフォルダー「**第4章**」に「リスクアセスメントの基礎（完成）」のファイル名で保存すること。

ファイル「リスクアセスメントの基礎」の内容

●スライド1

●スライド2

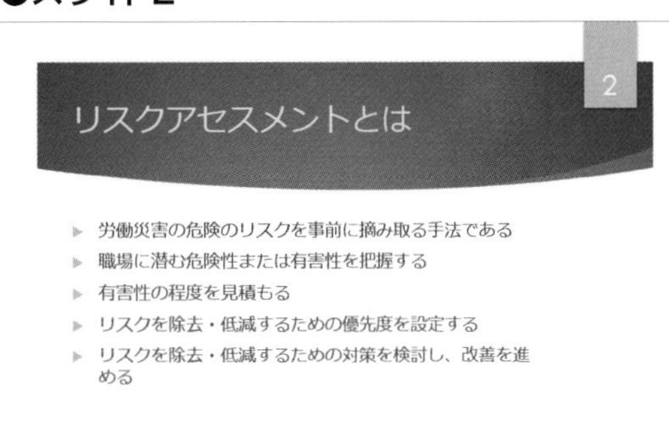

第1章 第2章 第3章 第4章 第5章 第6章 模擬試験 付録 索引

●スライド3

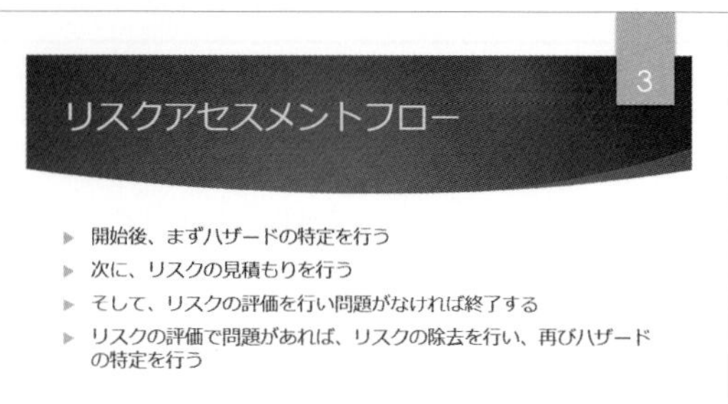

●スライド4

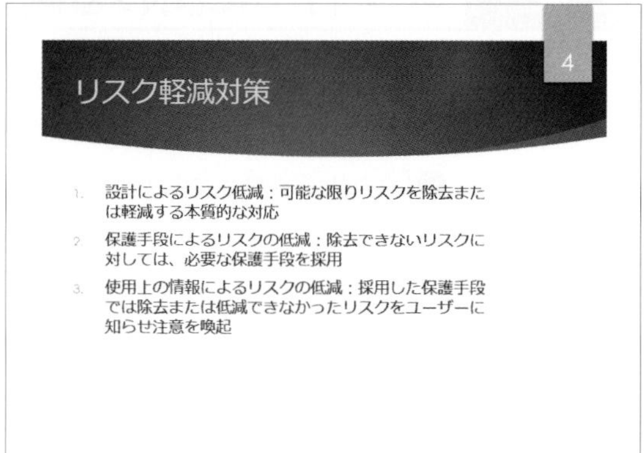

●スライド5

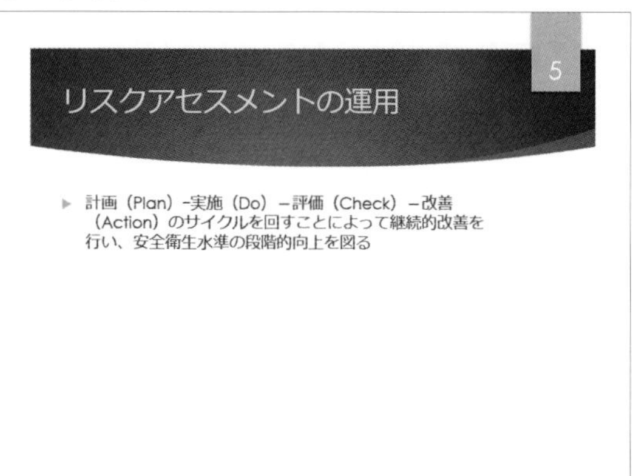

●スライド6

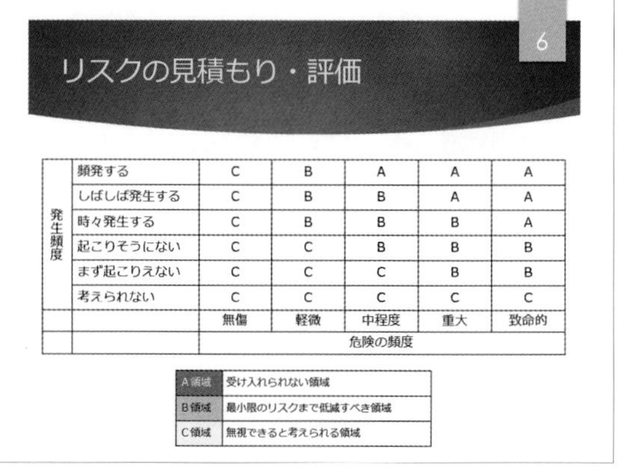

発生頻度						
	頻発する	C	B	A	A	A
	しばしば発生する	C	B	B	A	A
	時々発生する	C	B	B	B	A
	起こりそうにない	C	C	B	B	B
	まず起こりえない	C	C	C	B	B
	考えられない	C	C	C	C	C
		無傷	軽微	中程度	重大	致命的
		危険の頻度				

A領域	受け入れられない領域
B領域	最小限のリスクまで低減すべき領域
C領域	無視できると考えられる領域

●スライド7

●スライド8

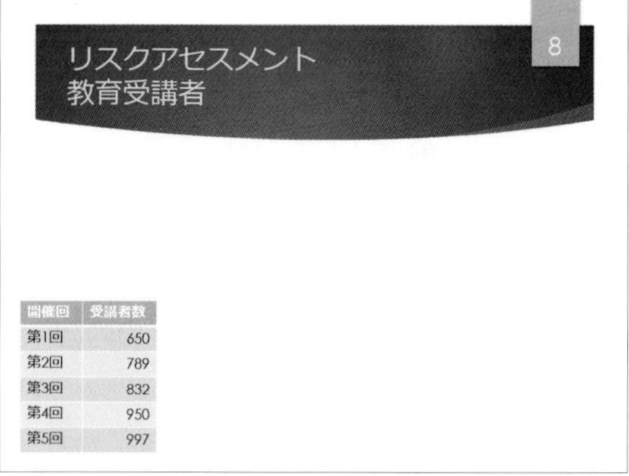

開催回	受講者数
第1回	650
第2回	789
第3回	832
第4回	950
第5回	997

第5章 見やすくする表現技術

STEP1　色づかいの基本 ………………………………………… 145
STEP2　レイアウト・デザインの基本………………………………… 164
STEP3　確認問題 ………………………………………………………… 175

STEP 1

色づかいの基本

プレゼン資料で、スクリーンに投影するデータはカラーで作成します。プレゼン資料は、色づかいの良し悪しで見た目の印象が左右されます。色づかいの基本を理解して、わかりやすいプレゼン資料を作成できるようになりましょう。

1 色の効果とは

適切な色づかいのプレゼン資料は、聞き手の理解を助け、良いイメージを与えます。反対に、色づかいに問題があれば、内容や説明の仕方とは無関係に見る人に、誤解を与えたりわかりにくいという印象を与えたりします。

たとえば、図5.1のスライドは、雑然とした色づかいで色を使った効果が生かされていません。内容と色づかいが合っていないことも問題です。エコロジーやクリーンエネルギーのイメージでは、一般に緑系や青系の色を使うことが多いですが、ここではかなり派手な暖色系の色を使っています。矢印を赤で表現しているのも、図解の意味合いや伝えるべき情報の優先度を考えると問題です。

■図5.1　色づかいに問題点があるスライド

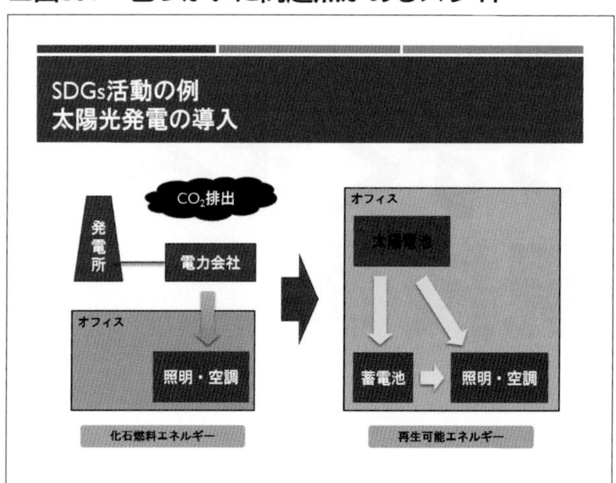

図5.2は、色づかいの問題を解消したスライドです。適切な色づかいをすることは、色の基本を理解し、いくつかのポイントを押さえていれば、それほど難しいものではありません。色は、理論的に考えて対応することができます。色に対する感性が必要ということではありません。

■図5.2　色づかいの問題点を解消したスライド

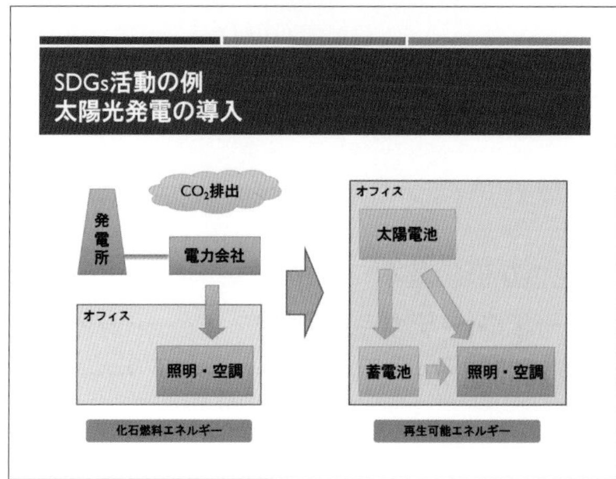

2 色づかいの基本を理解する

PC上で作るプレゼン資料には、自由に色が付けられます。作成したプレゼン資料は、プロジェクターで直接投影したり、カラープリンターで出力して配布したりすることで、情報を効果的に伝えることができます。

PowerPointには、**「クイックスタイル」「テーマの色」「カラーパレット」**など色に関する機能が搭載されています。これらの機能について、色の理論を背景とした使い方を理解していれば、効果的な色づかいでプレゼン資料を仕上げることができます。

色づかいの基本としては、色の三属性やトーンなどがあります。

❶ 色の三属性とトーン

色は図5.3に示すように、**「有彩色」**と呼ばれる色みのあるものと、**「無彩色」**と呼ばれる色みのないものに分けることができます。赤、黄、緑、青、だいだい、紫のような色が有彩色で、白、黒、グレーが無彩色です。

有彩色には、3つの要素**「色相」「彩度」「明度」**があります。これが**「色の三属性」**です。一方、無彩色が持っている要素は明度だけです。この3つの属性を理解することで、効果的な色づかいがしやすくなります。

■図5.3　有彩色と無彩色

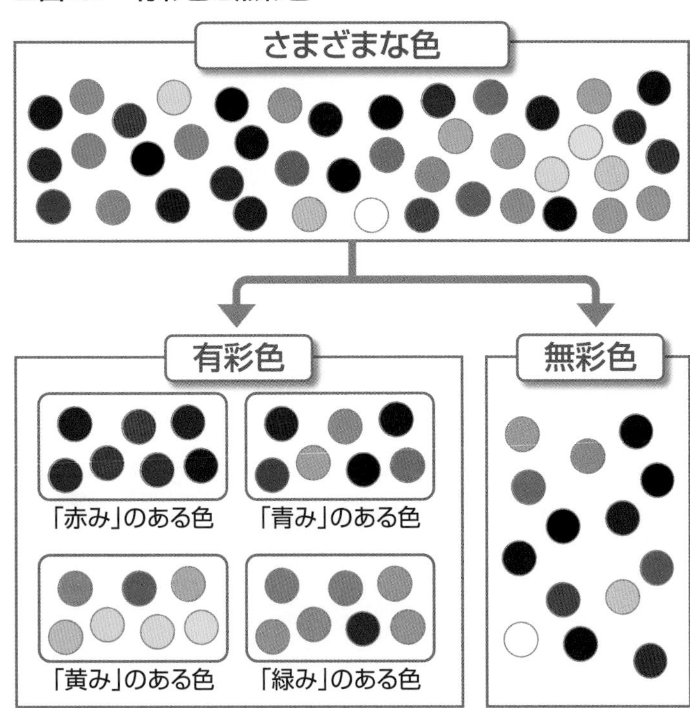

有彩色と無彩色は、PowerPointでは**《色の設定》**ダイアログボックスに表示されるカラーパレットで、図5.4のように分けて表示されています。

■図5.4　カラーパレットの有彩色と無彩色

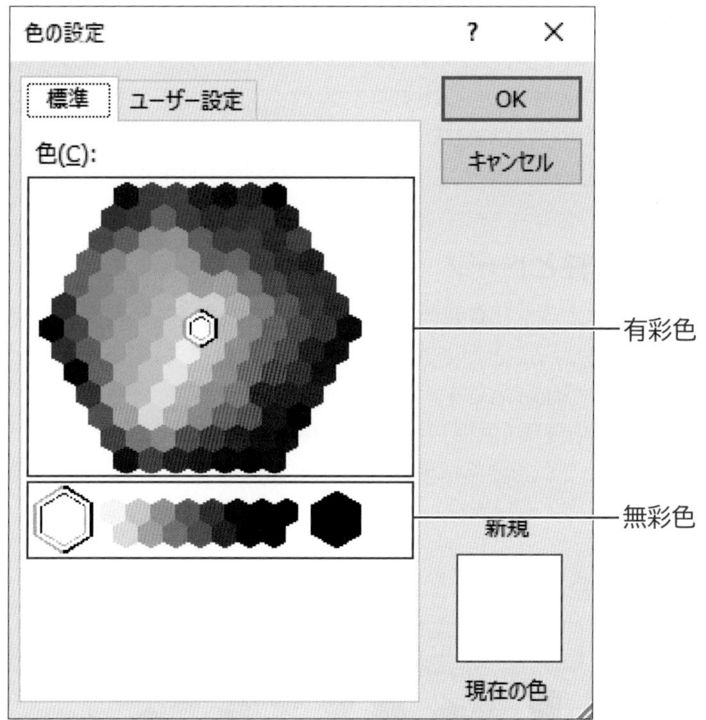

彩度と明度を融合した概念に「**トーン（色調）**」と呼ばれるものがあります。有彩色と無彩色、色相・彩度・明度、トーンの関係を整理すると、図5.5のようになります。

■図5.5　有彩色と無彩色、色相・彩度・明度、トーンの関係

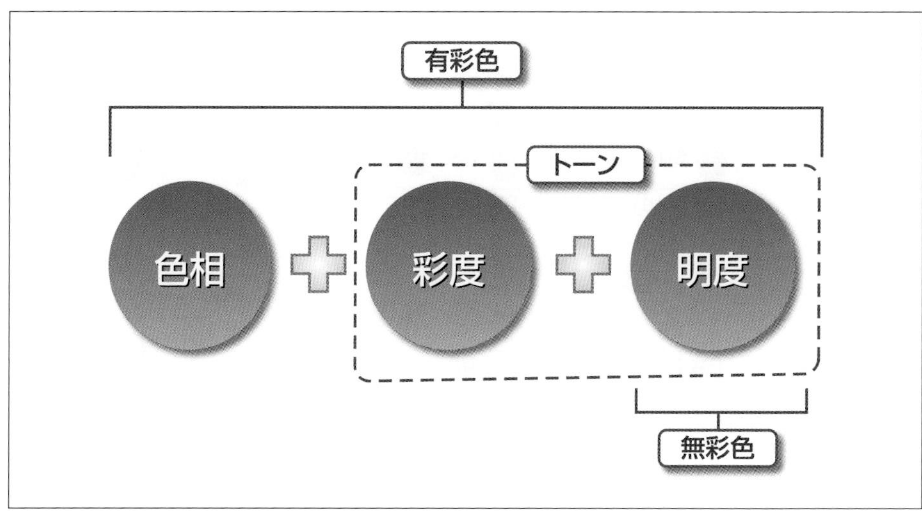

❷色相

有彩色には、青みがかった色や赤みがかった色など、さまざまな色みを持った色が含まれています。この**「青み」「赤み」**などという色みの性質のことを**「色相」**といいます。色相は切れ目なく変化していますが、一般に目にするのは円環状に分類したものです。これを**「色相環」**と呼びます。

色相環には、それぞれの色相を代表する色として最も色みの強い24色が並べられています。この24色はいずれの色も、白や黒、グレーが混じっていない**「純色」**と呼ばれるものです。有彩色はすべて、これらの24色相のどこかのグループに分類されます。

図5.6は、簡略化した色相環で、12色で表現しています。この色相環の中で、黄、赤、青、緑の4色は人間の色知覚の基本になるため**「心理四原色」**と呼ばれ、色相分割の基本になります。

この色相環で、近くにある色を**「類似色」**または**「同系色」**と呼び、反対に位置する色を**「補色」**または**「反対色」**と呼びます。スライドで色を使うとき、どういう色相を組み合わせるかによって印象が変わります。相対する2つの言葉に、補色関係の色を使うなど、それをうまく利用すれば、意図したイメージを与えることができます。主な色相の組み合わせには、次のようなものがあります。

- 色相が近い色は、調和、洗練のイメージ
- 色相が反対の色は、対比のイメージ
- 暖色系は、暖かい、活発、刺激的なイメージ
- 寒色系は、寒い、冷静沈着、硬いイメージ

色相環によって色相の構成を理解すると、自分の意図する色の効果を得やすくなります。

■図5.6　色相環

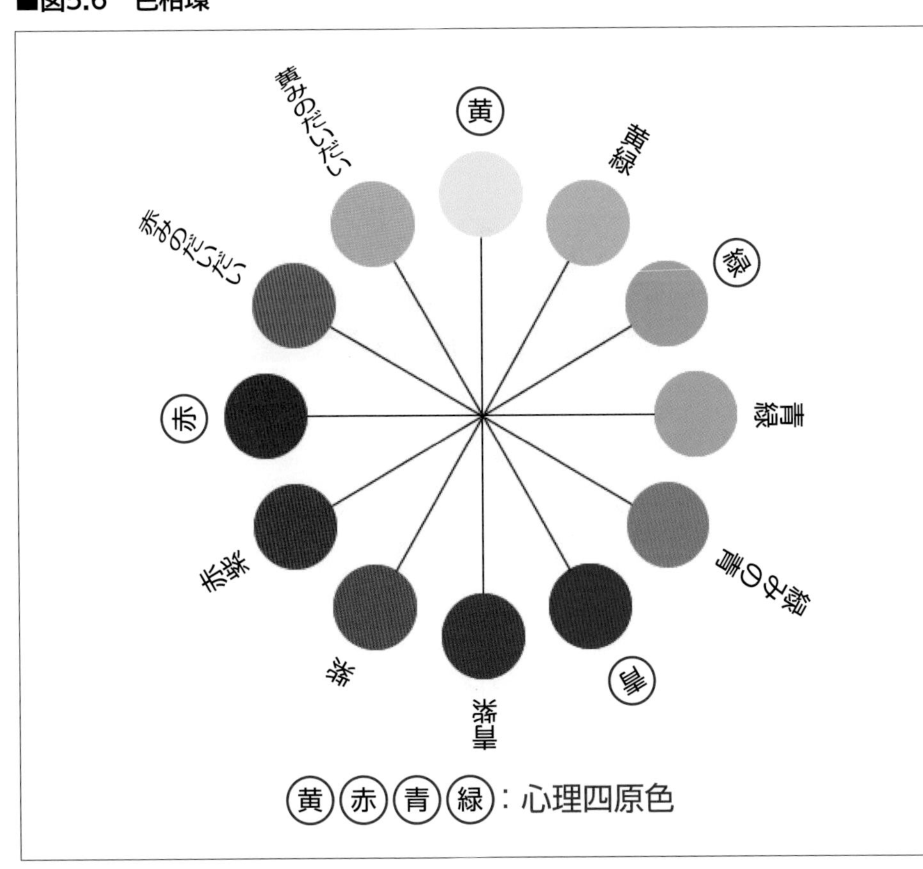

❸彩度

色みの強弱の度合いを**「彩度」**といいます。たとえば、同じ赤い色でも真っ赤に見える色もくすんだ赤に見える色もあります。真っ赤に見えるのは赤の色みが強く、くすんだ赤に見えるのは赤の色みが弱いためです。

彩度も、色が与える印象を左右します。それを利用して、意図したイメージを与えるような演出をすることもできます。

図5.7は、赤を例にして示した高い彩度と低い彩度です。右端の最も彩度が高い色が純色です。左側に行くに従って、彩度は下がっています。彩度をさらに下げた場合、最も彩度が低い色はグレーになります。

■図5.7　彩度

❹明度

無彩色にも有彩色にも、明るい色や暗い色があります。このような色の明るさの度合いを**「明度」**といいます。

図5.8は純色を中央に置いて、右側は明度を上げ、左側は明度を下げています。さらに明度を上げていくと、最後は白になります。逆に、さらに明度を下げていくと、最後は黒になります。最も明度が高い色は白であり、最も明度が低い色は黒ということです。

明度も、色が与える印象をかなり左右します。それをうまく利用すれば、意図したイメージを伝えることができます。

■図5.8　明度

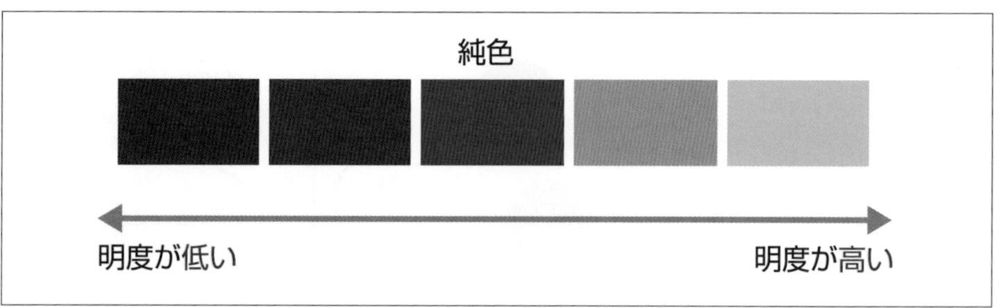

❺トーン

有彩色は、色相によって24のグループに分けられますが、各グループの中にはさえた色や鈍い感じの色、明るい色、暗い色など、さまざまな調子の色が含まれます。さえた、鈍い、明るい、暗いなどと表現されるこのような色の調子のことを**「トーン」**と呼びます。それぞれの色は、彩度や明度の度合いによってトーンが変わります。トーンを意識することで、色相に関係のない共通の印象（穏やかな、落ち着いた、陽気な、陰気ななど）を持った色として扱うことができるようになります。

3 色づかいを演出する

色を見たとき、その色や色の組み合わせによって、派手、地味、暖かそう、寒そうなど、さまざまな感じ方があり、プレゼン資料から受けるイメージも色によって大きく変わります。
配色を考えるとき、どの色がどのような感情を抱かせるかを知ることは大事です。
色の使い方を工夫することで、いろいろな演出ができるのです。色の性質を知り、色づかいを演出するようにしましょう。

❶暖色と寒色

赤や黄を見ると、**「暖かい」**という感じがします。これらの色を**「暖色」**といい、まとめて**「暖色系」**と呼びます。色相環で示すと、図5.9の左上にある円弧で示した色になります。破線で示した色まで含めることもあります。
一方、青や青緑を見ると、**「冷たい」**と感じます。それらの色は**「寒色」**で、まとめて**「寒色系」**と呼びます。色相環で示すと、図5.9の右下にある円弧で示した色になります。破線で示した色まで含めることもあります。
暖色系と寒色系の中間にあって、暖かいとも冷たいとも感じない色を**「中性色」**と呼びます。

■図5.9　暖色と寒色

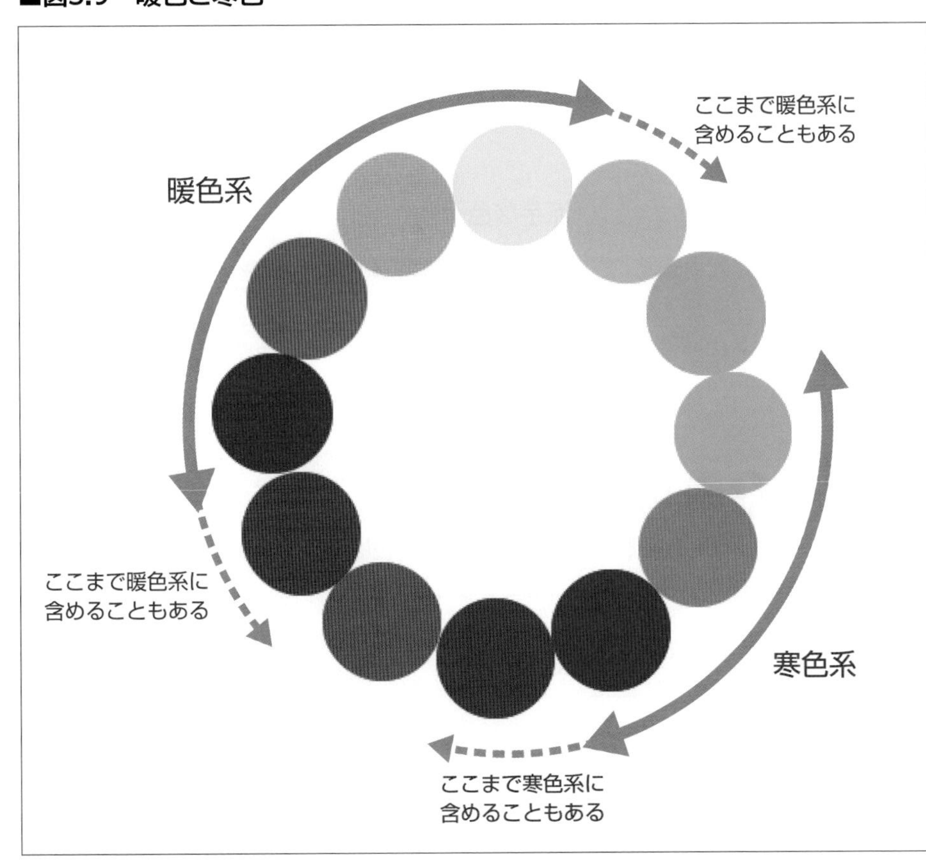

❷興奮色と沈静色

暖色系の中で、特に彩度が高い色は**「興奮色」**でもあります。赤やだいだいに囲まれると、呼吸や脈拍が高くなるといわれます。逆に、寒色系の色を見ると落ち着いた感じになります。これを**「沈静色」**といいます。

■図5.10　興奮色と沈静色

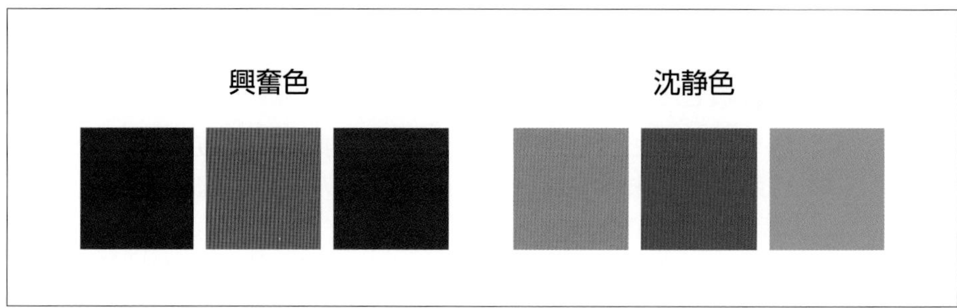

❸派手な色と地味な色

彩度が高い色は派手に見え、彩度が低い色は地味に見えます。元気な感じや楽しい感じを演出したいときは派手な色が使われ、落ち着いた感じにしたいときは地味な色が使われます。

■図5.11　派手な色と地味な色

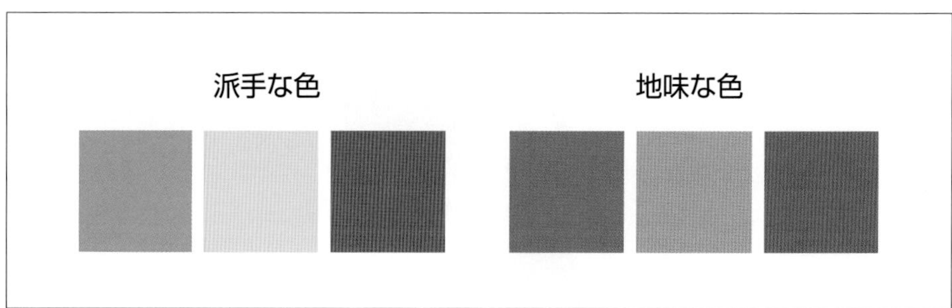

❹軽い色と重い色

白っぽい色は軽く感じられ、黒っぽい色は重く感じられます。明度が高い色は軽く見え、明度が低い色は重く見えるということです。

■図5.12　軽い色と重い色

4　基本図形の色を変更する

基本図形を描くと、テーマによって異なる何らかの色が付きます。その色をそのまま使うことは少なく、変更して使うのが一般的です。

図5.13は、テーマとして**「配当」**、テーマのバリエーションとしてグレー系の色を使っています。基本図形を挿入すると、図5.13のような色が付いた基本図形が描画されます。

■図5.13　基本図形を挿入した直後の色

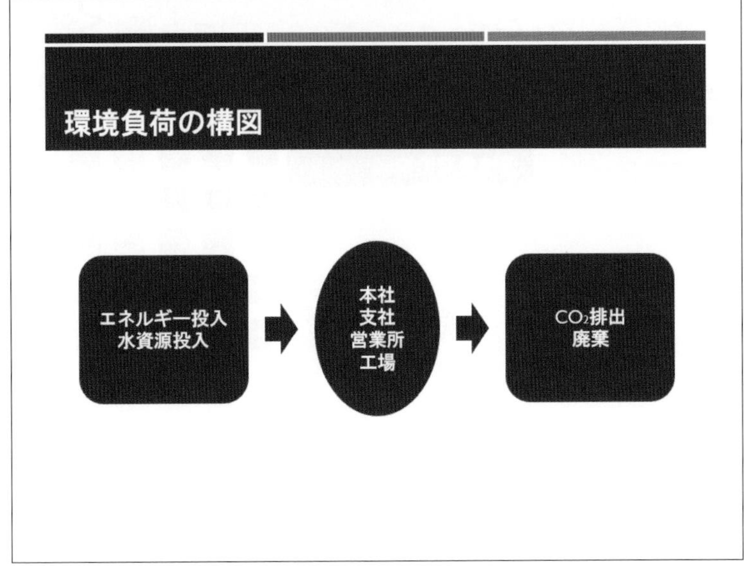

この色を変更する方法には、次の3通りがあります。

- クイックスタイルを使う。
- テーマの色を使う。
- カラーパレットを使う。

❶ クイックスタイルを使う方法

クイックスタイルを使う色付けは最も簡便な方法で、効率がよく、しかも高度に洗練された仕上がりが得られます。プレゼン資料では、最も推奨できる色の付け方になります。

Let's Try　クイックスタイルによる色の変更

クイックスタイルを使って、次のように基本図形の色を変更しましょう。

左側の基本図形の色	：パステル-オリーブ、アクセント5
中央の基本図形の色	：パステル-ゴールド、アクセント3
右側の基本図形の色	：パステル-オレンジ、アクセント2
矢印の色	：パステル-ブルーグレー、アクセント4

フォルダー「第5章」のファイル「環境負荷の構図1」を開いておきましょう。

①左側の基本図形を選択します。

②《ホーム》タブを選択します。

③《図形描画》グループの（図形クイックスタイル）をクリックします。

④《テーマスタイル》の《パステル-オリーブ、アクセント5》をクリックします。

※一覧をポイントすると、設定後のイメージを画面で確認できます。

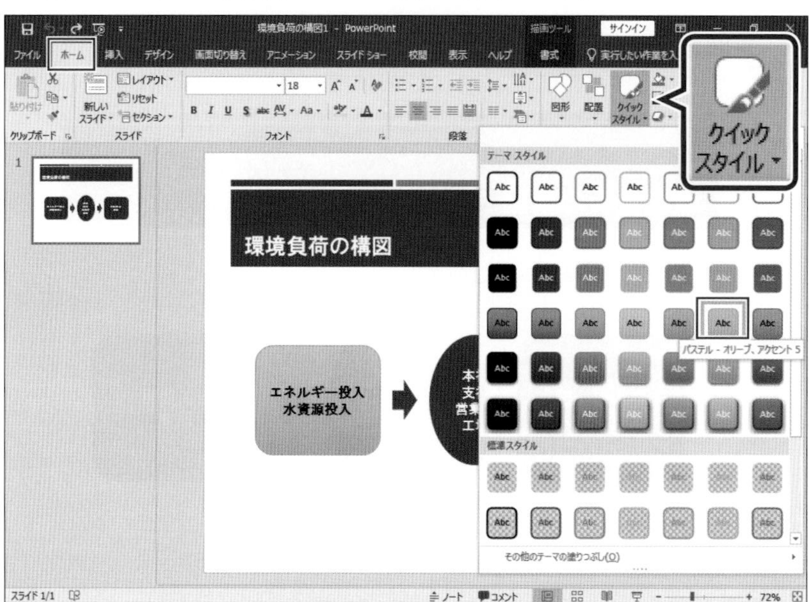

⑤同様に、その他の基本図形の色を変更します。

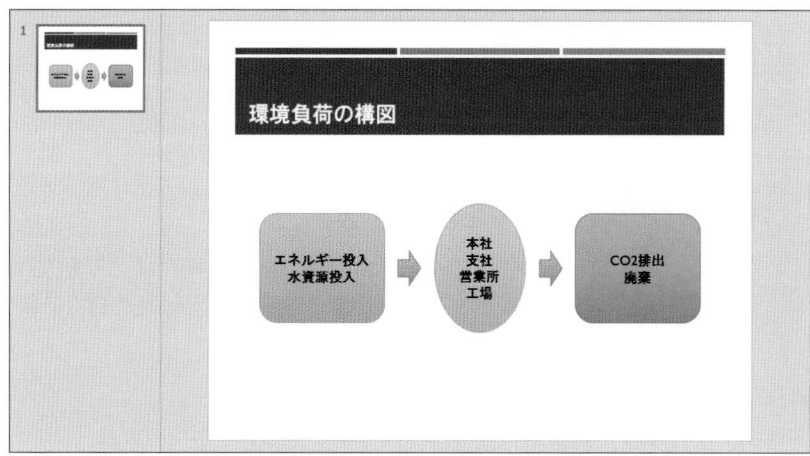

※プレゼンテーションを保存せずに、閉じておきましょう。

操作のポイント

その他の方法（クイックスタイルの設定）

◆基本図形を選択→《書式》タブ→《図形のスタイル》グループの（その他）

❷テーマの色を使う方法

テーマごとに配色が決まっている**「テーマの色」**を使った色付けも簡便な方法であり、プレゼン資料ではよく使われています。テーマの色は、使い慣れないとわかりにくい面があります。

Let's Try テーマの色による色の変更

テーマの色を使って、次のように基本図形の色を変更しましょう。

左側の基本図形	塗りつぶしの色	：オリーブ、アクセント5、白+基本色40%
	枠線の色	：オリーブ、アクセント5、黒+基本色25%
中央の基本図形	塗りつぶしの色	：ゴールド、アクセント3、白+基本色40%
	枠線の色	：ゴールド、アクセント3、黒+基本色25%
右側の基本図形	塗りつぶしの色	：オレンジ、アクセント2、白+基本色40%
	枠線の色	：オレンジ、アクセント2、黒+基本色25%
矢印	塗りつぶしの色	：白、背景1、黒+基本色35%
	枠線	：なし

フォルダー「第5章」のファイル「環境負荷の構図2」を開いておきましょう。

①左側の基本図形を選択します。

②《書式》タブを選択します。

③《図形のスタイル》グループの 図形の塗りつぶし ▾ （図形の塗りつぶし）をクリックします。

④《テーマの色》の《オリーブ、アクセント5、白+基本色40%》をクリックします。

※一覧をポイントすると、設定後のイメージを画面で確認できます。

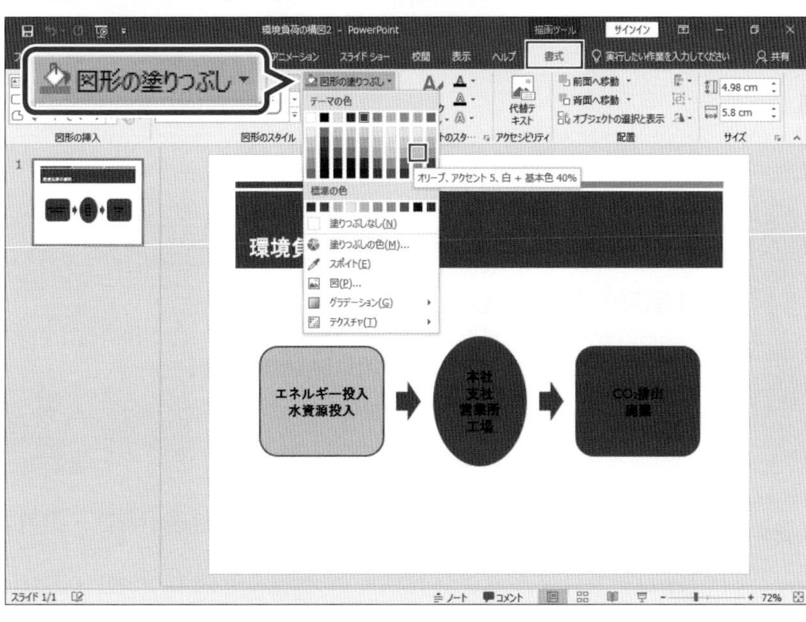

⑤《図形のスタイル》グループの 図形の枠線 （図形の枠線）をクリックします。

⑥《テーマの色》の《オリーブ、アクセント5、黒+基本色25%》をクリックします。

※一覧をポイントすると、設定後のイメージを画面で確認できます。

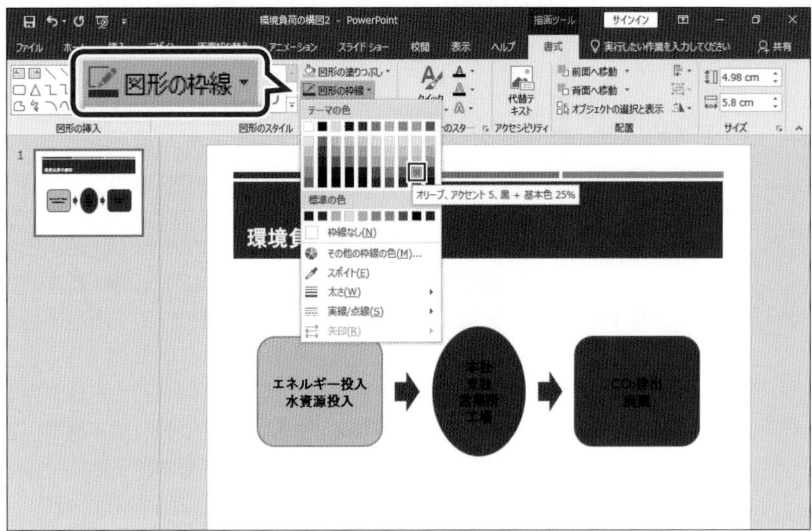

⑦同様に、その他の基本図形の色を変更します。

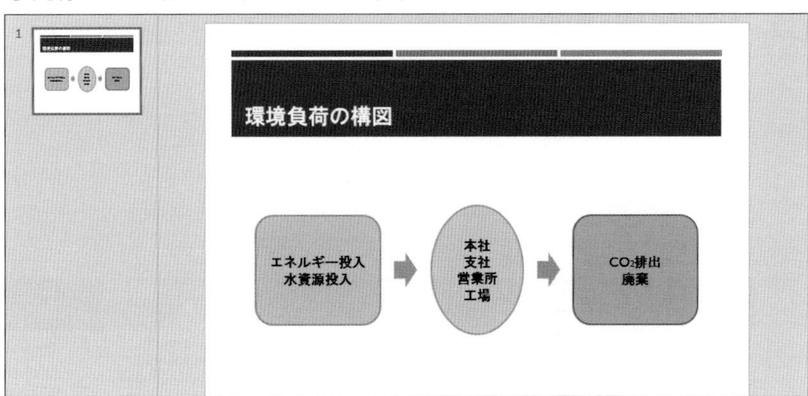

※プレゼンテーションを保存せずに、閉じておきましょう。

操作のポイント

基本図形の塗りつぶし

基本図形の塗りつぶしの操作によって、基本図形は選択した色に塗りつぶされます。色が変わるのは塗りつぶし部分だけであり、枠線の色は別に指定します。

基本図形の枠線の非表示

基本図形の枠線を非表示にする方法は次のとおりです。

2019

◆《書式》タブ→《図形のスタイル》グループの 図形の枠線 （図形の枠線）→《枠線なし》をクリック

2016

◆《書式》タブ→《図形のスタイル》グループの 図形の枠線 （図形の枠線）→《線なし》をクリック

※お使いの環境によっては、「線なし」が「枠線なし」と表示される場合があります。

グレーの活用

ここでの操作は、矢印をグレーにしています。このように、あまり強調する必要がない基本図形に対しては特定の色の性格を持たないグレーのような色（無彩色）が適しています。この2つの矢印にそれぞれ異なる有彩色を設定すると、全体が賑やかな感じになって訴求ポイントの弱い図解になってしまいます。

❸ カラーパレットを使う方法

色の変更は、常にクイックスタイルやテーマの色で行うということではないので、任意の色に設定できる操作方法も理解しておく必要があります。任意の色の設定は、**《色の設定》**ダイアログボックスのカラーパレットを使って行います。

Let's Try カラーパレットによる色の変更

《色の設定》ダイアログボックスのカラーパレットを使って、次のように基本図形の色を変更しましょう。

左側の基本図形	塗りつぶしの色	：緑系の任意の色
	枠線	：なし
中央の基本図形	塗りつぶしの色	：だいだい系の任意の色
	枠線	：なし
右側の基本図形	塗りつぶしの色	：赤系の任意の色
	枠線	：なし
矢印	塗りつぶしの色	：グレー系の任意の色
	枠線	：なし

フォルダー「第5章」のファイル「環境負荷の構図3」を開いておきましょう。

①左側の基本図形を選択します。

②**《書式》**タブを選択します。

③**《図形のスタイル》**グループの 図形の塗りつぶし▾ （図形の塗りつぶし）をクリックします。

④ 2019

《塗りつぶしの色》をクリックします。

2016

《その他の色》をクリックします。

※お使いの環境によっては、「その他の色」が「塗りつぶしの色」と表示される場合があります。

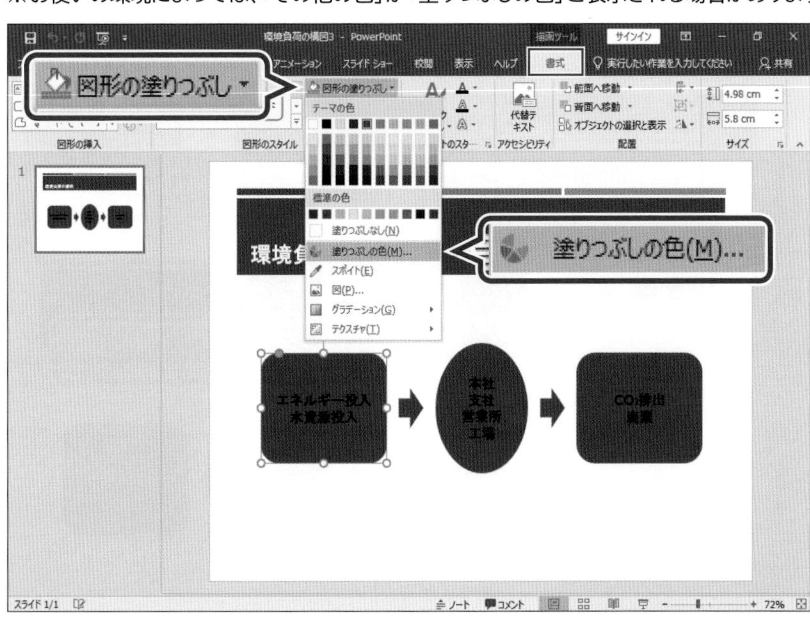

《色の設定》ダイアログボックスが表示されます。

⑤《標準》タブを選択します。

カラーパレットが表示されます。

⑥緑系の任意の色をクリックします。

※緑系の色であれば、どれでもかまいません。

⑦《OK》をクリックします。

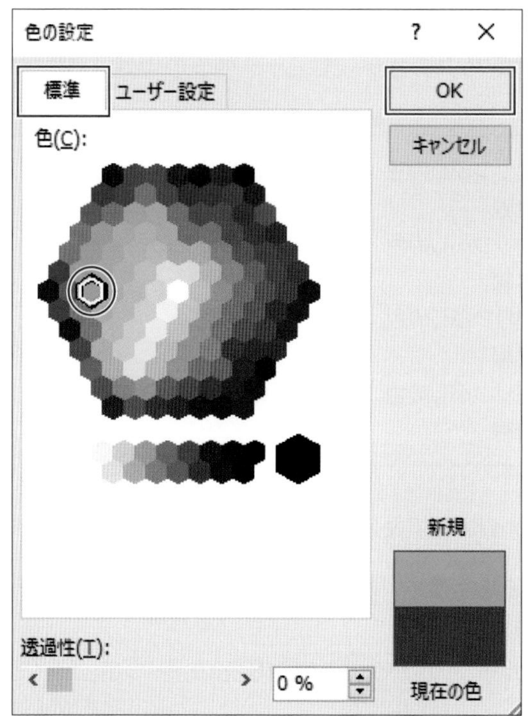

⑧《図形のスタイル》グループの 図形の枠線 (図形の枠線) をクリックします。

⑨ 2019

《枠線なし》をクリックします。

2016

《線なし》をクリックします。

※お使いの環境によっては、「線なし」が「枠線なし」と表示される場合があります。

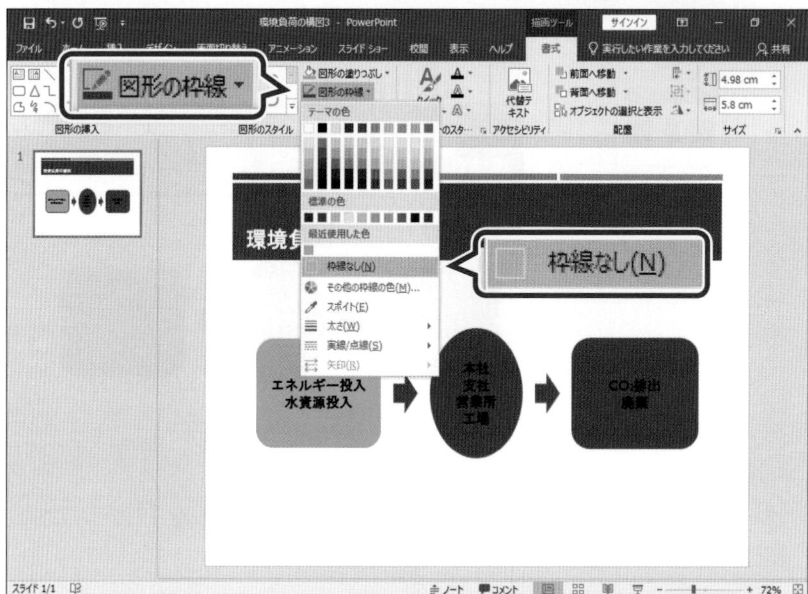

⑩同様に、その他の基本図形の色を変更します。

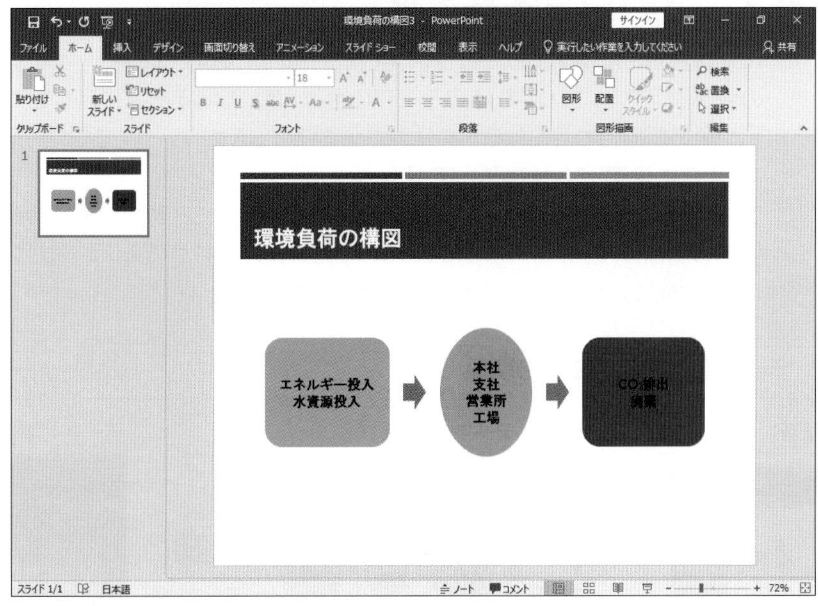

※プレゼンテーションを保存せずに、閉じておきましょう。

❹ カラーパレットの色の配置

カラーパレットの色の配置がどうなっているのかを理解していると、効率よく適切な色を選択することができます。カラーパレットは、色相環と似た配置になっています。

図5.14の線で示した箇所にある色は、純色または純色に近い色が使われています。純色またはそれに近い色を選択したいときは、この線上の色が目安になります。この線の内側に向かって明度が上がっていきます。また、外側に向かって明度が下がっていきます。

■図5.14　カラーパレットと色相環

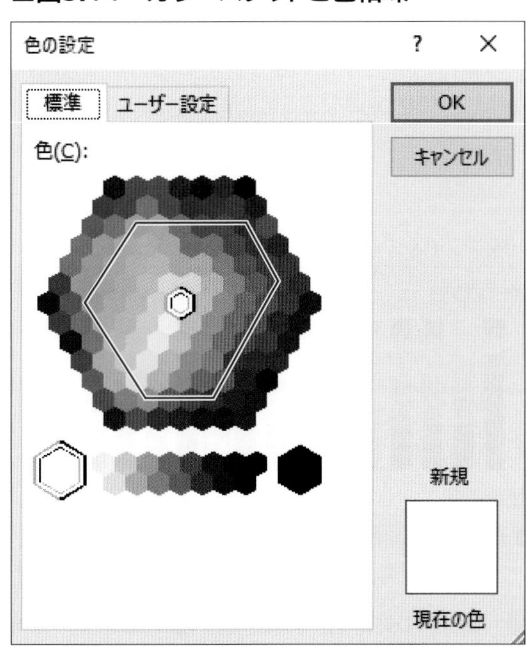

5 テーマの色を変更する

PowerPointは、最初にテーマを設定して使うのが普通です。各テーマには、固有のテーマの色が設定されています。このテーマの色は、基になるテーマに合わせて変更され、全く別の色の組み合わせになるため注意が必要です。ほかのテーマで作成したスライドを流用するときも注意しなければなりません。

テーマはそのままにしておいて、配色だけを変更することもできます。テーマ変更と配色変更の関係は、図5.15のようになります。色の組み合わせに特に問題がない場合は、スライドの作成に入った段階でテーマの変更と配色の変更は行わないほうがよいでしょう。

■図5.15　テーマ変更と配色変更の関係

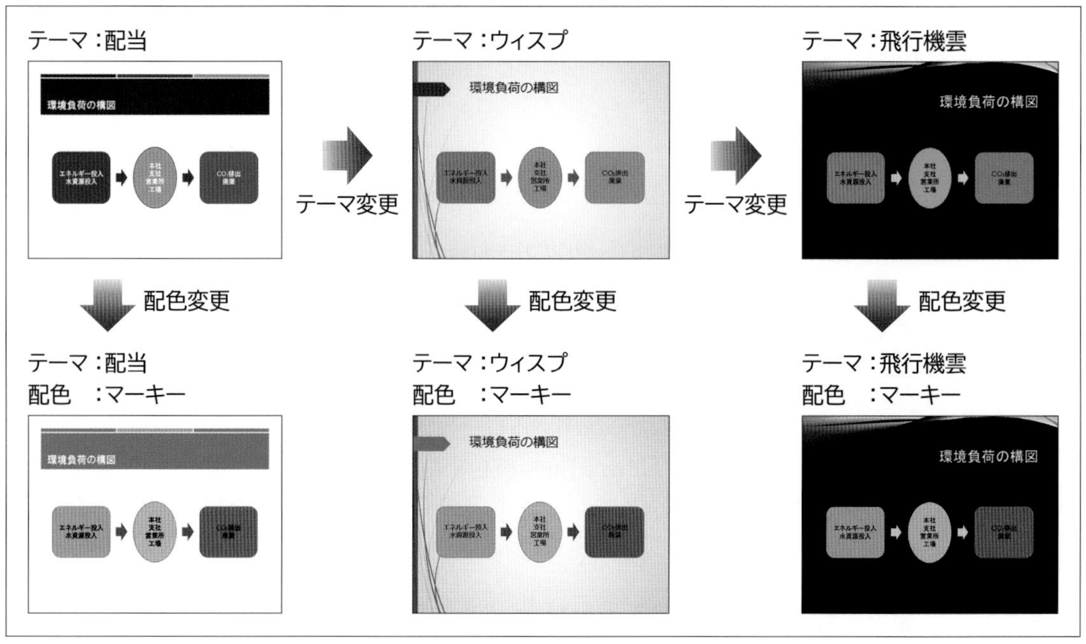

テーマの変更によって色の組み合わせがどのように変わるのかを示したのが、図5.16です。テーマによって、色の組み合わせが異なることがわかります。

■図5.16　テーマの色の変更

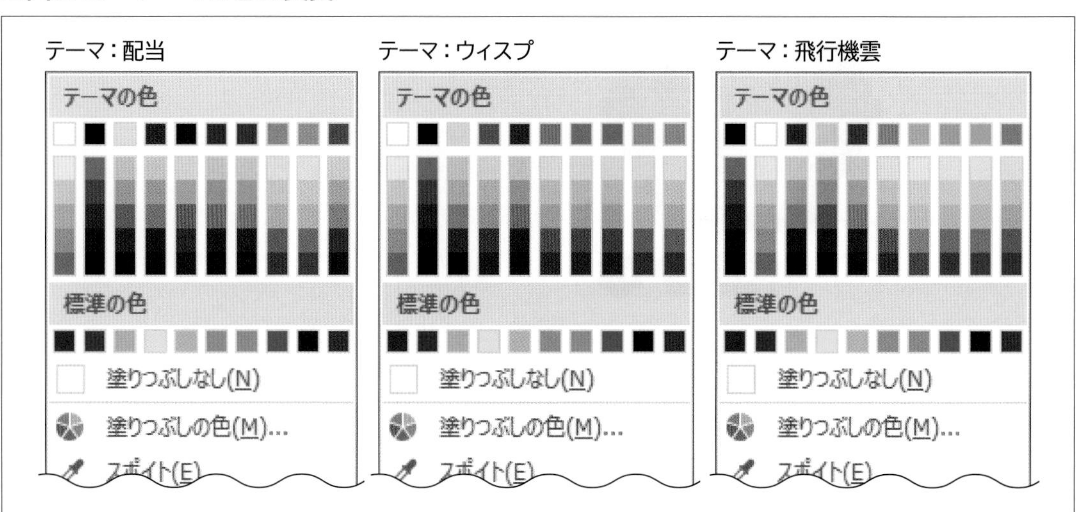

6 テーマの色の構成と標準の色を理解する

テーマはどんな配色になっていて、どういう意味を持っているのかを理解すると色の設定がしやすくなります。

それぞれのテーマには、基準となる色が10色用意されています。図5.17におけるAが、基準となるテーマの色です。その下部に、色ごとにAよりも明度が高い3色（B）と明度が低い2色（C）が配置されています。左の2列（白・黒とそのバリエーション）はすべてのテーマで共通です。残りの8色とそのバリエーションは、テーマによって変わります。

■図5.17　テーマの色の構成

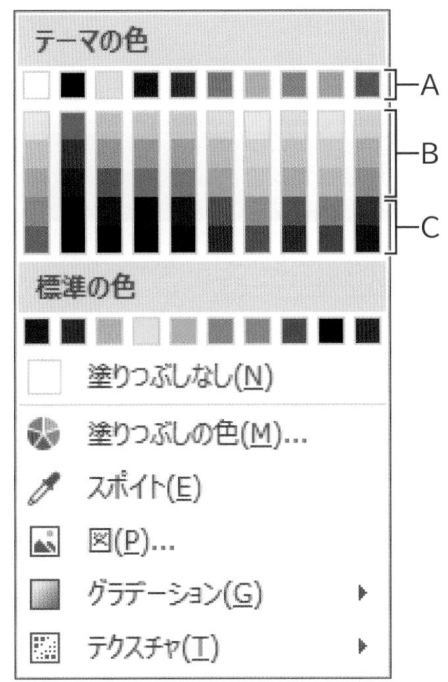

テーマの変更に影響を受けない色を使いたい場合は、図5.17に示す**《標準の色》**を使います。この**《標準の色》**を使っていれば、テーマを変えても色は変わりません。ただし、**《標準の色》**は10色しかないので、もっといろいろな色を使いたいときは、**《塗りつぶしの色》**から選びます。**《塗りつぶしの色》**をクリックして、カラーパレットを表示させて色を設定します。

このような方法で色の設定を行えば、テーマの変更や配色の変更によって色が変わるという問題は回避できます。

※お使いの環境によっては、「塗りつぶしの色」が「その他の色」と表示される場合があります。

7　クイックスタイルを使った色づかいのコツ

クイックスタイルを使った色づかいのコツについて説明します。

❶横方向でトーンの統一

図5.18のように、クイックスタイルを横方向に選択すれば、トーンを一定にできます。色を付ける対象の図形要素が多い場合は、クイックスタイルから選ぶ色の範囲を拡大すると対処しやすくなります。ただし、むやみに拡大するのではなく、範囲を絞るなど何らかの制約を考えるとよいでしょう。

■図5.18　トーンを一定にした配色

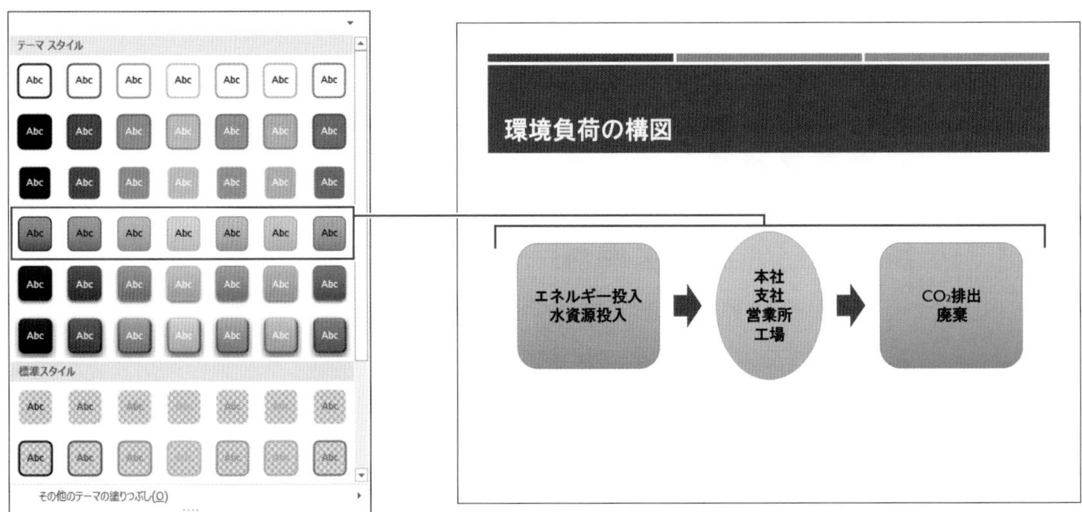

❷縦方向で色相の統一

図5.19のように、クイックスタイルを縦方向に選択すれば、色相を統一できます。ただし、単調な印象を与えることもあるので、図形要素が少なく落ち着いた感じにしたいようなときに限って利用するのがよいでしょう。

■図5.19　同一の色相による色の統一

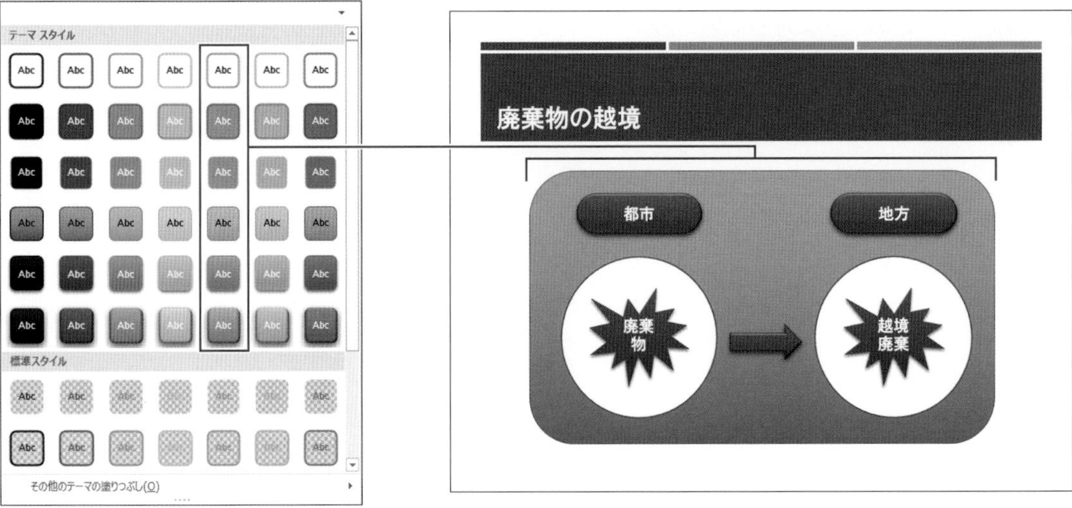

8 テーマの色を使った色づかいのコツ

テーマの色を使った色づかいのコツについて説明します。

❶横方向でトーンの統一

テーマの色を横方向に選択した場合は、トーンが一定になるので、図5.20のように落ち着いた感じの整った配色が得られます。これが、テーマを使った色の代表的な設定パターンになります。
色を付ける対象の図形要素が多い場合は、横方向に2行または3行使って、選ぶ色の範囲を拡大することもできます。

■図5.20　トーンを一定にした配色

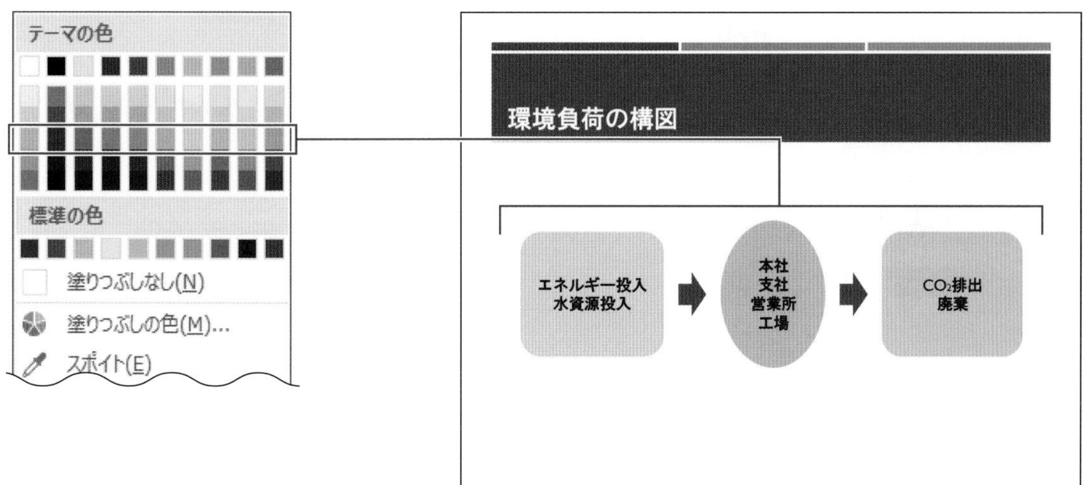

❷縦方向で色相の統一

テーマの色を縦方向に選択した場合も、図5.21のように同一の色相でまとめることになり落ち着いた配色になります。ただし、色の種類が限定されるので、図形要素が多いときや色の違いを明確に示さなければならないときは使わないほうがよいでしょう。

■図5.21　同一の色相による統一

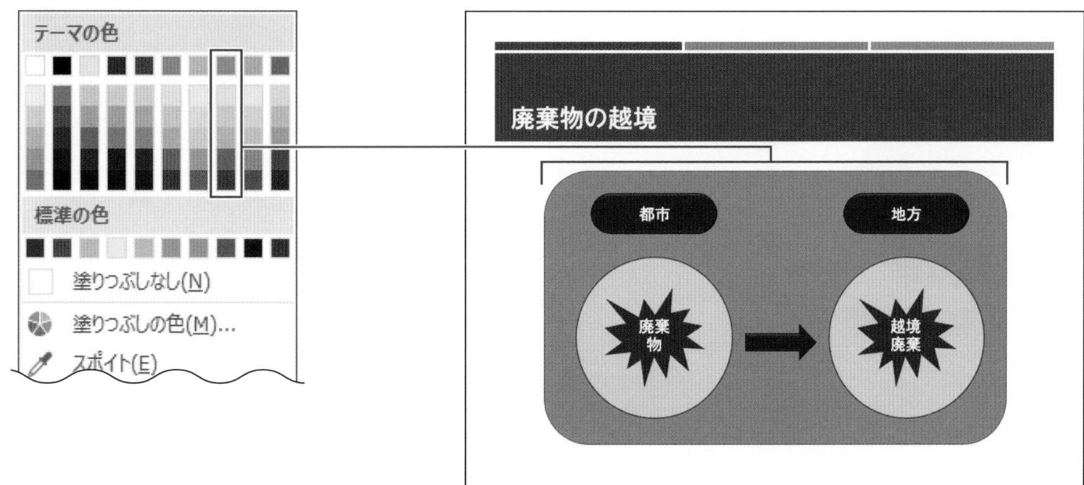

9 カラーパレットを使った色づかいのコツ

カラーパレットを使った色づかいのコツについて説明します。
カラーパレットは、色の全体を眺めながら作業を進められるという効果があります。

❶暖色系と寒色系

カラーパレットを使って暖色系または寒色系にしたいときは、図5.22の枠で囲んだ箇所にある色を選択します。

■図5.22　カラーパレットの暖色系と寒色系

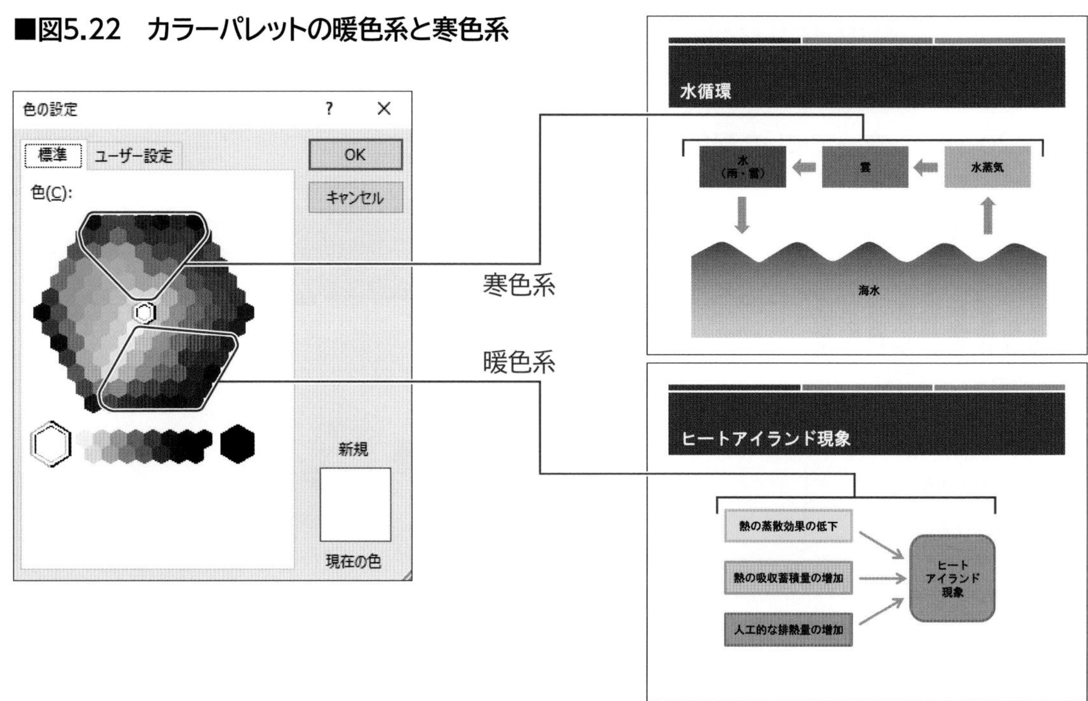

❷トーンの統一

カラーパレットを使ってトーンを一定にしたいときは、図5.23のようにほぼ同心円上の色を選択します。

■図5.23　カラーパレットによるトーンの統一

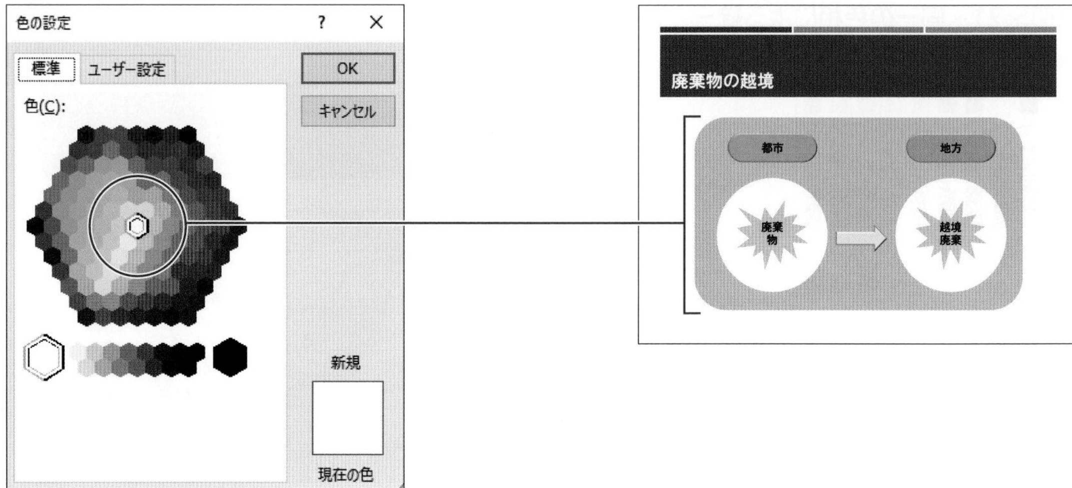

STEP 2

レイアウト・デザインの基本

スライドを見やすくして訴求力を高めることも必要です。ここでは、スライドを見やすくするためのいくつかのポイントを示します。

1 適切な情報量にする

1枚のスライドに多くの文字（多くの箇条書きや長い文章）と複雑な図解が入っているような場合は、情報量が多過ぎて読みにくくなります。1枚のスライドで複数の事柄を説明して複雑になっているときは、1つの事柄は1枚のスライドでを原則とする考え方で内容を見直しましょう。
箇条書きも行数が多過ぎると文字が小さくなって読みにくくなります。箇条書きの行数を2桁にすることは、できるだけ避けましょう。

2 適切な色を使用する

図5.24は、スライドの内容と色が合っていない例です。「夏」「環境」「ノーネクタイ」「冷房」などのキーワードから受ける印象は寒色系になります。
図5.25のような色づかいをすれば、スライドの内容と色が一致します。

■図5.24　スライドの内容と色が合っていない例

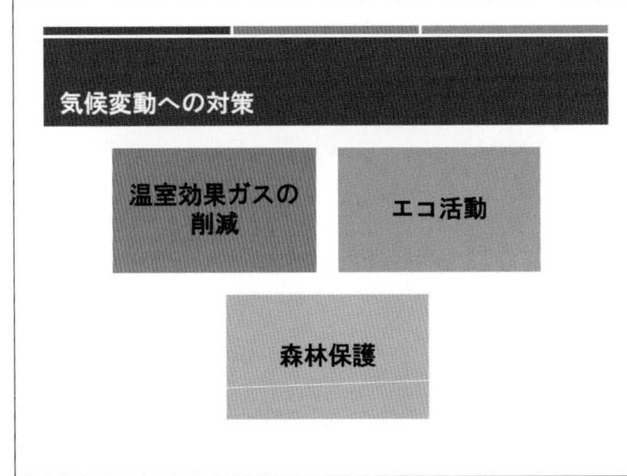

■図5.25　スライドの内容と色を合わせた例

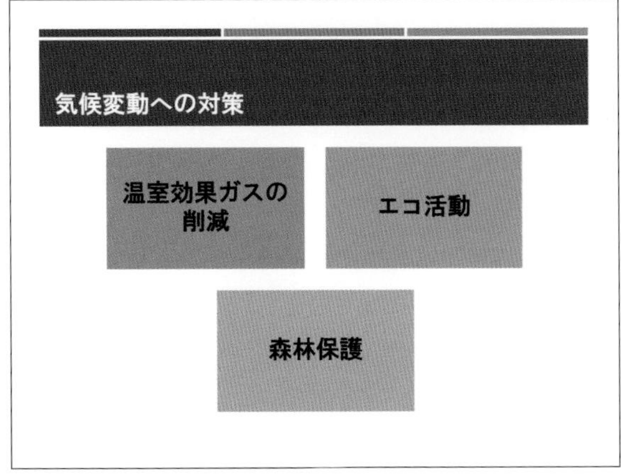

図5.26の色づかいには規則性が何も感じられません。規則性が感じられない色の使い方をしている図解を見て、聞き手はどのように感じるでしょうか。
図5.27のようにすれば、流れが自然と頭の中に入ってきます。

■図5.26　規則性が感じられない色づかいの例

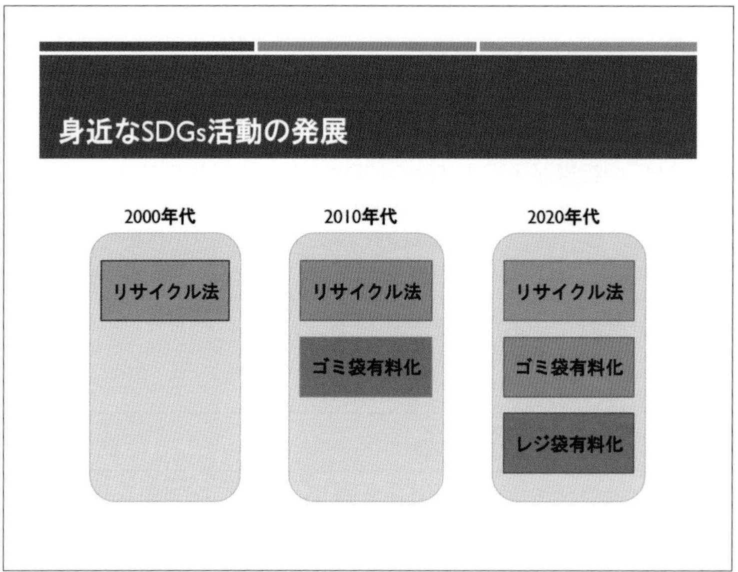

■図5.27　規則性が感じられる色づかいの例

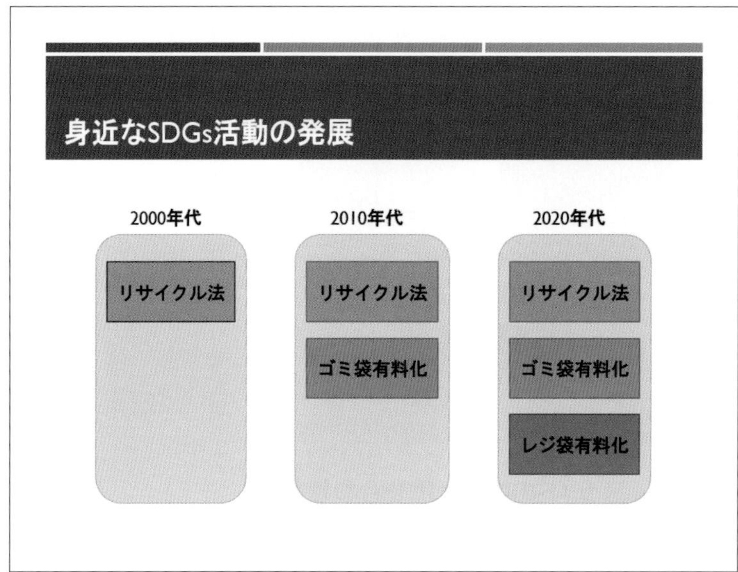

3　基準位置や大きさをそろえる

スライド上で文字や基本図形を並べるときは、何を基準にしてどんな並べ方をするのかをはっきり意識して行うことが大事です。基本図形も大きさや形がそろっていないと、雑な印象を与えます。

図5.28は、基本図形をそろえる基準の位置がはっきりしていないため、基本図形の大きさや回転角度も不ぞろいになっている例です。図5.29は複数の基本図形が整然とそろっています。このように、基本図形の基準の位置、大きさ、回転角度をそろえると見やすくなり好ましい印象を与えます。

■図5.28　基準の位置が不明確な例

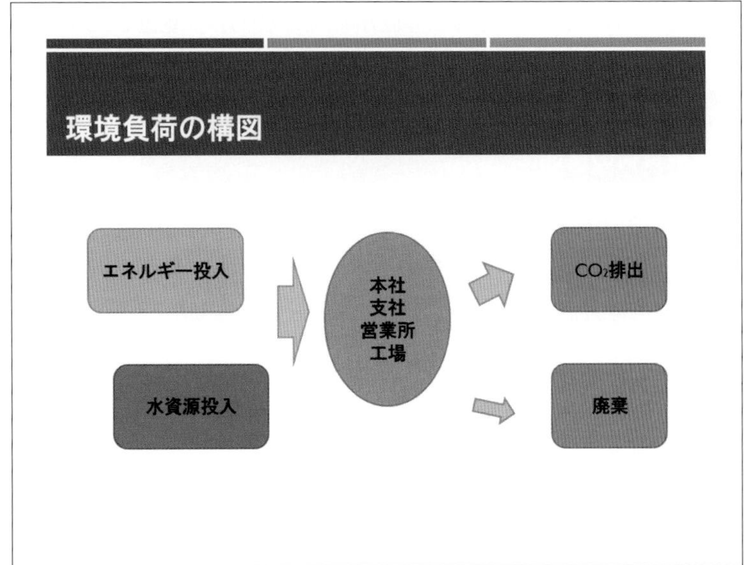

■図5.29　基準の位置が明確な例

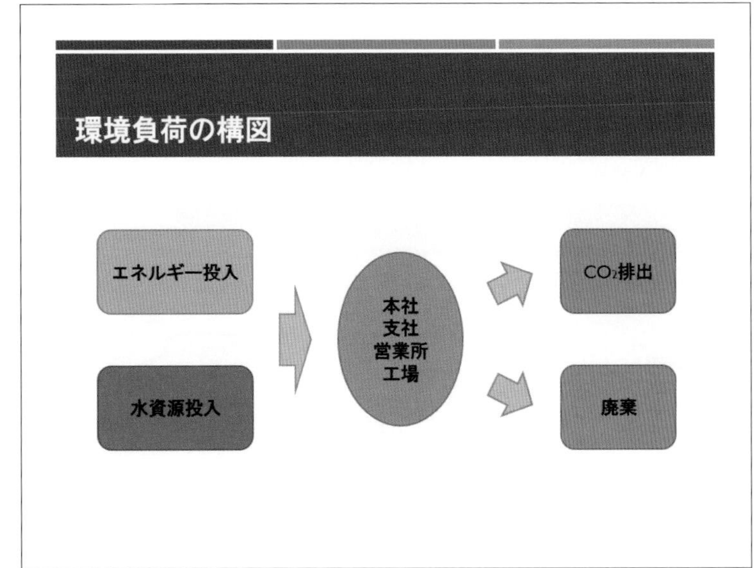

Let's Try 矢印の大きさと回転角度をそろえる

2つの矢印の大きさと回転角度をそろえましょう。ここでは、一方の矢印を削除し、一方の矢印をコピーして反転させます。

フォルダー「第5章」のファイル「環境負荷の構図4」を開いておきましょう。

①右下の矢印を選択します。

②Delete を押します。

右下の矢印が削除されます。

③右上の矢印を選択します。

④図のように、Ctrl と Shift を同時に押しながら、下方向にドラッグします。

※ Ctrl を押しながらドラッグすると、基本図形をコピーできます。

※ Shift を押しながらドラッグすると、垂直方向または水平方向に配置できます。

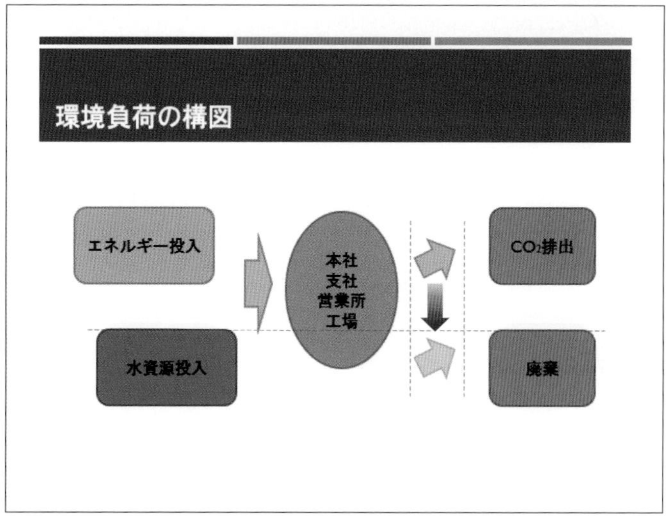

矢印がコピーされます。

⑤右下の矢印が選択されていることを確認します。

⑥《書式》タブを選択します。

⑦《配置》グループの（オブジェクトの回転）をクリックします。

⑧《上下反転》をクリックします。

※一覧をポイントすると、設定後のイメージを画面で確認できます。

矢印が反転されます。

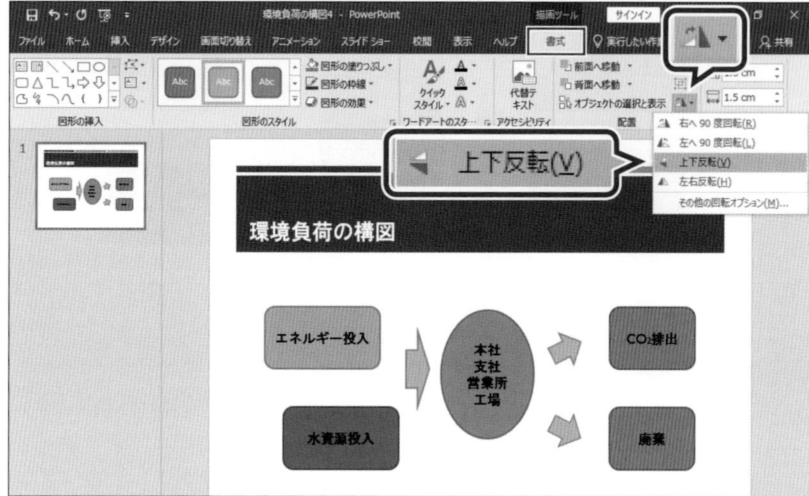

Let's Try 基本図形の配置をそろえる

基本図形の配置を整えましょう。ここでは、左側の2つの角丸四角形の位置をそろえます。

①左上の角丸四角形を選択します。
②[Ctrl]を押しながら、左下の角丸四角形を選択します。
※[Ctrl]を押しながら2つ目以降の基本図形を選択すると、複数の基本図形を選択できます。
③《書式》タブを選択します。
④《配置》グループの[オブジェクトの配置]（オブジェクトの配置）をクリックします。
⑤《左揃え》をクリックします。

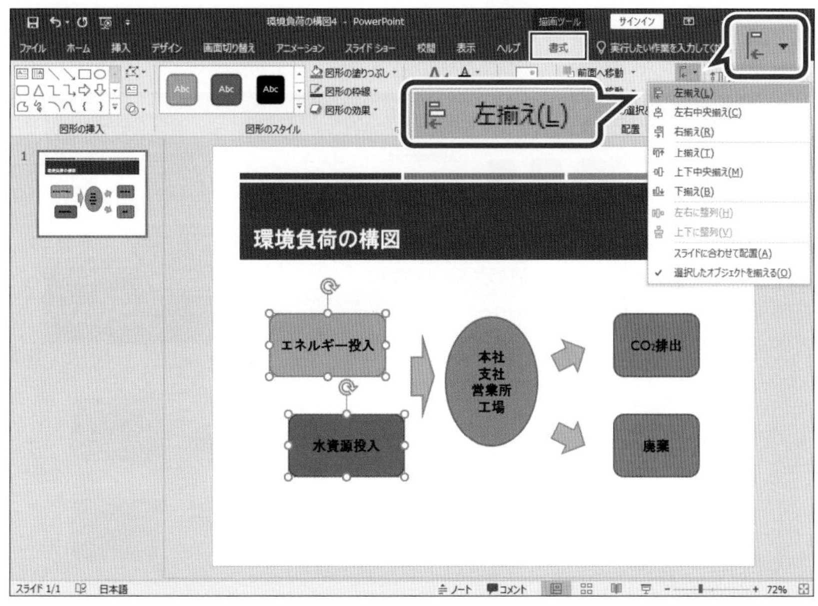

2つの角丸四角形が左ぞろえされます。

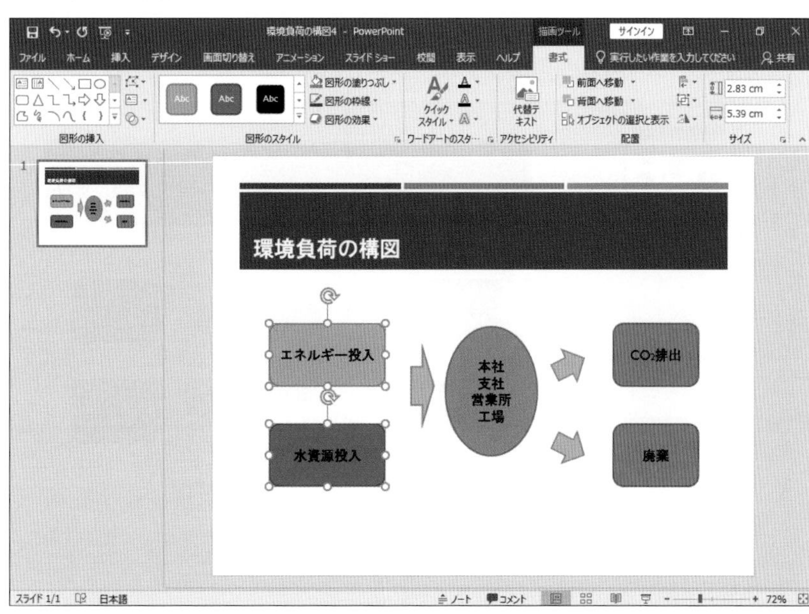

Let's Try 基本図形のグループ化

複数の図形をグループ化すると、1つの図形として扱うことができるようになります。バランスよく基本図形を配置するために、まとまりごとに基本図形をグループ化しましょう。ここでは、左側の2つの角丸四角形、右側の2つの矢印、右側の2つの角丸四角形をそれぞれグループ化します。

①左上の角丸四角形を選択します。
② Ctrl を押しながら、左下の角丸四角形を選択します。
③《書式》タブを選択します。
④《配置》グループの（オブジェクトのグループ化）をクリックします。
⑤《グループ化》をクリックします。

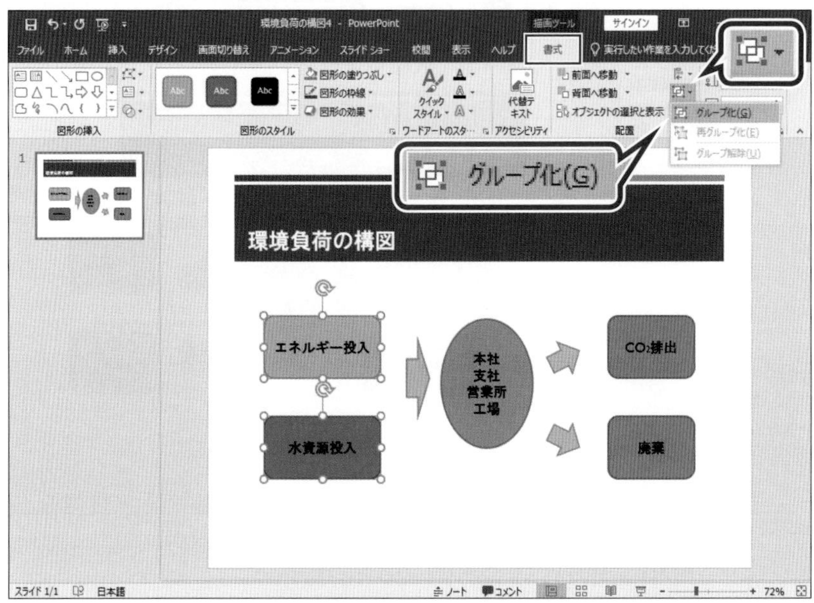

左側の2つの角丸四角形がグループ化されます。

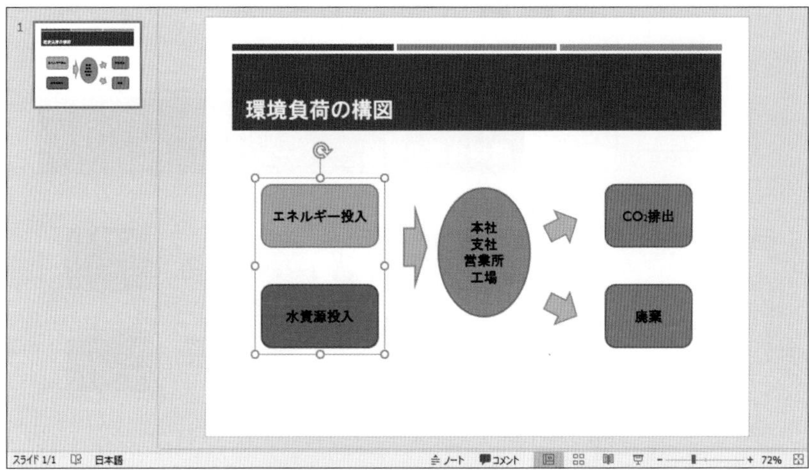

⑥同様に、右側の2つの矢印をグループ化します。
⑦同様に、右側の2つの角丸四角形をグループ化します。

Let's Try 基本図形の配置の調整

基本図形の配置を整えましょう。ここでは、グループ化した基本図形も含め、すべての基本図形の位置をそろえます。

①左側の角丸四角形を選択します。
② Ctrl を押しながら、そのほかの基本図形を選択します。
③《書式》タブを選択します。
④《配置》グループの（オブジェクトの配置）をクリックします。
⑤《上下中央揃え》をクリックします。

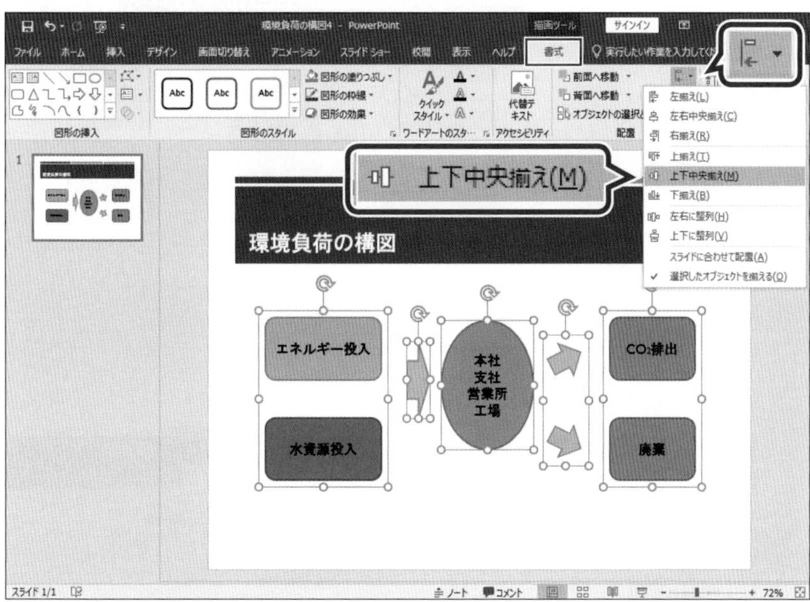

すべての基本図形が上下中央でそろえられます。

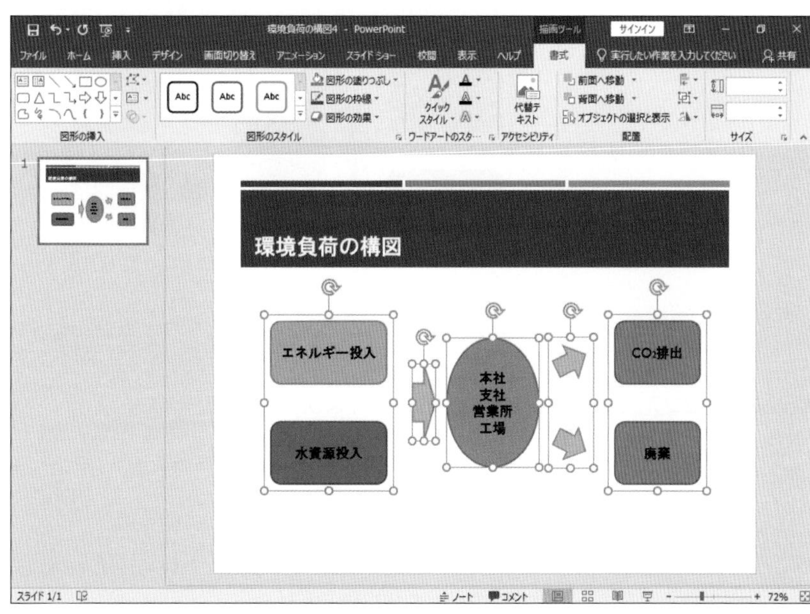

⑥すべての基本図形が選択されていることを確認します。
⑦**《配置》**グループの（オブジェクトの配置）をクリックします。
⑧**《左右に整列》**をクリックします。

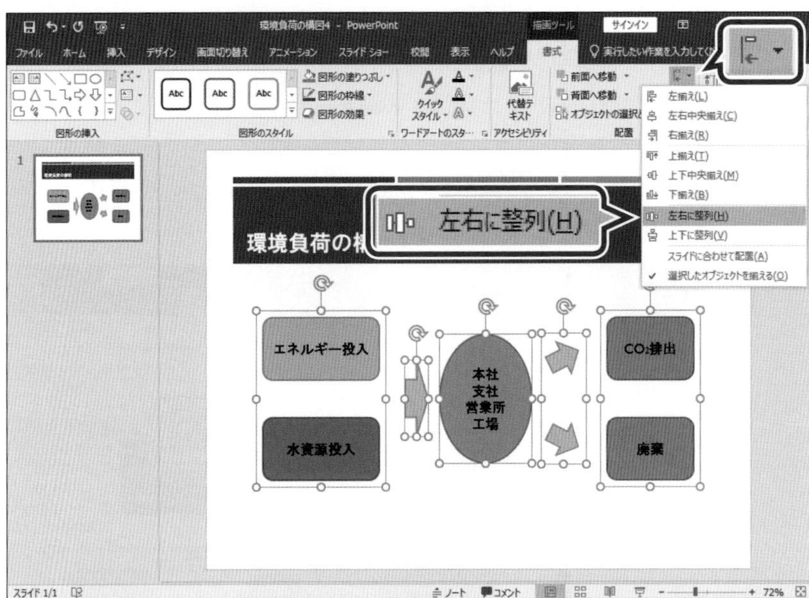

選択した基本図形の左右方向の間隔が等しくなります。

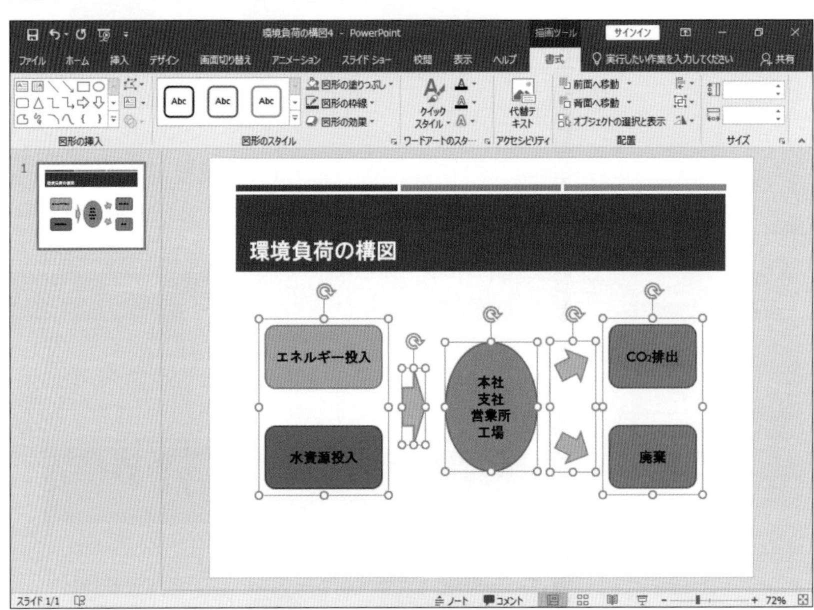

※プレゼンテーションを保存せずに、閉じておきましょう。

4　図形や矢印には性質がある

❶ 図形の性質

図形は、それぞれの形によって与える印象が異なります。その違いを考慮して図形を使うと、より的確な表現ができるようになります。逆に、スライドの内容に合わないかけ離れた性質の図形を使うと、違和感を与えたり混乱させたりするので注意が必要です。
図形は、図5.30に示すような性質を持っているので、適切な使い方をしましょう。

■図5.30　図形の性質

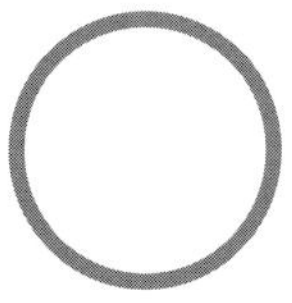

- 単純明快で、求心力が感じられ、優しいイメージがある。

- 単純明快で、安定感があり、力強いイメージがある。

- 単純な形で安定感があり、スペースファクター*もよいので、図形要素として多用される。

- 長方形と同じイメージだが、より端正な印象を与える。

- 長方形の持つ性質を受け継いでいるが、柔らかさが出て親しみが感じられる。

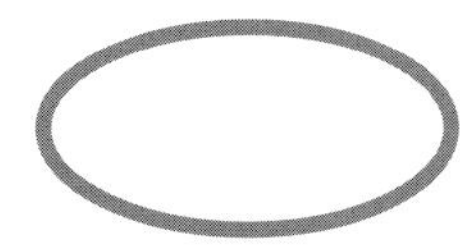

- 円よりも親しみが感じられ、安定感もある。動きも感じられる。

* 単位面積当たりの情報量を示す言葉です。単位面積当たりの情報量（文字数）が多い場合、スペースファクターがよいといいます。

図5.31は、左右の三角形を矢印で結んだ図解ですが、三角形を使っているため、見る人にその形に何か特別な意味があるような印象を与えます。また、全体に鋭角が多いため、何となく落ち着かない感じになっています。
三角形を使う理由が特にないときは、図5.32のように、円や四角形のような特別な印象を与えない図形を使ったほうが自然です。

■図5.31　落ち着かない印象を与える図形

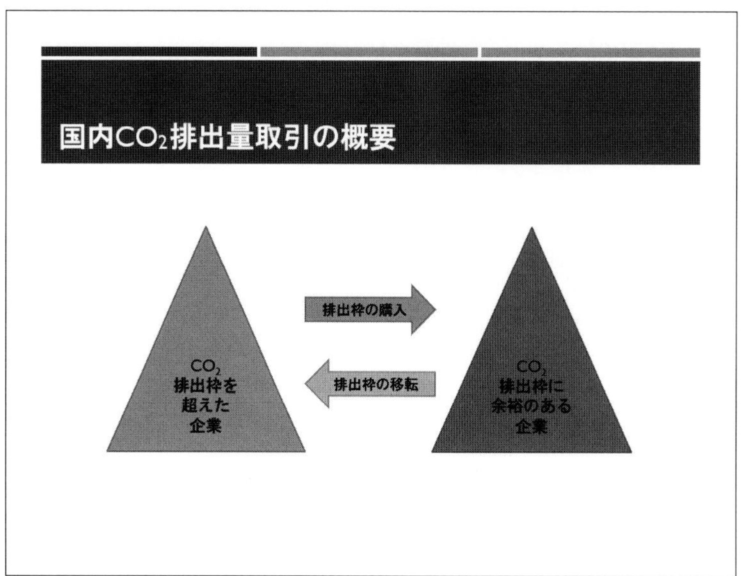

■図5.32　落ち着いた印象を与える図形

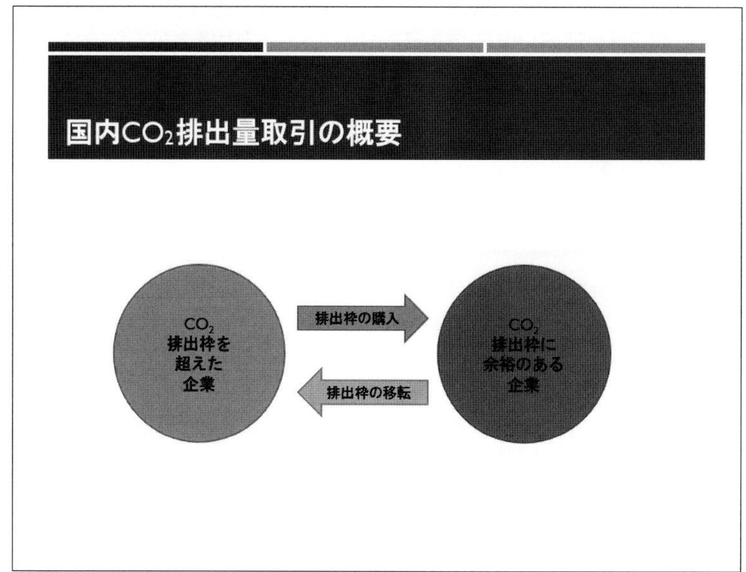

❷ 矢印の形と意味

矢印は図形同士をつないで、変化や時間の経緯、因果関係、相互関係、対立、回転、移動、分岐、集約など、さまざまな意味を持たせることができる記号です。
矢印は簡潔に表現できて、直感的に意味が伝わる便利な記号なので、図解で多用されます。矢印の使い方は比較的自由ですが、図5.33に示すように使い方がある程度定着した矢印もあるので、できるだけ自然な感じの矢印を使うように心掛けましょう。

■図5.33　矢印の形と意味

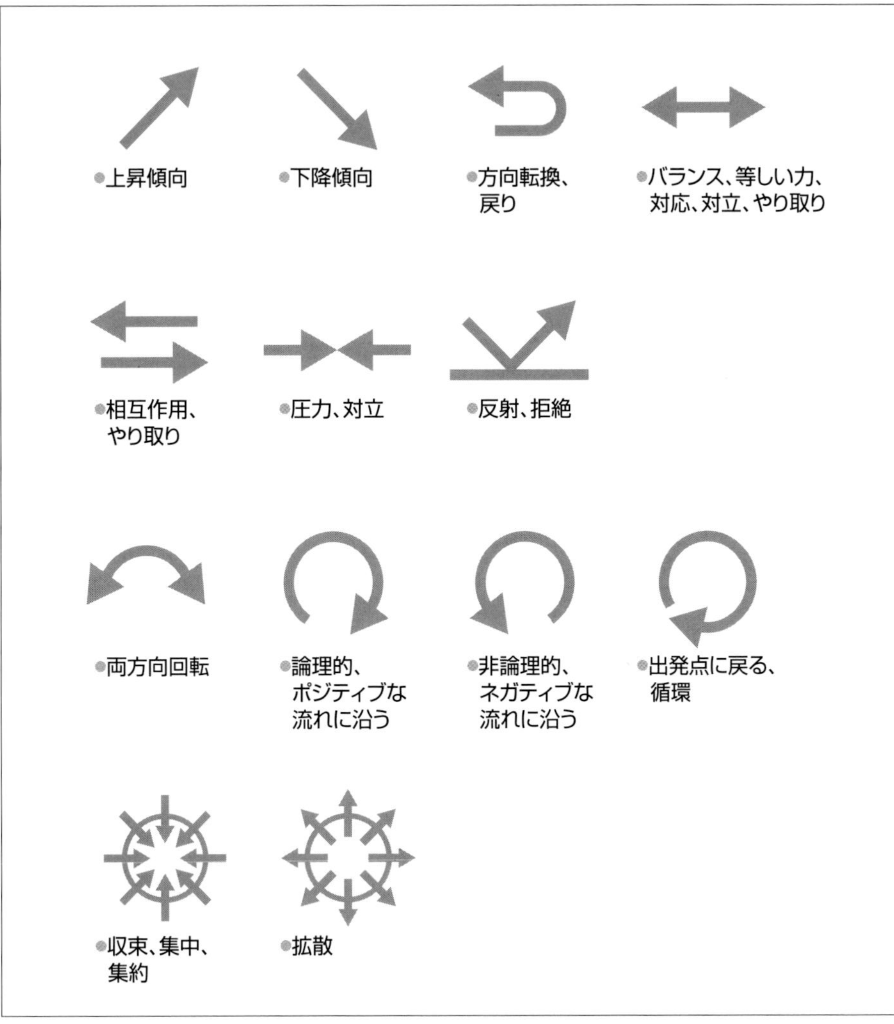

STEP 3 確認問題

解答▶別冊P.12

知識科目

問題 1 有彩色と無彩色について述べた文として、適切なものを次の中から選びなさい。

1 有彩色には**「色相」「彩度」「明度」**の三属性があるが、無彩色が持っている属性は**「明度」**だけである。

2 無彩色には**「色相」「彩度」「明度」**の三属性があるが、有彩色が持っている属性は**「明度」**だけである。

3 有彩色は**「色相」**と**「彩度」**の要素を持っているが、無彩色が持っている属性は**「明度」**だけである。

問題 2 **「積極的」**と**「消極的」**を対比させた図解に設定する、色相環における色の組み合わせとして、最も適しているものを選びなさい。

1 色相環で隣接する2色を組み合わせる。

2 色相環の2色であれば、どの組み合わせでもよい。

3 色相環で相対する2色を組み合わせる。

問題 3 4つの円が使われた図解に、テーマの色を使って同一トーンの色を設定するとき、適切な色の選び方を次の中から選びなさい。

1 横方向から選択する。

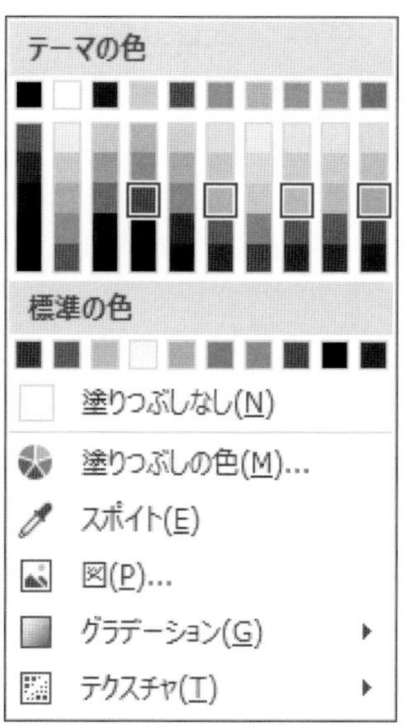

2 縦方向から選択する。

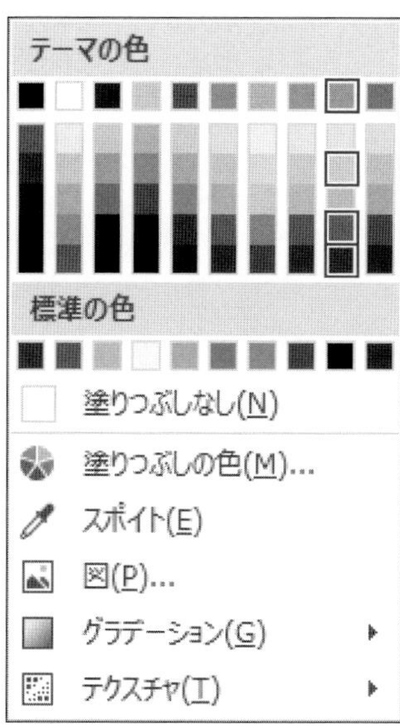

3 縦方向と横方向から段階的に選択する。

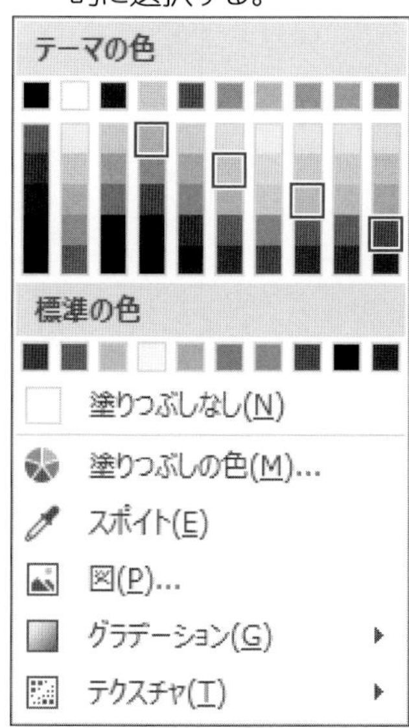

■ **問題 4** 人間の欲求の段階をピラミッド型で表現した図解の色の設定の仕方が、最も適しているものを次の中から選びなさい。

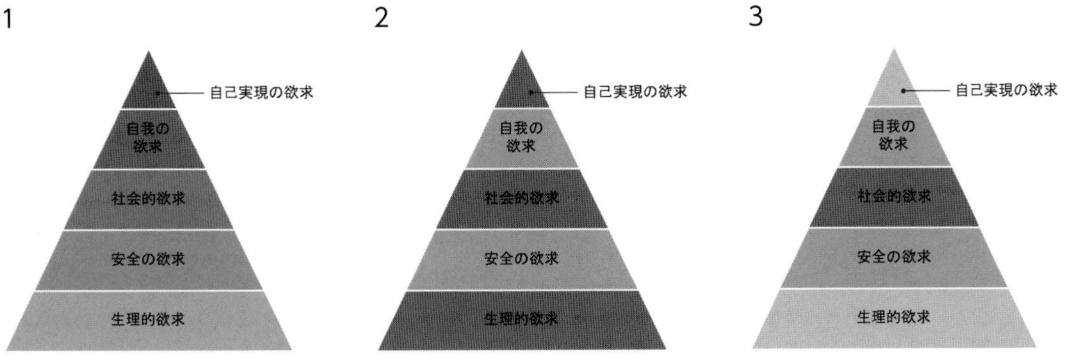

■ **問題 5** バランスを表現した図解として明度の明暗を考えたとき、最も適しているものを次の中から選びなさい。

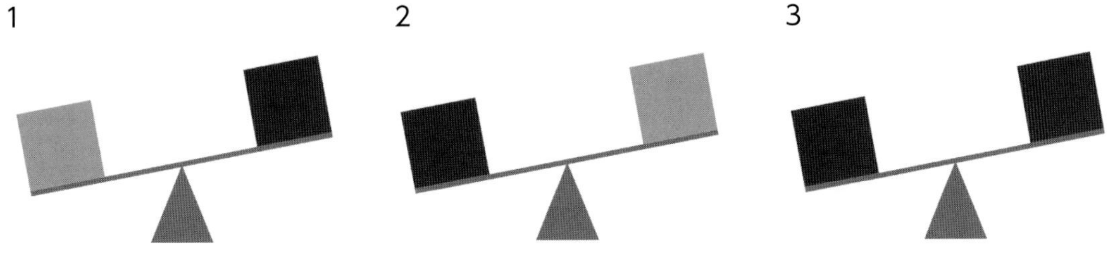

実技科目

あなたは、日商建築設計株式会社の安全衛生企画部に所属しています。
今回、上司から、会社が推進しているリスクアセスメントの社内啓発用プレゼン資料の2020年度版があるので、それに色や配置の修正など若干手を加えて2021年度版を作るように指示を受けました。
「ドキュメント」内のフォルダー「**日商PC プレゼン3級 PowerPoint2019/2016**」内にあるフォルダー「**第5章**」内のファイル「**リスクアセスメントの基礎(2020年度)**」を開き、下記の[修正内容]に従って修正を加えてください。

[修正内容]

1 スライド1に関わる修正

❶「(2020年度)」を「(2021年度)」に変更すること。

2 スライド3に関わる修正

❶「開始」「ハザードの特定」「リスクの見積もり」「評価」「終了」の5つの図形を「上下中央揃え」「左右に整列」でそろえること。

❷「開始」から「終了」のあいだにある4つの矢印の太さを「3pt」にすること。

❸「開始」と「終了」の図形に、クイックスタイル「パステル-オレンジ、アクセント3」を設定すること。

❹「ハザードの特定」「リスクの見積もり」「リスクの除去」の図形に、クイックスタイル「パステル-青、アクセント4」を設定すること。

❺「評価」の図形に、クイックスタイル「パステル-緑、アクセント6」を設定すること。

❻「手順1」「手順2」「手順3」「手順4」の図形に、クイックスタイル「パステル-薄い水色、アクセント5」を設定すること。

❼すべての矢印の色を「白、背景1、黒+基本色50%」に変更すること。

3 スライド4に関わる修正

❶SmartArtにスタイル「グラデーション」、色「カラフル-アクセント5から6」を設定すること。

4 スライド5に関わる修正

❶SmartArtにスタイル「光沢」、色「カラフル-アクセント3から4」を設定すること。

5 スライド6に関わる修正

❶棒グラフのデータ系列の色を「緑、アクセント6」に変更すること。

6 スライド7に関わる修正

❶スライドの下側にある表の「A領域」「B領域」「C領域」のセルの色に合わせて、上側にある表の「A」「B」「C」のセルの色を変更すること。

7 スライド8に関わる修正

❶SmartArtの基本ピラミッドの4つの階層をグラデーションで色分けすること。
テーマの色の「緑」の列を使って、2階層目と3階層目を適切な色で塗りつぶすこと。

8 スライド9に関わる修正

❶「安全管理者への能力向上教育」の図形を、「薄い水色、アクセント5」で塗りつぶし、枠線の色を「薄い水色、アクセント5、黒+基本色25%」にすること。

9 全スライドに関わる修正

❶修正したファイルは、「ドキュメント」内のフォルダー「日商PC　プレゼン3級PowerPoint2019／2016」内にあるフォルダー「第5章」に「リスクアセスメントの基礎（2021年度）」のファイル名で保存すること。

ファイル「リスクアセスメントの基礎（2020年度）」の内容

●スライド1

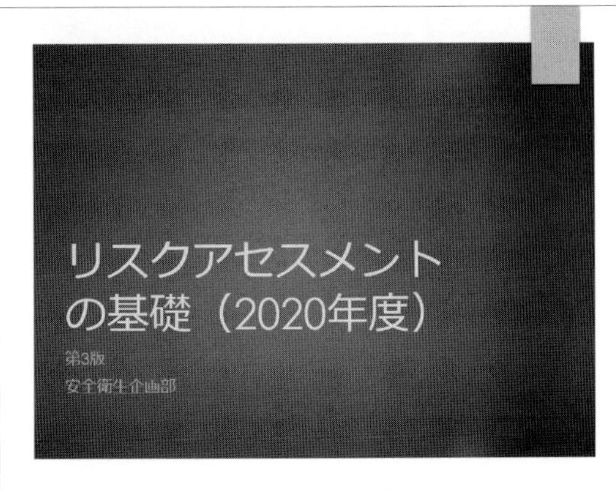

●スライド2

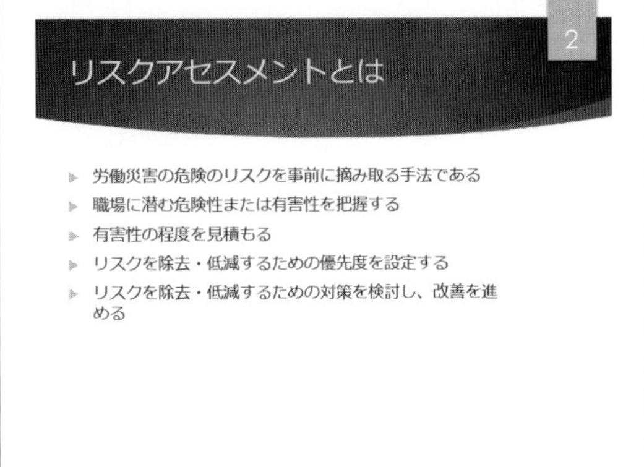

●スライド3

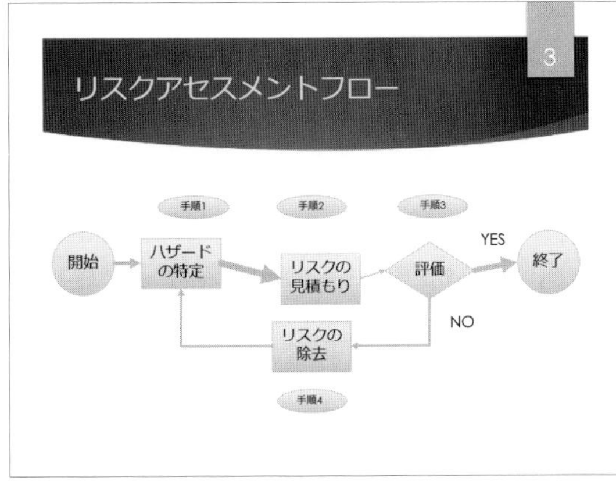

●スライド4

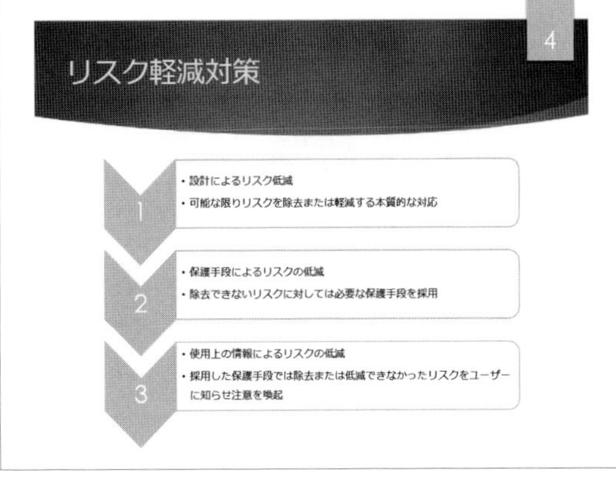

●スライド5

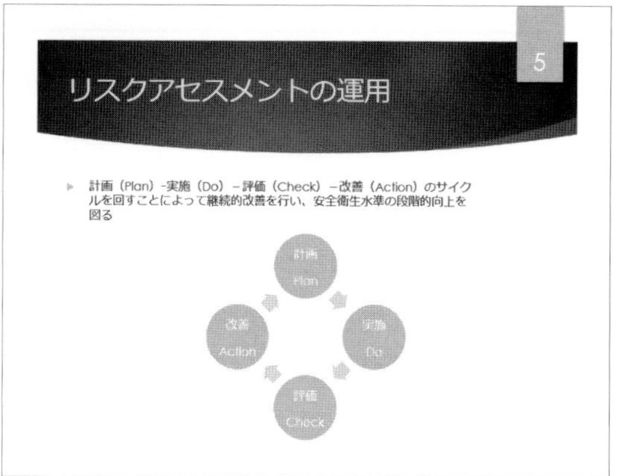

●スライド6

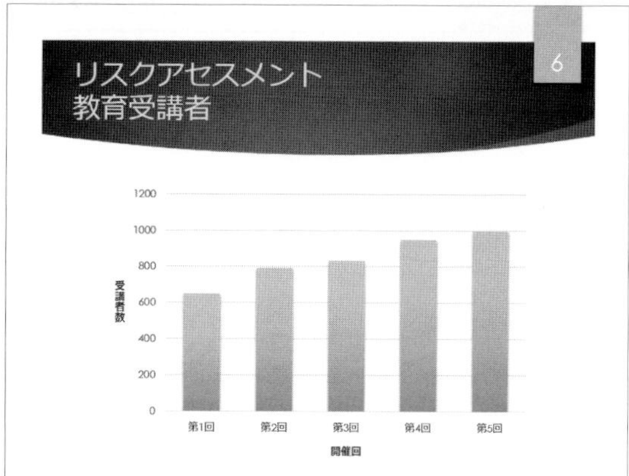

●スライド7

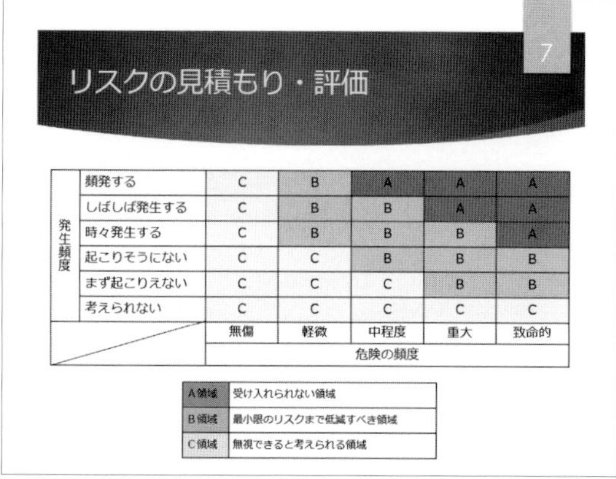

発生頻度						
	頻発する	C	B	A	A	A
	しばしば発生する	C	B	B	A	A
	時々発生する	C	B	B	B	A
	起こりそうにない	C	C	B	B	B
	まず起こりえない	C	C	C	B	B
	考えられない	C	C	C	C	C
		無傷	軽微	中程度	重大	致命的
		危険の頻度				

A領域	受け入れられない領域
B領域	最小限のリスクまで低減すべき領域
C領域	無視できると考えられる領域

●スライド8

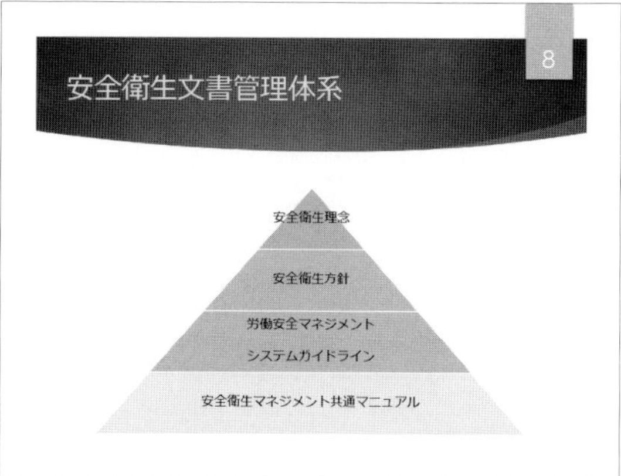

●スライド9

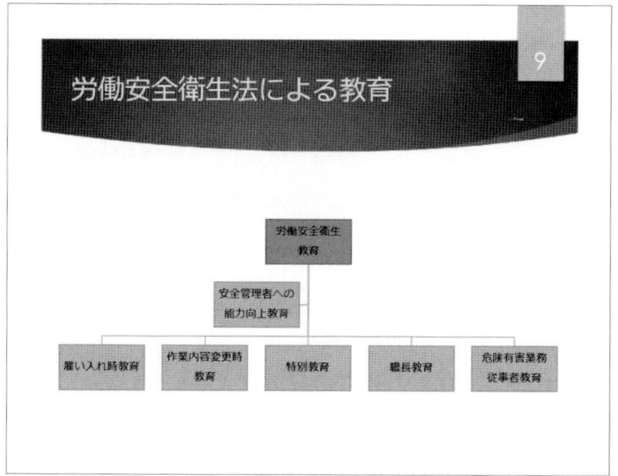

第6章
プレゼンの実施

STEP1　プレゼンを実施するための事前準備…………………　181
STEP2　プレゼンの実施　…………………………………　185
STEP3　アフターフォロー…………………………………　190
STEP4　確認問題　…………………………………………　191

STEP 1

プレゼンを実施するための事前準備

プレゼン資料を作成したら、プレゼンを実施するための事前準備を行います。プレゼンの目的を達成するためには、適切な事前準備が必要です。

1 プレゼンを実施するための確認事項

プレゼンを実施する前に、主に次のような内容を確認しておきます。

- 日時、所要時間
- 場所
- 出席者
- 実施方法

❶ 日時、所要時間の確認

プレゼンを実施する日はいつなのかを確認しておきます。日時に変更がないかどうか、あらためて確認しておきましょう。会場の準備が必要な場合は、準備を開始する時間、プレゼンを実施する開始時間をそれぞれ確認しておきます。

また、発表時間が何分あるいは何時間与えられているのか、質疑応答も含めてどれくらいの時間を費やせるのか確認しておきます。

❷ 場所の確認

プレゼンを実施する場所を確認しておきます。社内で実施する場合は、会議室などの会場が予約されているかどうか確認しておきましょう。会場がどのくらいの大きさなのか、着席できる人数はどのくらいなのかも確認しておきます。

❸ 出席者の確認

出席者を確認しておきます。聞き手の人数に加えて、発表者側の人数も確認し、出席者全員の合計人数を確認しておきましょう。

欠席者の分も資料が必要になることがあります。必要に応じて、欠席者の人数についても確認しておきます。

❹ 実施方法の確認

どのような機器を使ってプレゼンを実施するのか確認しておきます。プロジェクターや発表者の机など、プレゼンを実施する際に使う会場の備品に何があるかも確認しておきます。

2 プレゼンを実施するために用意するもの

プレゼン資料をもとにプレゼンを実施する際は、次のようなものを事前に用意しておきます。

- 機器
- プレゼン関連のデータ
- 発表者用資料
- 配布資料、コメントペーパー*、アンケート用紙

* コメントを書き込むための用紙です。

❶ 機器

作成したプレゼン資料を投影しながら、聞き手に説明するには、次の機器を用意します。

●プロジェクター

プロジェクターは、画像や映像をスクリーンに投影するための出力機器です。PCに接続して使います。ホールや大きな会議室に備え付けられている大型の機種から、持ち運んで使うコンパクトな機種まで、さまざまな機種があります。

プレゼンに使うときは、使用するPCと接続するケーブルが付属されているか、ケーブルのコネクターの形状はPCと合っているかどうかを確認しておきます。

●大型液晶ディスプレイ

大型液晶ディスプレイをPCとケーブルで接続して、投影用の画面として活用できます。

●PC

PCは、プレゼン資料を画面に表示し、スライドショーを実行するために使います。PCにインストールされているプレゼンソフトの種類とバージョンを確認しておきます。

■図6.1 プレゼンを実施する際に準備しておく機器

❷プレゼン関連のデータ

プレゼンソフト（PowerPoint）で作成したデータファイルを用意します。プレゼンを実施する際に使うPCのソフトに合わせた形式で保存し、PCから開けるようにしておきます。
また、そのほかに必要なデータファイルがあれば、ひとまとめにして、すぐに開けるように準備しておきます。

❸発表者用資料

必要に応じて、発表者が手元に持って説明するための資料を用意します。プレゼンを実施する際に、話すことなどをまとめておきます。

❹配布資料、コメントペーパー、アンケート用紙

必要に応じて、配布資料を参加者の人数分、印刷して用意します。PowerPointの配布資料の作成機能を使って印刷します。また、コメントを書き込んでもらうためのコメントペーパーやアンケート用紙、必要な資料などを印刷しておきます。

3 リハーサル

実際にプレゼンを実施する前に、リハーサルをしておきます。何度かリハーサルを重ねることで、本番では余裕ができます。説明途中で詰まってしまうといったことも避けられます。
リハーサルでは、次のような内容について実施します。

- 時間配分の確認
- プレゼン資料の説明
- 第三者からのチェック

❶時間配分の確認

与えられた時間を有効に使って説明できるかどうかを、リハーサルで実際に声に出して話し、確認しましょう。質疑応答の時間も含めて、時間配分を確認しておきます。

❷プレゼン資料の説明

プレゼン資料の順番に合わせて、スムーズに説明できるかどうかを確認します。

❸第三者からのチェック

リハーサルは、同僚や先輩など第三者に見てもらい、話し方や姿勢などをチェックしてもらうと効果的です。自分では気付かない話し方の癖などを指摘してもらうことができます。

4 会場の設営

プレゼンを実施する会場の設営を行います。一般的な会議室の場合は、図6.2のように設営します。
発表者用の机にプロジェクターに接続したPCを用意し、プロジェクターからスクリーンにPC画面を投影します。スライドショーでスライドを何枚か見て問題なく操作できることを確認します。また、スクリーンに投影したスライドが、出席者のどの席からも見えることを確認しておきます。
広い会場では、照明や音響の調整も重要です。照明は、スクリーンが見やすく、かつメモが取りやすい適度な明るさになるように調整します。音響は、会場の一番後方でもよく聞こえるか確認し、ボリュームを調節します。

■図6.2　プレゼンを実施するための会場設営例

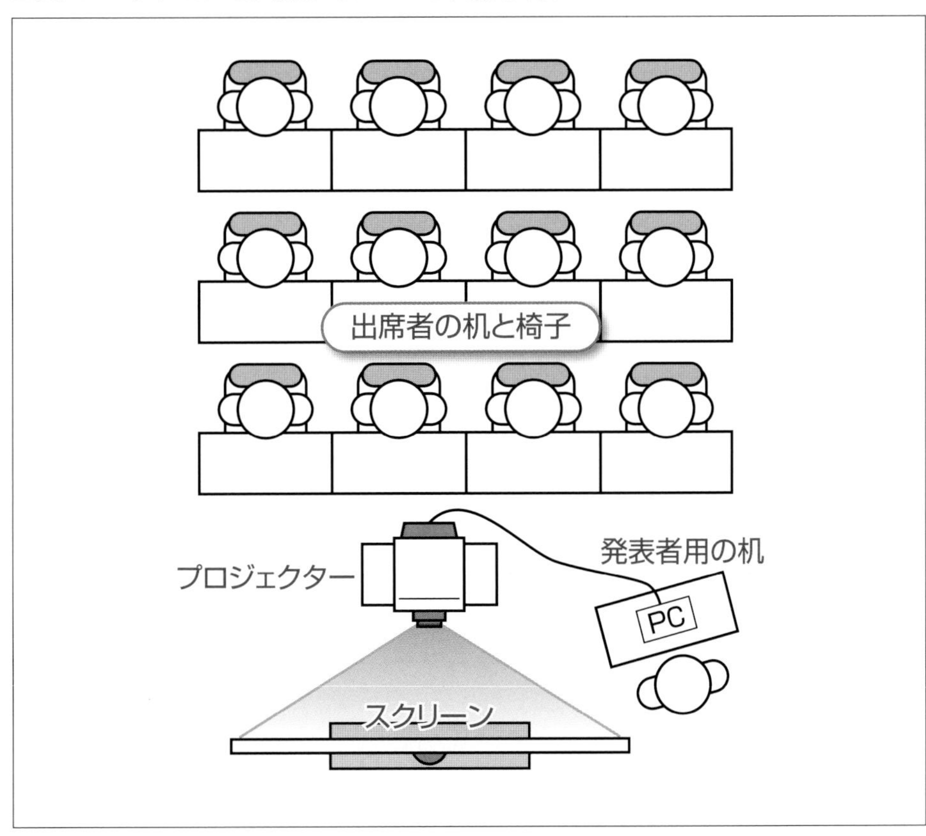

5 オンラインプレゼンの準備

オンラインを使ったプレゼンが増えてきています。オンラインのプレゼンを実施するには、インターネットに接続し、発表者と出席者が双方でオンライン会議ソフトを使います。PowerPointで作成した資料を画面に共有して、説明していきます。
オンラインプレゼンでは、会場に集まらなくてもプレゼンを実施できることがメリットです。一方、出席者の表情や反応がわかりにくいことがデメリットになります。対面、オンラインのそれぞれのメリット、デメリットを理解して使い分けましょう。

STEP 2 プレゼンの実施

プレゼンを実施するときの流れとポイントを理解し、効果的にプレゼンを実施しましょう。

1 プレゼンを実施する際の流れ

プレゼンは、次のような流れで進めていきます。

1 開始の挨拶

2 発表者の紹介

3 スライドショーを実行し、発表を実施

4 質疑応答

5 終了の挨拶

PowerPointを使って、スライドショーを実行して発表するだけでなく、開始から終了までをプレゼン全体として捉え、スムーズに進めていきます。

2 姿勢・声の出し方・アイコンタクト

プレゼンを実施する際は、聞き手にわかりやすく、明確に伝わるように留意します。聞き手によい印象を与える姿勢や話し方についても理解しておきましょう。また、発表中は、アイコンタクトを使いながら進めると効果的です。

❶姿勢

発表を始める前に、正しい姿勢をとってから話し始めると、聞き手によい印象を与えます。図6.3に示すように、正しい姿勢で立つように意識しましょう。

■図6.3　正しい姿勢のとり方

- 足を水平に開き、直立姿勢で立つ。
- 頭をまっすぐに起こす。
- 肩は後ろに引き、両肩を水平にする。
- 背筋をまっすぐにする。
- 両腕はリラックスさせて両脇にそえる。
- 体重を両足に均等にかける。

❷声の出し方

プレゼンを実施する際は、顔を上げ、聞き手に聞こえる大きさで、明瞭に声を出すように意識します。話し始める前に深呼吸をすると、声がはっきりと出ます。また、緊張を軽減する効果もあります。
腹式呼吸をし、お腹から声を出すようにするとよいでしょう。早口にならないように、スピードにも気を付けます。重要なところでは少し強めに話すなど、抑揚を付けると、相手に伝わりやすくなります。
PCを操作しながら話すと、前傾姿勢になって声が下に向かっていくため、聞き手にとって聞こえづらくなります。PCを操作したら、再度、姿勢を整えて話すようにします。

■図6.4　声の出し方

❸アイコンタクト

聞き手に視線を送ることを「**アイコンタクト**」と呼びます。アイコンタクトをうまく使うことによって、聞き手の関心を引き付けたり、親近感を高めたりすることができます。
手元の資料から視線を離さないで、ある一箇所だけを見つめているというのは、アイコンタクトを活用できていないプレゼンです。会場全体に視線を送るようにしましょう。

3 スライドショーの実行

PowerPointで作成したプレゼンテーションを投影してプレゼンを実施するには、**「スライドショー」**を実行します。スライドショーを実行すると、画面いっぱいにスライドが表示されます。表示されたスライドの説明をして進めます。マウスでクリックするたびに、次のスライドに切り替わります。

Let's Try スライドショーの実行

スライドショーを実行しましょう。

フォルダー「第6章」のファイル「SDGs達成に向けての取り組み」を開いておきましょう。

①ステータスバーの［スライドショー］（スライドショー）をクリックします。

スライドショーが実行され、スライド1が画面全体に表示されます。

②クリックします。

※ Enter または ↓ を押してもかまいません。

クリックすると、スライド2が表示されます。

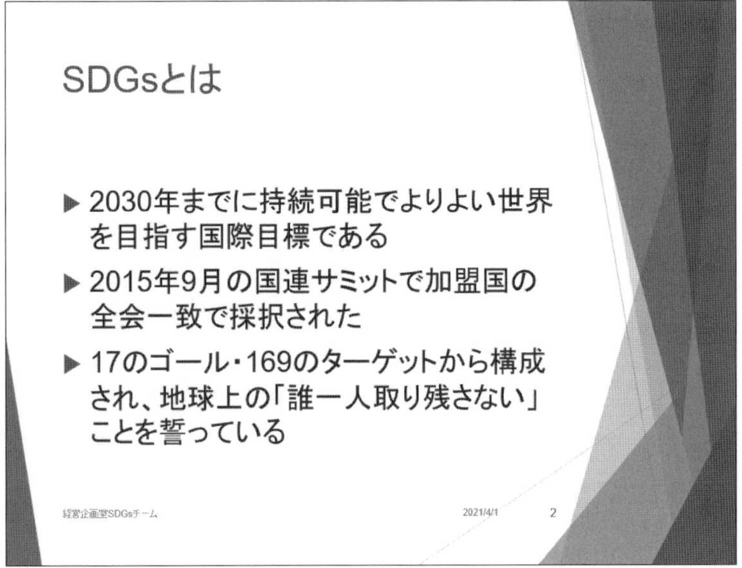

③同様に、最後のスライドまで表示します。

スライドショーが終了すると、**「スライドショーの最後です。クリックすると終了します。」**というメッセージが表示されます。

④最後の画面でクリックします。

スライドショーが終了し、標準表示モードに戻ります。

※プレゼンテーションを保存せずに、閉じておきましょう。

第1章
第2章
第3章
第4章
第5章
第6章
模擬試験
付録
索引

操作のポイント

スライドショー実行中に目的のスライドを表示

スライドショーを実行中に、目的のスライドに移動するには、スライドショーを実行中に右クリック→《すべてのスライドを表示》→一覧から目的のスライドを選択します。

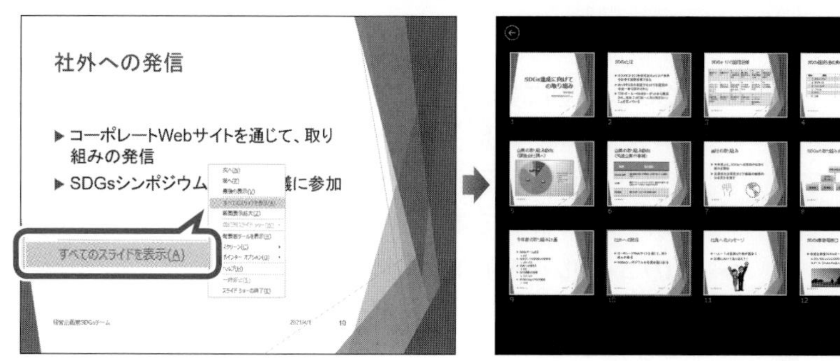

発表者用ツール

スライドショーを実行しているときに、「発表者用ツール」を使うことができます。発表者用ツールとは、プロジェクターや大型スクリーンに、スライドを全面に表示し、発表者のPCには次のスライドなどを表示する機能です。
発表者用ツールを表示する方法は、次のとおりです。

2019

◆スライドショー実行中に右クリック→《発表者ツールを表示》

2016

◆スライドショー実行中に右クリック→《発表者ビューを表示》
※お使いの環境によっては、「発表者ビューを表示」が「発表者ツールを表示」と表示される場合があります。

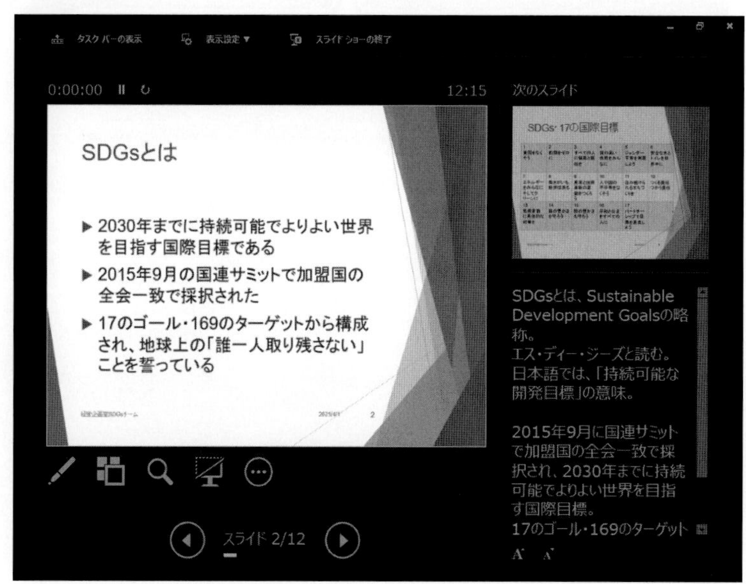

4 質疑応答

スライドを最後まで表示し、発表が終了したら、質疑応答を行います。聞き手に質問を募り、受けた質問に対して回答します。
その場で回答できない質問に対しては、調べて後日回答することを伝えます。持ち帰って調査・確認をしたうえで回答するようにします。

STEP 3

アフターフォロー

プレゼンを実施したあとは、必要に応じてアフターフォローを行います。

1 アフターフォローとは

「アフターフォロー」とは、プレゼンを実施したあと、聞き手の理解度を確認したり、次の行動を促したりするための対応のことです。

2 アフターフォローの時期と手段

アフターフォローは、プレゼンの実施後、数日以内に行います。直接対面する、電話をする、メールを送るなど、状況に応じて適した手段を選択します。

3 アフターフォローの内容

アフターフォローでは、次のような内容を実施します。

- 質問された内容についての回答や補足説明
- プレゼンの内容に不明点がなかったかどうかの確認
- プレゼン実施の効果の確認
- 聞き手に対する次の行動の検討

コメントペーパーやアンケート用紙を回収した場合は、どのような内容が書かれているかを集計・整理して、アフターフォローを行います。たとえば、内容についてさらに詳しい説明が欲しいと書かれていたら、詳細な資料を用意し、説明の日時を決めて訪問します。
製品紹介や買い換えの提案を行うプレゼンの場合は、提案が受け入れられる可能性を打診し、相手の意思決定を促すような行動へと進めていきます。

STEP 4 確認問題

解答 ▶ 別冊P.17

知識科目

問題 1 PCを用いてプレゼンを実施する際に、スクリーンに投影するために用意すべき機器はどれですか。次の中から選びなさい。

1 USBメモリー
2 スキャナー
3 プロジェクター

問題 2 プレゼンを実施する前に、確認しておくべきこととして正しい組み合わせのものを、次の中から選びなさい。

1 日時・所要時間、場所、出席者の人数、会場の設備、備品
2 日時・所要時間、場所、出席者の人数、服装の規定
3 日時・所要時間、社員数、会場の設備、備品

問題 3 プレゼンを実施する前のリハーサルを有効に行うために、適切なものを次の中から選びなさい。

1 特に重要なスライドだけを選び、声に出して話しておく。
2 第三者に見てもらい、話し方や姿勢が適切か、指摘してもらう。
3 慣れを防ぎ本番で集中するために、1回以上は行わない。

問題 4 プレゼンを実施する際の流れとして、適切なものを次の中から選びなさい。

1 開始の挨拶 → 発表者の紹介 → スライドショーの実行と発表 → 終了の挨拶
2 開始の挨拶 → 発表者の紹介 → スライドショーの実行と発表 → 質疑応答 → 終了の挨拶
3 開始の挨拶 → 参加者の自己紹介 → スライドショーの実行と発表 → 終了の挨拶

問題 5 プレゼンの実施中に聞き手の関心を引き付け、親近感を高める動作を次の中から選びなさい。

1 話しながら視線を会場全体に送り、聞き手とアイコンタクトを行う。
2 正しい姿勢をとり、頭をまっすぐに起こしてから話し始める。
3 聞き手の席をいくつかのブロックに分け、順番に身体を向けていく。

実技科目

あなたは、日商建築設計株式会社の安全衛生企画部に所属しています。
今回、上司から、会社が推進しているリスクアセスメントの社内啓発用プレゼン資料を使って社内プレゼンを行うように指示を受けました。
「ドキュメント」内のフォルダー「**日商PC プレゼン3級 PowerPoint2019／2016**」内にあるフォルダー「**第6章**」内のファイル「**リスクアセスメントの基礎（発表用）**」を開き、下記の[リハーサル内容]に従ってリハーサルを行ってください。

[リハーサル内容]

❶スライドショーを実行し、最後のスライドまで順に確認すること。
❷「**スライドショーの最後です。クリックすると終了します。**」の画面から、スライド5を表示すること。

ファイル「リスクアセスメントの基礎（発表用）」の内容

●スライド1

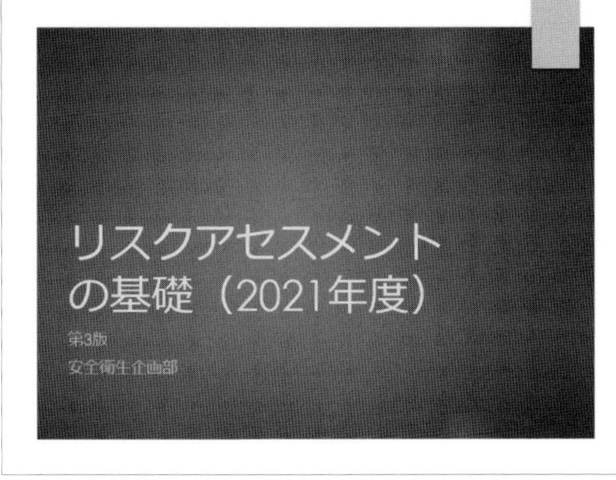

●スライド2

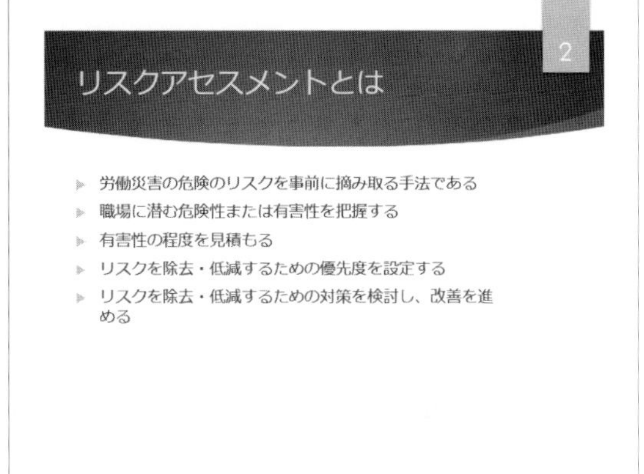

●スライド3

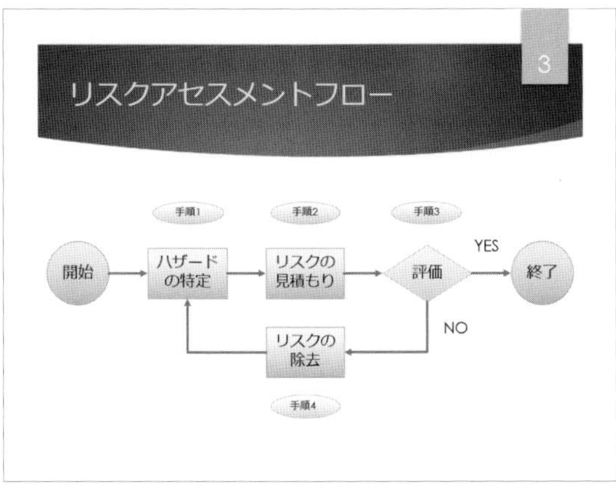

●スライド4

●スライド5

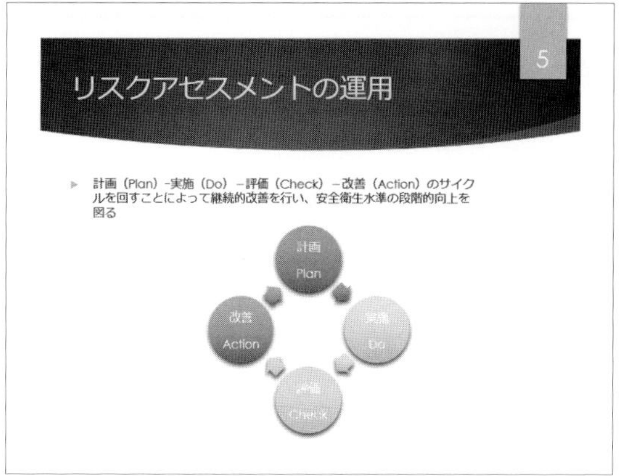

●スライド6

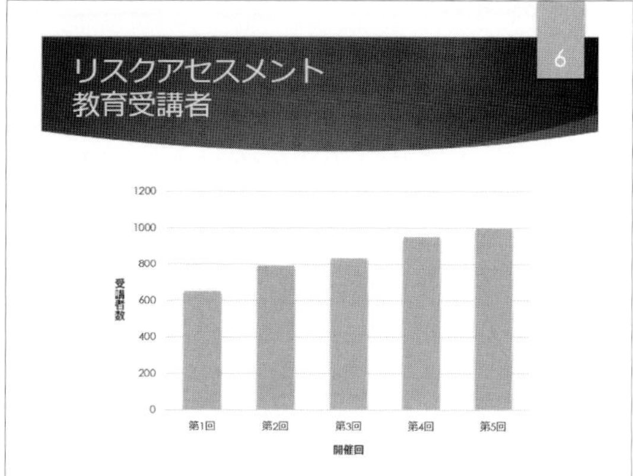

●スライド7

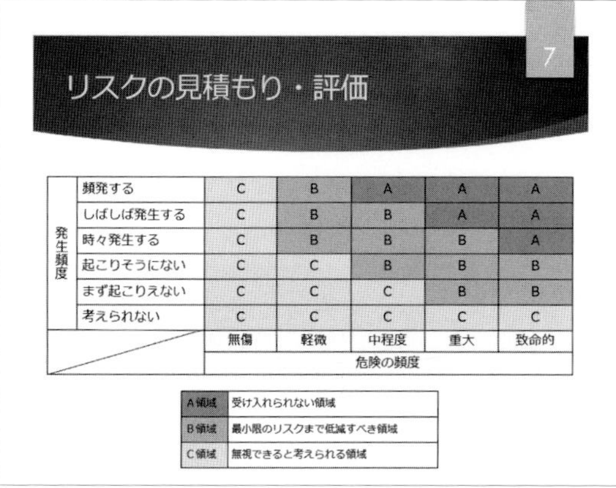

発生頻度						
	頻発する	C	B	A	A	A
	しばしば発生する	C	B	B	A	A
	時々発生する	C	B	B	B	A
	起こりそうにない	C	C	B	B	B
	まず起こりえない	C	C	C	B	B
	考えられない	C	C	C	C	C
		無傷	軽微	中程度	重大	致命的
		危険の頻度				

A領域	受け入れられない領域
B領域	最小限のリスクまで低減すべき領域
C領域	無視できると考えられる領域

●スライド8

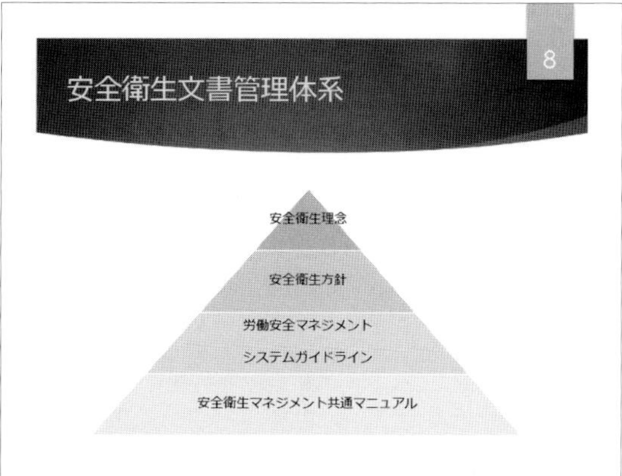

●スライド9

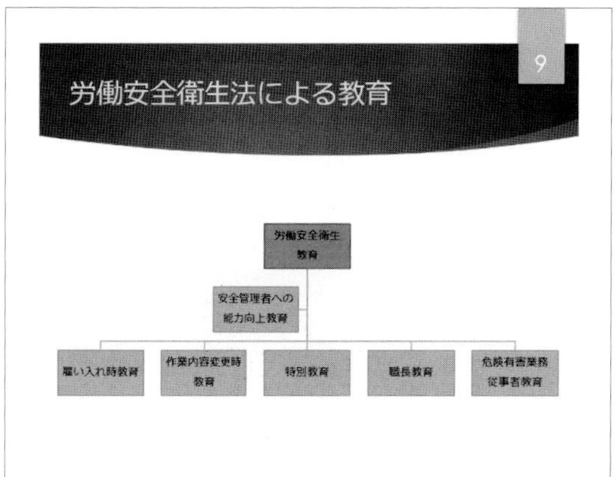

Challenge

模擬試験

第1回　模擬試験　問題 ………………………………………… 195
第2回　模擬試験　問題 ………………………………………… 201
第3回　模擬試験　問題 ………………………………………… 207
実技科目　ワンポイントアドバイス …………………………… 214

第1回 模擬試験 問題

解答▶別冊P.18

本試験は、試験プログラムを使ったネット試験です。
本書の模擬試験は、試験プログラムを使わずに操作します。

知識科目

試験時間の目安:5分

本試験の知識科目は、プレゼン資料作成分野と共通分野から出題されます。
本書では、プレゼン資料作成分野の問題のみを取り扱っています。共通分野の問題は含まれません。

問題 1

プレゼンの実施に至るまでの流れについて述べた文として、適切なものを次の中から選びなさい。

1　小規模のプレゼンでは、一般に「**①プレゼンの企画・設計**」「**②プレゼン資料の作成**」「**③プレゼンの実施**」の中の「**①プレゼンの企画・設計**」のステップは省略するのが普通である。

2　大規模のプレゼンでは、「**①プレゼンの企画・設計**」「**②プレゼン資料の作成**」「**③プレゼンの実施**」の中の「**①プレゼンの企画・設計**」と「**②プレゼン資料の作成**」を同時進行で進めることが多い。

3　どんなプレゼンでも、「**①プレゼンの企画・設計**」「**②プレゼン資料の作成**」「**③プレゼンの実施**」の流れに沿って実施される。

問題 2

プレゼンの企画における主題・目的の明確化に該当するものとして、適切なものを次の中から選びなさい。

1　プレゼンのゴールを決める。

2　プレゼンの台本を作る。

3　スライドの枚数を決める。

問題 3

プレゼンの序論で話す内容として、適切なものを次の中から選びなさい。

1　プレゼンの主題

2　プレゼンが終わったあと、聞き手にとってほしい行動

3　具体的な事例

問題 4

スライドのフッターについて述べた文として、適切なものを次の中から選びなさい。

1　フッターには表紙タイトルを挿入し、それ以外は表示させない。

2　フッターには、表紙タイトル、会社名、部署名などを挿入する。

3　タイトルスライドだけにフッターを表示することもある。

■ **問題5**　2階層の箇条書きについて述べた文として、適切なものを次の中から選びなさい。

1　箇条書きの項目数が多いとき、その中のいくつかの項目を2階層目の箇条書きにして変化を出す。

2　1つの箇条書きの中にいくつかの項目が含まれている場合に、それらの項目を2階層目の箇条書きとして表現する。

3　箇条書きの項目数が多いとき、その中のいくつかの項目を2階層目の箇条書きにして文字サイズを小さくすることで、多くの項目を表示できるようにする。

■ **問題6**　次の図解を効率よく作る場合に選択するSmartArtとして、適切なものを次の中から選びなさい。

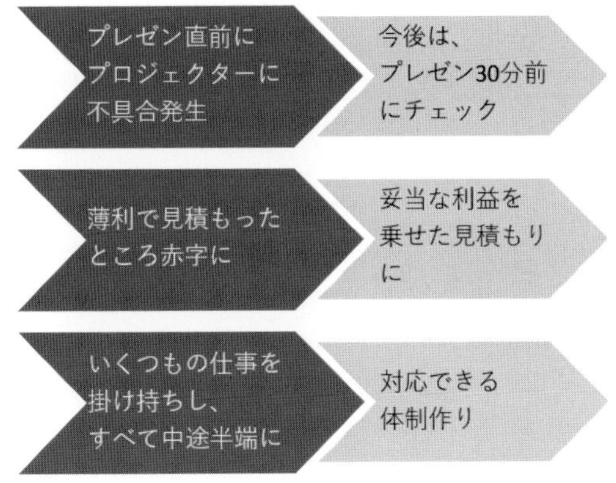

1　プロセス（下図）

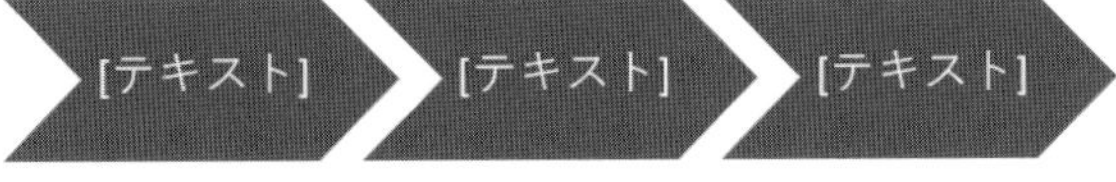

2　プロセスリスト（下図）

3　開始点強調型プロセス（下図）

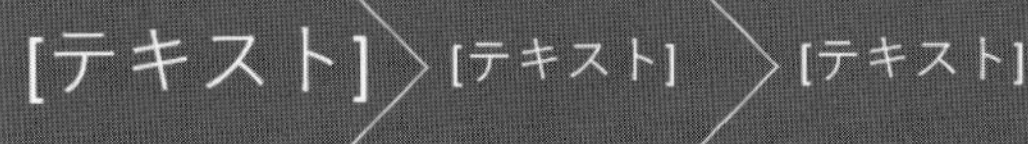

問題 7

構成比率を示すのに適切なグラフの種類について述べた文として、適切なものを次の中から選びなさい。

1 棒グラフを使う。

2 円グラフを使う。

3 折れ線グラフを使う。

問題 8

トーン（色の調子）について述べた文として、適切なものを次の中から選びなさい。

1 色相と彩度を融合した概念である。

2 色相と明度を融合した概念である。

3 彩度と明度を融合した概念である。

問題 9

「A」と「B」が対立していることを表す図として、適切なものを次の中から選びなさい。

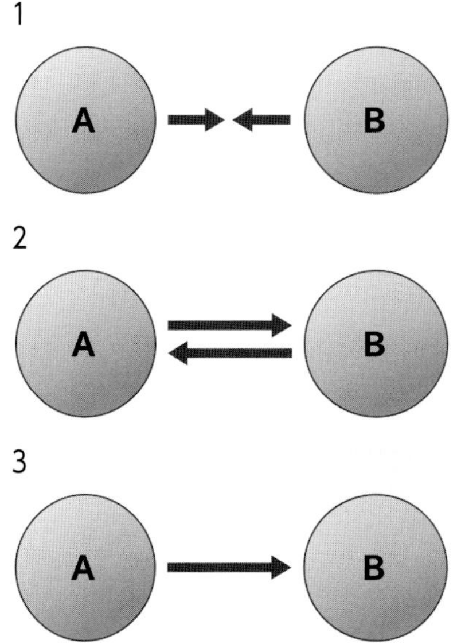

問題 10

プレゼンのリハーサルについて述べた文として、適切なものを次の中から選びなさい。

1 リハーサルでは配布資料の印刷を行う。

2 リハーサルでは出席者の確認を行う。

3 リハーサルでは時間配分の確認を行う。

試験時間の目安:30分

本試験の実技科目は、試験プログラムを使って出題されます。
本書では、試験プログラムを使わずに操作します。

あなたは、日商機器産業株式会社の地球環境推進室に所属しています。
今回、上司から、会社が推進しようとしているカーボンニュートラル活動計画を社内発表するためのプレゼン資料を作成するよう指示を受けました(発表日は2021年6月21日)。
そこで類似のプレゼン資料を参考にして、ファイル「**カーボンニュートラル**」を作成し上司に提出したところ、下記の[修正内容]に示したような指摘事項がありました。
これらの指摘に従ってプレゼン資料を修正するために、「**ドキュメント**」内のフォルダー「**日商PC プレゼン3級 PowerPoint2019/2016**」内のフォルダー「**模擬試験**」にあるファイル「**カーボンニュートラル**」を開き修正を加えてください。

※試験時間内に作業が終わらない場合は、終了時点のファイルを指定されたファイル名で保存してから終了してください。保存された結果のみが採点対象になります。

[修正内容]

1 スライド1に関わる修正

❶タイトルを、カーボンニュートラルの活動を推進していくことを示すように変更すること。
❷タイトルのフォントを「**Meiryo UI**」に変更すること。
❸部署名の前にカーボンニュートラル活動計画の発表日を記入し、発表日と部署名の2行にすること。

2 スライド2に関わる修正

❶文章を4項目の箇条書きにすること。
❷文末は「**である体**」で統一すること。

3 スライド3に関わる修正

❶4つの角丸四角形のあいだに、「**ブロック矢印**」の下矢印、左矢印、上矢印、右矢印を適切な位置に挿入して、「**Plan**」「**Do**」「**Check**」「**Action**」のサイクルが回っているように表現すること。
❷矢印のスタイルは、「**パステル-黒、濃色1**」とすること。
❸4つの角丸四角形の中央に楕円を挿入し、「**カーボンニュートラルの実現**」と入力すること。
❹中央に挿入した楕円のスタイルは、「**グラデーション-赤、アクセント4**」とすること。

4 スライド4に関わる修正

❶図解の右側に示されている「**発展途上国80%**」の箇所から、「**当社80%**」の箇所に向けた矢印を回転して、左下方向を指すようにすること。
❷矢印の下部に、横書きで「**排出権購入**」の文字を2行にして追加すること。

5 スライド5に関わる修正

❶タイトルの中の「CO2」の「2」を下付き文字に変更すること。

❷①と②の箇条書きのあいだに、新たに「**用紙は、コピー用紙・印刷用紙が対象**」の箇条書きを追加すること。

❸行頭の数字を、スライド2の箇条書きと同じ記号に変更すること。

❹「**建物は、本社・拠点が対象**」の文を「**建物**」と「**本社・拠点が対象**」の2つの箇条書きに分けて、2行目の箇条書きのレベルを2階層目に変更すること（「**は、**」は削除）。

❺ほかの箇条書きも同様に2行にして、2行目の箇条書きのレベルを2階層目に変更すること。

6 スライド6に関わる修正

❶表の「**建物**」と「**交通**」の行のあいだに、次の行を挿入すること。

用紙	コピー、印刷の用紙使用に伴う排出	1,100	770	

❷❶で挿入した行の空欄のセルに、CO_2排出量の削減率を計算して数値を記入すること。

❸表のスタイルを「**テーマスタイル1-アクセント5**」に変更すること。

7 全スライドに関わる修正

❶スライド7を削除すること。

❷スライド3とスライド4の順序を入れ替えること。

❸タイトルスライドを除くすべてのスライドに、スライド番号を表示すること。

❹修正したファイルは、「**ドキュメント**」内のフォルダー「**日商PC　プレゼン3級PowerPoint2019／2016**」内のフォルダー「**模擬試験**」に「**カーボンニュートラル（完成）**」のファイル名で保存すること。

ファイル「カーボンニュートラル」の内容

●スライド1

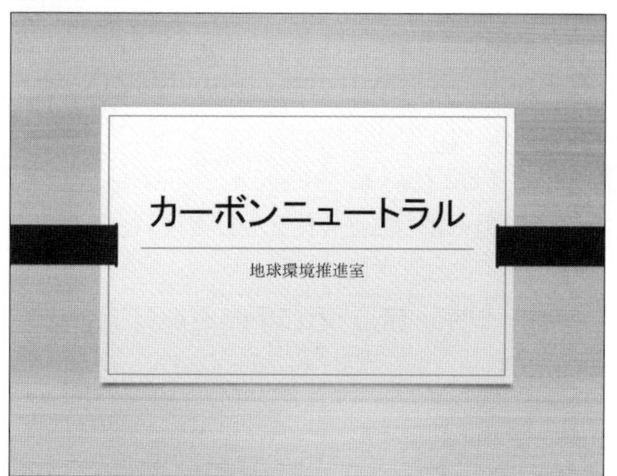

●スライド2

活動の概要

●カーボンニュートラルの推進を通して、当社の環境問題の取り組みをさらに強化します。また、当社の環境問題への取り組み姿勢をアピールします。そのため、CO_2排出量を把握するために当社のCO_2排出量の算定基準を策定します。そして、2026年度までに、2021年度比でCO_2排出量を20%削減し、残りの80%は排出権取引などによって相殺します。

●スライド3

低炭素社会に向けた推進活動

Action
実施内容の分析と
さらなる推進活動

Plan
カーボンニュートラル
化の企画

Check
削減目標の
達成度確認

Do
CO_2排出権購入
などの推進

●スライド4

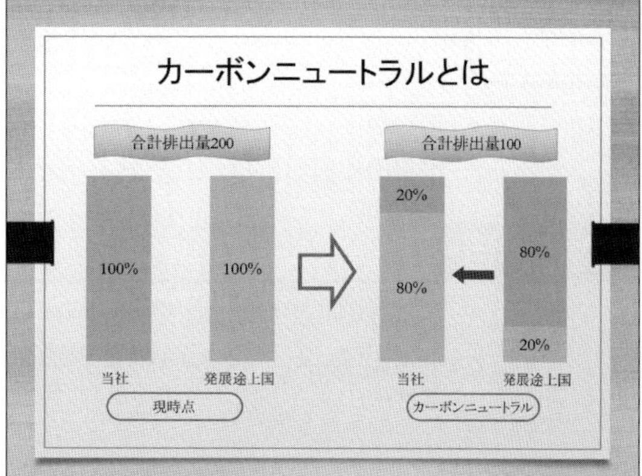

●スライド5

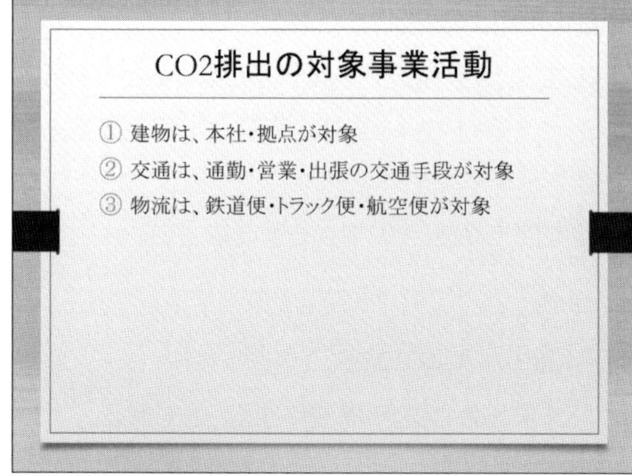

●スライド6

対象範囲と削減目標

分野	対象範囲	2021年度 CO_2排出量 (t)	2026年度 CO_2排出量 (t)	削減率 (%)
建物	電力、都市ガス、重油、上下水道の使用に伴う排出	5,200	4,160	20
交通	バス、電車、航空機、タクシーの利用に伴う排出	300	270	10
物流	社内間および社外・海外への部品、材料、製品、書類等の移送に伴う排出	1,000	800	20

●スライド7

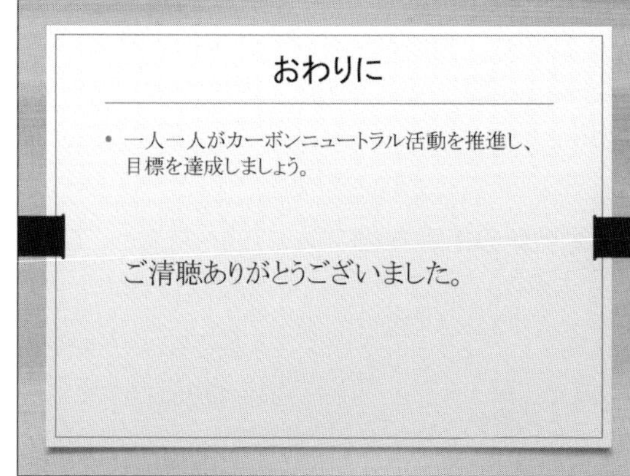

第1章
第2章
第3章
第4章
第5章
第6章
模擬試験
付録
索引

第2回 模擬試験 問題

解答 ▶ 別冊P.24

本試験は、試験プログラムを使ったネット試験です。
本書の模擬試験は、試験プログラムを使わずに操作します。

知識科目

試験時間の目安:5分

本試験の知識科目は、プレゼン資料作成分野と共通分野から出題されます。
本書では、プレゼン資料作成分野の問題のみを取り扱っています。共通分野の問題は含まれません。

問題 1

プレゼンにおけるブラックアウトの説明を述べた文として、適切なものを次の中から選びなさい。

1 スライドショーの実行中に、徐々に画面を暗くしていくことである。
2 スライドショーの実行中に、画面を黒くしてスライドを一時的に表示しないことである。
3 スライドショーの実行中に、画面を白くしてスライドを一時的に表示しないことである。

問題 2

プレゼンの構成について述べた文として、適切なものを次の中から選びなさい。

1 「**起承転結**」の構成にするのが基本である。
2 「**序論**」「**本論**」「**まとめ**」の3部構成にするのが基本である。
3 内容を効率よく伝えるために、「**序論**」と「**まとめ**」の2部構成にすることもある。

問題 3

プレゼンのまとめで話す内容として、適切なものを次の中から選びなさい。

1 プレゼンの全体像
2 プレゼンの重要なポイント
3 具体的な事例

問題 4

スライドに日付を挿入するときの固定と自動更新の指定方法について述べた文として、適切なものを次の中から選びなさい。

1 日付は固定にして発表日にする。
2 日付は固定にしてスライドを作成した日にする。
3 スライドを配布資料として使うときの日付は作成日とし、投影するときの日付は発表日とする。

問題 5　スライドの箇条書きとして、最も適切なものを次の中から選びなさい。

1

1日の仕事の流れを整理するPDCA

1. 1日のやるべき事柄を考えて、時間軸に沿って仕事を割り当て時間配分をすることで仕事の予定を決める。
2. 時間配分をした仕事の予定に基づいて、実際に仕事を行う。
3. 予定どおりに仕事ができたのかあるいはやり直した仕事があったのかなど、実行した仕事の内容を振り返る。
4. 仕事の仕方に問題があったときは、次の日は仕事が予定どおりに進むようにさまざまな工夫をすることで、よりよい仕事ができるようにする。

2

1日の仕事の流れを整理するPDCA

1. 1日の仕事の予定を決める。
2. 予定に基づいて仕事を行う。
3. 実行した仕事の内容を振り返る。
4. 仕事の仕方に問題があったときは、改善して次の日の仕事に反映させる。

3

1日の仕事の流れを整理するPDCA

1. 予定の決定
2. 実施
3. 内容の確認
4. 次の日に反映

問題 6　箇条書きの行頭文字について述べた文として、適切なものを次の中から選びなさい。

1　箇条書きの行頭文字には記号を使い、数字は使わない。

2　箇条書きの行頭文字はないほうがすっきりして読みやすい。

3　一般に箇条書きの行頭文字には記号を使うが、手順の説明のように順番がある場合や箇条書きが全部で何項目あるのかを明確に示したい場合は数字を使う。

問題 7　表の項目名（最上部の行の文字）のそろえ方について述べた文として、適切なものを次の中から選びなさい。

1　「**中央揃え**」にする。

2　「**右揃え**」にする。

3　「**両端揃え**」にする。

問題 8 明度について述べた文として、適切なものを次の中から選びなさい。

1 有彩色も無彩色も明度を変えることができる。

2 有彩色は明度を変えられるが、無彩色は変えられない。

3 無彩色は明度を変えられるが、有彩色は変えられない。

問題 9 「すべて顧客のために」というタイトルの図解として、適切なものを次の中から選びなさい。

1

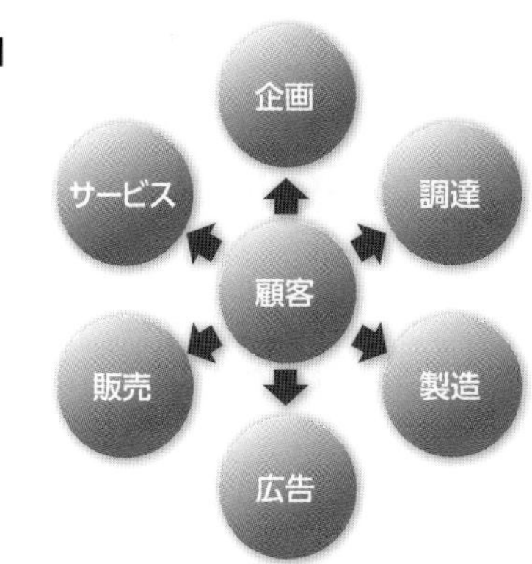

2

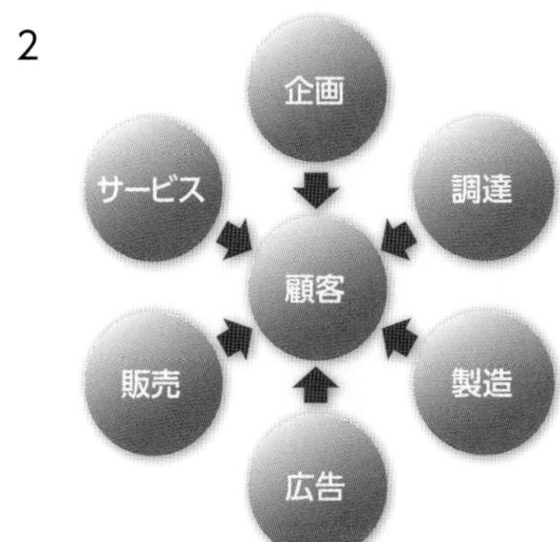

3

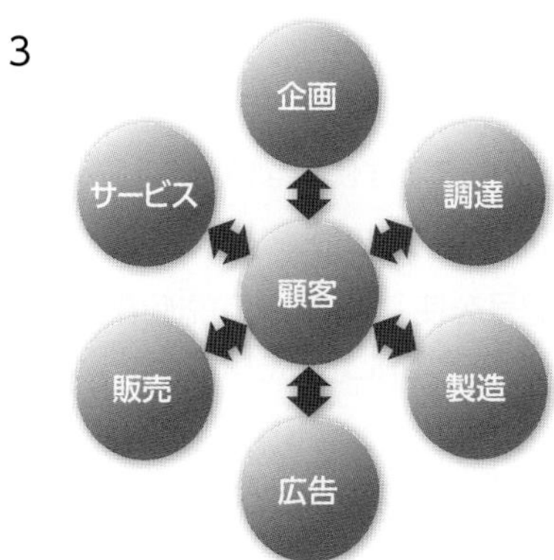

問題 10 プレゼンにおけるアイコンタクトの目的について述べた文として、適切なものを次の中から選びなさい。

1 話題が変わることを知らせるために行う。

2 聞き手が息抜きできるように行う。

3 聞き手の関心を引き付けるために行う。

本試験の実技科目は、試験プログラムを使って出題されます。
本書では、試験プログラムを使わずに操作します。

あなたは、株式会社日商デジタル機器販売の販売部第1課に所属しています。
販売部第1課では、月初めに前月の販売実績を確認し、販売方針を検討しています。
あなたは上司から、前月の販売実績をまとめたプレゼン資料を作成するよう指示を受けました（次回の第1課の販売会議は2021年6月4日）。
ひな型となるプレゼン資料**「販売報告」**をもとにして、資料を仕上げていきます。それぞれのスライドに盛り込む内容は、下記の［修正内容］に示したような指示がありました。
これらの指示に従ってプレゼン資料を修正するために、**「ドキュメント」**内のフォルダー**「日商PC プレゼン3級PowerPoint2019／2016」**内のフォルダー**「模擬試験」**にある**「販売報告」**を開き、修正を加えてください。

※試験時間内に作業が終わらない場合は、終了時点のファイルを指定されたファイル名で保存してから終了してください。保存された結果のみが採点対象になります。

［修正内容］

1　スライド1に関わる修正

❶タイトルを、**「5月販売報告」**に変更すること。
❷部署名に**「第1課」**を追記すること。
❸部署名の前に発表日である会議開催日を記入し、会議開催日と部署名の2行にすること。会議開催日のフォントとサイズは、部署名と同一とすること。

2　スライド2に関わる修正

❶タイトルを、**「月次販売集計（金額）」**に変更すること。
❷表を挿入し、次のように入力すること。

	1～10日	11～20日	21～31日	合計
外付けハードディスク	32	51	49	
ポータブルSSD	29	42	58	
外付けDVDドライブ	11	21	18	
合計				

❸❷で挿入した表の空欄のセルに、合計を計算して数値を記入すること。
❹表のスタイルを**「中間スタイル3-アクセント1」**に変更すること。
❺セル内の数値をすべて**「右揃え」**にすること。
❻1行目の項目名をセル内で**「中央揃え」**にすること。
❼表の右上の位置にテキストボックスを挿入し、横書きで**「（単位：千円）」**と追記すること。

3 スライド3に関わる修正

❶タイトルを「**販売実績比較（4月−5月）**」に変更すること。
❷グラフのレイアウトを「**レイアウト4**」に変更すること。
❸縦軸ラベルを表示し、縦書きで「**（単位：千円）**」と記入すること。

4 スライド4に関わる修正

❶タイトルを「**販売状況分析**」に変更すること。
❷入力されている文章を、3項目の箇条書きにすること。
❸文末は「**である体**」で統一すること。

5 スライド5に関わる修正

❶次の2項目を箇条書きで挿入すること。

・商品知識の提供／顧客への説明がしやすいように、資料を提供する。 ・おすすめ商品の提供／利益率の高い商品を選び、おすすめ商品として提供する。

❷「／」以下の部分を分け、階層レベルを2階層目に変更すること。なお、「／」は削除すること。
❸任意のスタイルのワードアートを使って、「**業績アップ！**」の文字をスライドの右下の位置に挿入すること。
❹ワードアートが右上がりに表示されるように、任意の3-D回転の効果を設定すること。
❺「**ドキュメント**」内のフォルダー「**日商PC プレゼン3級PowerPoint2019／2016**」内のフォルダー「**模擬試験**」から、増加しているグラフのイラストを選び、大きさを調整してタイトルの右に配置すること。

6 スライド6に関わる修正

❶SmartArt内の「**実績評価**」の次に、「**販売店支援策定**」の項目を追加すること。
❷SmartArtのスタイルを「**立体グラデーション**」に変更すること。

7 全スライドに関わる修正

❶スライド5とスライド6の順序を入れ替えること。

❷タイトルスライドを除くすべてのスライドに、スライド番号を表示させること。

❸修正したファイルは、「ドキュメント」内のフォルダー「日商PC　プレゼン3級 PowerPoint2019／2016」内のフォルダー「模擬試験」に「5月販売報告（完成）」のファイル名で保存すること。

ファイル「販売報告」の内容

●スライド1

販売報告

販売部

●スライド2

販売集計

●スライド3

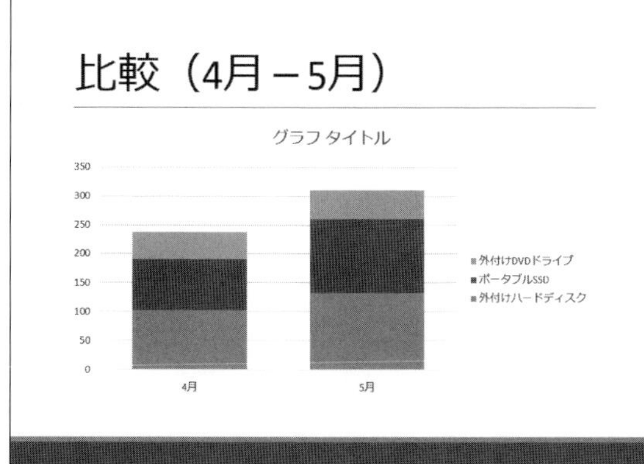

●スライド4

販売状況

●5月の販売実績は4月と比べて、金額ベースで131%の増加となりました。そして、ポータブルSSDの販売が伸びました。これは販売店支援としてSSDの説明資料配布などの施策を実行したためと思われます。

●スライド5

販売店支援活動

●スライド6

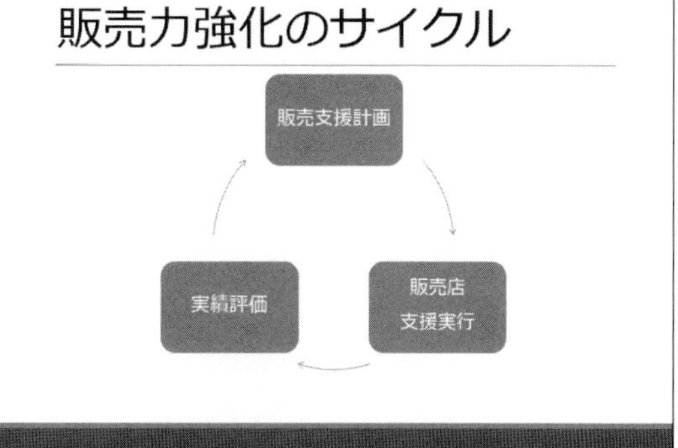

第3回 模擬試験 問題

解答 ▶ 別冊P.30

本試験は、試験プログラムを使ったネット試験です。
本書の模擬試験は、試験プログラムを使わずに操作します。

知識科目

試験時間の目安:5分

本試験の知識科目は、プレゼン資料作成分野と共通分野から出題されます。
本書では、プレゼン資料作成分野の問題のみを取り扱っています。共通分野の問題は含まれません。

問題 1

PowerPointの動作設定ボタンについて述べた文として、適切なものを次の中から選びなさい。

1　動作設定ボタンは、スライドショーの実行中に1つ前のスライドを投影したいときに使う。
2　動作設定ボタンは、ノートの内容を画面に表示させたいときに使う。
3　動作設定ボタンは、スライドショーの実行中に、あるスライドから別のスライドにジャンプさせたいときに使う。

問題 2

プレゼンの本論で話す内容として、適切なものを次の中から選びなさい。

1　すでに述べた結論に対する根拠や理由
2　プレゼン内容の聞き手に対する関係
3　全体を要約した内容

問題 3

プレゼンにおける本論の構成について述べた文として、適切なものを次の中から選びなさい。

1　聞き手の興味を引き付けたいときは、複雑なものから簡単なものへという展開が有効である。
2　時間の経過に沿った展開は、単調になるので避けたほうがよい。
3　本論で説明する内容の概要を示してから詳細説明に入るとわかりやすくなる。

問題 4

スライドショーについて述べた文として、適切なものを次の中から選びなさい。

1　複数のスライドを一覧で表示して、スライドの移動などを行うことを指す。
2　スライドを画面全体に表示し、順次説明していくことを指す。
3　プレゼンテーションを作成後に、スライド番号や日付、フッターが正しく表示されるか確認する作業を指す。

■ **問題 5**　スライドの箇条書きの行末の表現として、適切なものを次の中から選びなさい。

1

標準時間設定のメリット

- 仕事の質の向上を図るときの基準
- 仕事の効率アップにつながる。
- 仕事の記録が標準化される。
- 業務の拡張や変化への対応が容易
- スキルアップを目指すときの目標の設定が容易

2

標準時間設定のメリット

- 仕事の質の向上を図るときの基準になる。
- 仕事の効率アップにつながります。
- 仕事の記録が標準化されます。
- 業務の拡張や変化に対応しやすくなる。
- スキルアップを目指すときの目標が設定しやすくなる。

3

標準時間設定のメリット

- 仕事の質の向上を図るときの基準になる。
- 仕事の効率アップにつながる。
- 仕事の記録が標準化される。
- 業務の拡張や変化に対応しやすくなる。
- スキルアップを目指すときの目標が設定しやすくなる。

■ **問題 6**　次のSmartArtが属するカテゴリーとして、適切なものを次の中から選びなさい。

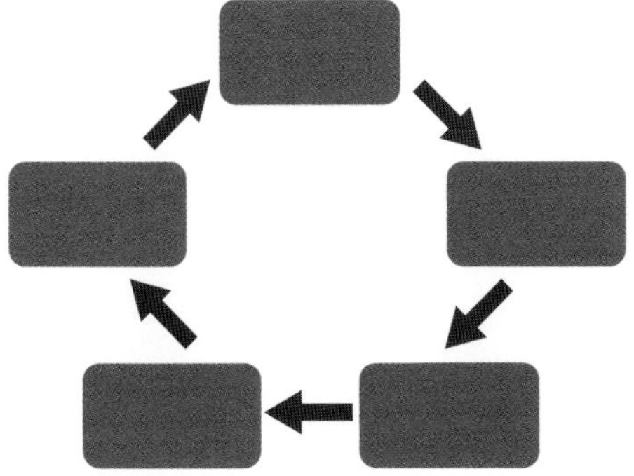

1　集合関係

2　手順

3　循環

問題 7 明度について述べた文として、適切なものを次の中から選びなさい。

1　色みの性質を指す言葉である。
2　色の明るさの度合いを指す言葉である。
3　色みの強弱の度合いを指す言葉である。

問題 8 暖色、寒色、中性色について述べた文として、適切なものを次の中から選びなさい。

1　赤は暖色、黄緑は寒色、青紫は中性色である。
2　黄は暖色、青緑は寒色、紫は中性色である。
3　黄は暖色、赤紫は寒色、緑は中性色である。

問題 9 基本図形の枠線の色について述べた文として、適切なものを次の中から選びなさい。

1　枠線の色はすべて黒にするのがよい。
2　枠線の色はすべて白にするのがよい。
3　基本図形の塗りつぶしの色に合わせて枠線の色を変えることは、一般によく行われている。

問題 10 プレゼンの時間配分について述べた文として、適切なものを次の中から選びなさい。

1　「序論」と「本論」に重点的に時間を配分し、「まとめ」で時間の調整を行う。
2　「序論」「本論」「まとめ」を三等分するように時間を配分する。
3　質疑応答の時間も含めて時間配分を考える。

実技科目

試験時間の目安：30分

本試験の実技科目は、試験プログラムを使って出題されます。
本書では、試験プログラムを使わずに操作します。

あなたは、日商プランニング株式会社の営業部に所属しています。
今回、上司から営業先の顧客に対してネットショップの開設を勧めるためのプレゼン資料を作成するよう指示を受けました（プレゼン実施日は2021年5月10日）。
そこで類似のプレゼン資料を参考にして、ファイル「**ネットショップ開設の提案**」を作成し上司に提出したところ、下記の[修正内容]に示したような指摘事項がありました。
これらの指摘に従ってプレゼン資料を修正するために、「**ドキュメント**」内のフォルダー「**日商PC プレゼン3級 PowerPoint2019／2016**」内のフォルダー「**模擬試験**」にあるファイル「**ネットショップ開設の提案**」を開き、修正を加えてください。

※試験時間内に作業が終わらない場合は、終了時点のファイルを指定されたファイル名で保存してから終了してください。保存された結果のみが採点対象になります。

[修正内容]

1 スライド1に関わる修正

❶タイトルの適切な位置に「**ネットショップ開設による**」を追加すること。
❷会社名「**日商プランニング株式会社**」を適切な位置に追加すること。

2 スライド2に関わる修正

❶文章を3項目の箇条書きにすること。
❷文末は「**体言止め**」で統一すること。
❸箇条書きに、スライド6と同じ記号を追加すること。
❹1つ目の箇条書きの「**販売網およびユーザー市場の拡大**」、2つ目の「**収益向上**」、3つ目の「**迅速な新製品の提供**」の文字の色を「**赤**」に変更すること。

3 スライド3に関わる修正

❶2つの円のあいだに、右矢印を挿入すること。作成した右矢印を使って左矢印を作成し、2つの円のあいだに挿入して「**メーカー**」と「**ユーザー**」の相互関係を示す図解にすること。なお、右矢印を左矢印の上部に配置すること。
❷右矢印の上に、「**商品・サポート**」の文字を横書きテキストボックスで追加すること。
❸左矢印の下に、「**代金・フィードバック**」の文字を横書きテキストボックスで追加すること。

4　スライド4に関わる修正

❶SmartArt内の「**収益の拡大**」と「**ユーザースタンダードの獲得**」のあいだに、図形要素「**シェアの拡大**」を追加すること。

❷SmartArtのスタイルを「**立体グラデーション**」にすること。

5　スライド5に関わる修正

❶グラフの種類を円グラフの「**円**」（平面で要素の分割がないもの）に変更すること。

❷グラフの下側に凡例を表示すること。

❸グラフ要素の内部中央にデータラベルを表示すること。

❹データラベルのフォントの種類を「**MSゴシック**」とし、文字の色を「**白、背景1**」にすること。

6　スライド6に関わる修正

❶「**プライバシーマークの取得**」の箇条書きの階層レベルを2階層目に変更すること。

❷「**販売サイトの周知**」の下の行に「**広告バナーの掲載**」を挿入すること。

❸「**広告バナーの掲載**」の箇条書きの階層レベルを2階層目に変更すること。

7　スライド7に関わる修正

❶行頭の記号「**●**」を「**チェックマークの行頭文字**」に変更すること。

❷ワードアートを使って、「**インターネット通販ビジネスに最適なシステムとサポートを！**」を挿入すること。「**インターネット通販ビジネスに最適なシステムとサポートを！**」は適切な位置で改行して2行にすること。

❸ワードアートのスタイルは、「**塗りつぶし：オレンジ、アクセントカラー4；面取り（ソフト）**」にすること。

※お使いの環境によっては、「塗りつぶし-オレンジ、アクセント4、面取り（ソフト）」と表示される場合があります。

❹ワードアートのフォントサイズは「**28ポイント**」、フォントの色を「**青、アクセント1**」とし、スライドの下に箇条書きと重ならないように配置すること。

8　全スライドに関わる修正

❶スライド5をスライド2の直後に移動すること。

❷タイトルスライドを除くすべてのスライドに、スライド番号を表示すること。

❸修正したファイルは、「ドキュメント」内のフォルダー「日商PC　プレゼン3級 PowerPoint2019／2016」内のフォルダー「模擬試験」に「ネットショップ開設の提案（完成）」のファイル名で保存すること。

ファイル「ネットショップ開設の提案」の内容

●スライド1

●スライド2

ネットショップ開設のメリット

まず、インターネットを利用した通信販売は、販売網およびユーザー市場の拡大に高い効果があります。次に仲卸や小売店を介さないメーカー直販形式で、収益向上を期待できます。さらに、自社WEBサイトの製品情報とリンクし、迅速な新製品の提供が可能です。

●スライド3

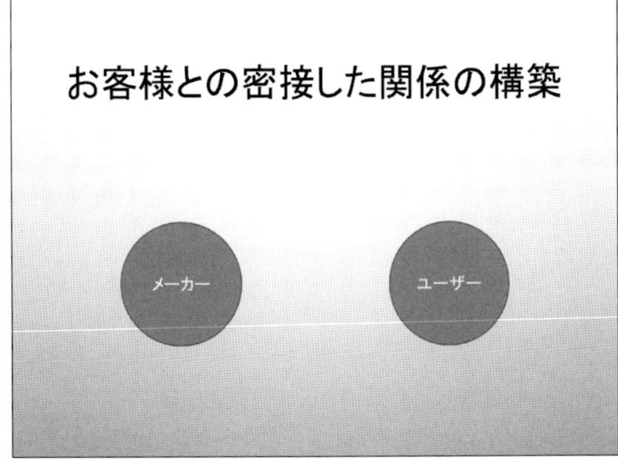

●スライド4

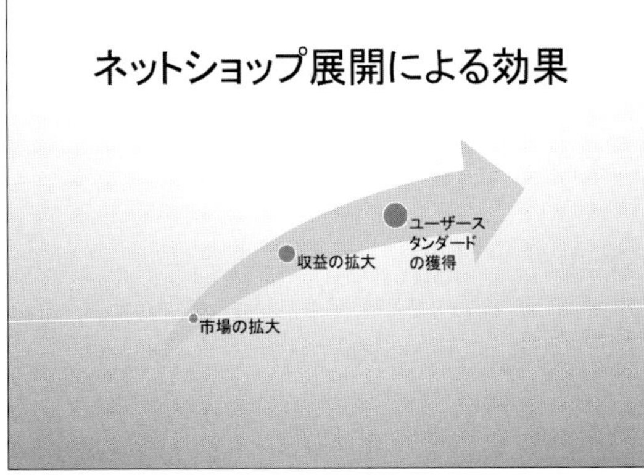

●スライド5

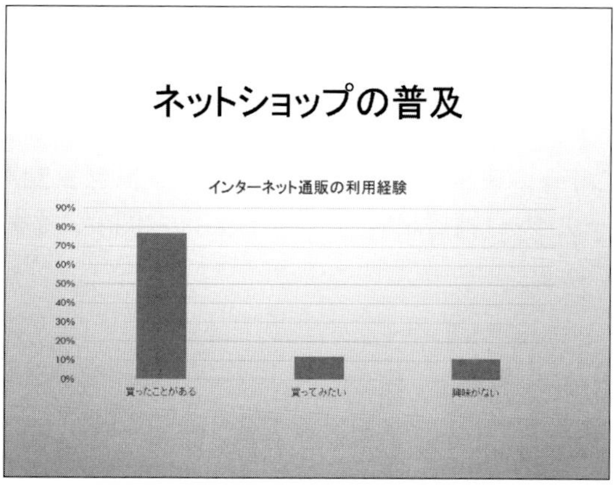

ネットショップの普及

インターネット通販の利用経験

90%
80%
70%
60%
50%
40%
30%
20%
10%
0%

買ったことがある
買ってみたい
興味がない

●スライド6

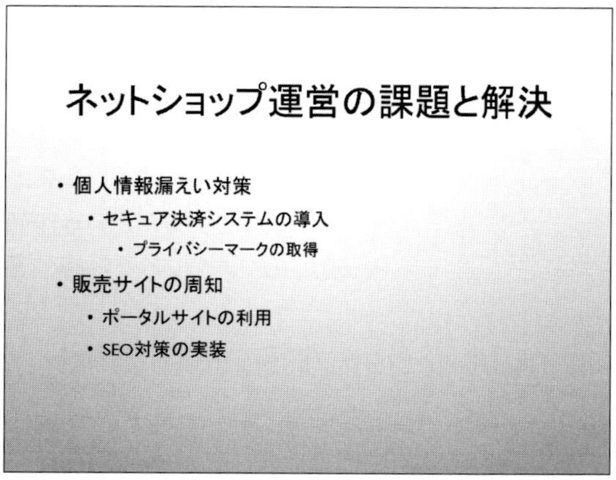

ネットショップ運営の課題と解決

- 個人情報漏えい対策
  - セキュア決済システムの導入
    - プライバシーマークの取得
- 販売サイトの周知
  - ポータルサイトの利用
  - SEO対策の実装

●スライド7

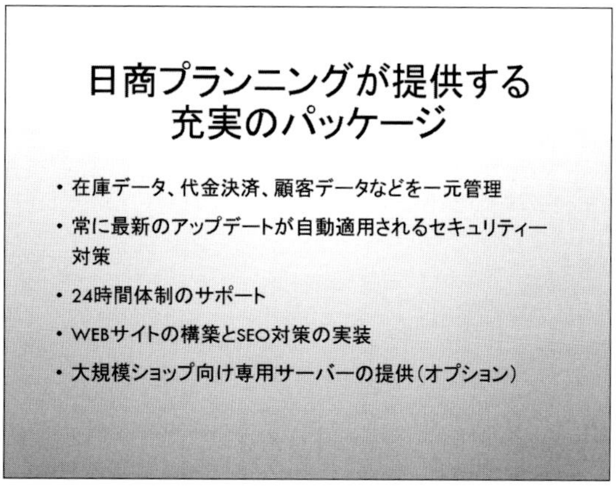

日商プランニングが提供する
充実のパッケージ

- 在庫データ、代金決済、顧客データなどを一元管理
- 常に最新のアップデートが自動適用されるセキュリティー対策
- 24時間体制のサポート
- WEBサイトの構築とSEO対策の実装
- 大規模ショップ向け専用サーバーの提供（オプション）

実技科目　ワンポイントアドバイス

1 実技科目の注意事項

日商PC検定試験は、インターネットを介して実施され、受験者情報の入力から試験の実施まで、すべて試験会場のPCを操作して行います。また、実技科目では、日商PC検定試験のプログラム以外に、プレゼンソフトのPowerPointを使って解答します。
原則として、試験会場には自分のPCを持ち込むことはできません。慣れない環境で失敗しないために、次のような点に気を付けましょう。

❶ PCの環境を確認する

試験会場によって、PCの環境は異なります。
現在、実技科目で使用できるPowerPointのバージョンは、2013、2016、2019のいずれかで、試験会場によって異なります。
また、PCの種類も、デスクトップ型やノートブック型など、試験会場によって異なります。ノートブック型のPCの場合には、キーボードにテンキーがないこともあるため、数字の入力に戸惑うかもしれません。試験を開始してから戸惑わないように、事前に試験会場にアプリケーションソフトのバージョンやPCの種類などを確認してから申し込むようにしましょう。
試験会場で席に着いたら、使用するPCの環境が申し込んだときの環境と同じであるか確認しましょう。
また、PowerPointは画面解像度によってリボンの表示が異なるので、試験会場のPCの画面解像度を事前に確認しておきましょう。普段から同じ画面解像度で学習しておくと、ボタンの場所を探しやすくなります。

❷ 受験者情報は正確に入力する

試験が開始されると、受験者の氏名や生年月日といった受験者情報の入力画面が表示されます。ここで入力した内容は、試験結果とともに受験者データとして残るので、正確に入力します。
また、氏名と生年月日は本人確認のもととなるとともにデジタル合格証にも表示されるので、入力を間違えないように十分注意しましょう。試験終了後に間違いに気づいた場合は、試験官にその旨を伝えて訂正してもらうようにしましょう。
これらの入力時間は試験時間に含まれないので、落ち着いて対応しましょう。

❸ 使用するアプリケーションソフト以外は起動しない

試験中は、指定されたアプリケーションソフト以外は起動しないようにしましょう。
指定のアプリケーションソフト以外のソフトを起動すると、試験プログラムが誤動作したり、正しい採点が行われなくなったりする可能性があります。
また、Microsoft EdgeやInternet Explorerなどのブラウザーを起動してインターネットに接続すると、試験の解答につながる情報を検索したと判断されることがあります。
試験中は指定されたアプリケーションソフト以外は起動しないようにしましょう。

2 実技科目の操作のポイント

実技科目の問題は、**「職場の上司からの指示」**が想定されています。その指示を達成するためにどのような機能を使えばよいのか、どのような手順で進めればよいのかといった具体的な作業については、自分で考えながら解答する必要があります。
問題文をよく読んで、具体的にどのような作業をしなければならないのかを素早く判断する力が求められています。
解答を作成するにあたって、次のような点に気を付けましょう。

❶ プレゼン資料の全体像を理解する

試験が開始されたら、まずは問題文を一読します。問題文が表示される画面を全画面表示に切り替えると読みやすいでしょう。解答する前に、どのようなプレゼン資料を作ることが求められているのかという全体像を理解しておくと、解答しやすくなります。

※次の画面はサンプル問題です。実際の試験問題とは異なります。

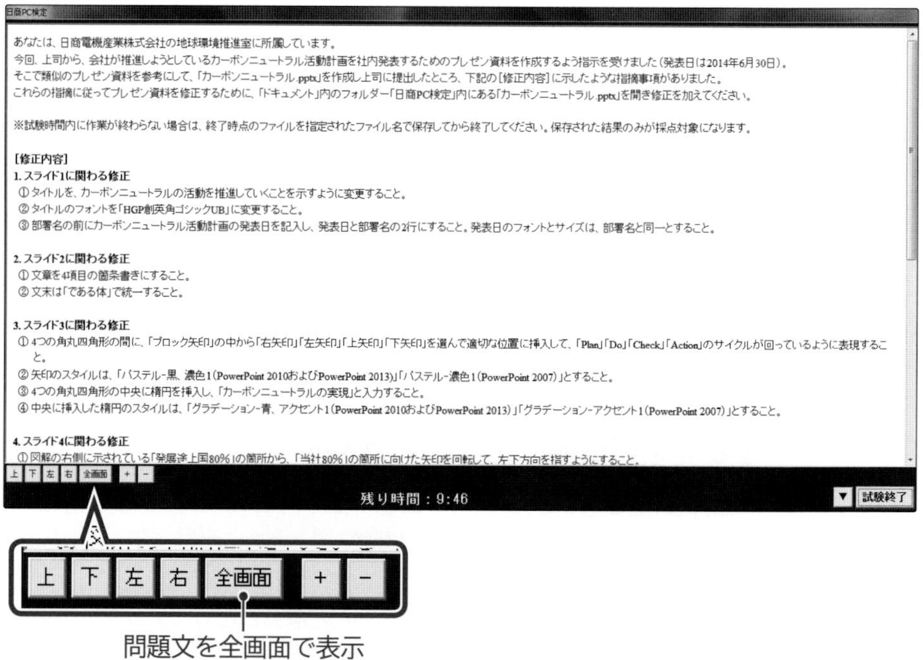

❷ 問題文に指示されていないことはしない

問題文に指示されていないのに、箇条書きやテキストボックスに余分な空白を入れたり、改行したり、読点を追加したりすると減点される可能性があります。指示されていないところは、勝手に変更しないようにしましょう。
また、見やすいからといって、指示されていないのにフォントサイズを変えたり、色を付けたりするのもやめましょう。問題文から読み取れる指示以外は、むやみに変更してはいけません。
図形やSmartArtを挿入して加工する場合も、問題文に指示されていない操作をしないように注意しましょう。図形を挿入するときは、種類、位置、向きなどに十分注意し、指示のない色の変更、枠線の加工、影の追加などはしないようにしましょう。
ただし、問題文に指示がないからといって、たとえば文章から箇条書きに変更する問題で、箇条書きに不要な接続詞が残ったままになっていたり、明らかに変更や修正が必要な箇所をそのままにしておいたりすると減点されることがあります。

❸ 元のファイルに記載されている項目にならって入力する

日付の表記（西暦や和暦）や時間の表記（12時間制や24時間制）は、元のファイルに従って同じ表記で入力します。異なる表記を混在させないようにしましょう。問題文で表記が指定されている場合は、その指示に従います。

❹ 半角と全角は混在させない

プレゼンテーション内で英数字は、半角と全角が混在していると減点される可能性があります。英数字は、半角か全角のどちらかに統一するようにします。半角と全角のどちらにそろえるかは、問題文に指示がなければ、元のファイルでどちらで入力されているかによって判断します。半角で入力されていれば半角、全角で入力されていれば全角で統一します。元のファイルに英数字がない場合、半角で統一しましょう。

❺ 図形のサイズを大幅に変更しない

元のファイルに用意されている図形のサイズは、問題文に変更する指示がなければ、サイズは変えないほうがよいでしょう。多少の変更は問題ありませんが、大幅にサイズを変えて、スライドのレイアウトが変わってしまうと採点に影響する可能性があります。誤ってサイズを変更してしまった場合は、（元に戻す）などを利用して、元の状態に戻しておくとよいでしょう。

❻図形を一から作成し直さない

図形を編集する指示がある場合、途中の操作を間違えたからといって一から図形を作り直すことはやめましょう。最初から作り直した図形は、採点されない可能性があります。
図形を編集する操作に不安がある場合は、編集前に指定のフォルダー内に別の名前でファイルを保存し、バックアップをとっておくことをお勧めします。もし、編集を間違えてしまい、図形を元の状態に戻せなくなったら、バックアップファイルを使って作成し直すとよいでしょう。
ただし、試験終了までには別名を付けて保存したバックアップファイルを消去しておきましょう。

❼見直しをする

時間が余ったら、必ず見直しをしましょう。ひらがなで入力しなければいけないのに、漢字に変換していたり、設問をひとつ解答し忘れていたりするなど、入力ミスや単純ミスで点を落としてしまうことも珍しくありません。確実に点を獲得するために、何度も見直して合格を目指しましょう。

❽指示どおりに保存する

作成したファイルは、問題文で指定された保存場所に、指定されたファイル名で保存します。保存先やファイル名を間違えてしまうと、解答ファイルがないとみなされ、採点されません。せっかく解答ファイルを作成しても、採点されないと不合格になってしまうので、必ず保存先とファイル名が正しいかを確認するようにしましょう。
ファイル名は、英数字やカタカナの全角や半角、英字の大文字や小文字が区別されるので、間違えないように入力します。また、ファイル名に余分な空白が入っている場合も、ファイル名が違うと判断されるので注意が必要です。
本試験では、時間内にすべての問題が解き終わらないこともあります。そのため、ファイルは最後に保存するのではなく、指定されたファイル名で最初に保存し、随時上書き保存するとよいでしょう。

Appendix

付録

日商PC検定試験の概要

日商PC検定試験「プレゼン資料作成」とは …………………… 219
「プレゼン資料作成」の内容と範囲 ……………………………… 221
試験実施イメージ …………………………………………………… 224

日商PC　日商PC検定試験「プレゼン資料作成」とは

1　目的

「日商PC検定試験」は、ネット社会における企業人材の育成・能力開発ニーズを踏まえ、企業実務でIT（情報通信技術）を利活用する実践的な知識、スキルの修得に資するとともに、個人、部門、企業のそれぞれのレベルでITを利活用した生産性の向上に寄与することを目的に、**「文書作成」**、**「データ活用」**、**「プレゼン資料作成」**の3分野で構成され、それぞれ独立した試験として実施しています。中でも**「プレゼン資料作成」**は、プレゼンソフトの利活用による実務能力の向上を図り、企業競争力の強化に資することを目的とし、主として商品・サービス等のプレゼン資料や、企画・提案書、会議資料等の作成、取り扱いを問う内容となっています。

2　受験資格

どなたでも受験できます。いずれの分野・級でも学歴・国籍・取得資格等による制限はありません。

3　試験科目・試験時間・合格基準等

級	知識科目	実技科目	合格基準
1級	30分（論述式）	60分	知識、実技の2科目とも70点以上（100点満点）で合格
2級	15分（択一式）	40分	
3級	15分（択一式）	30分	

4　試験方法

インターネットを介して試験の実施から採点、合否判定までを行う**「ネット試験」**で実施します。

※2級および3級は試験終了後、即時に採点・合否判定を行います。1級は答案を日本商工会議所に送信し、中央採点で合否を判定します。

5 受験料（税込み）

1級	2級	3級
10,480円	7,330円	5,240円

※上記受験料は、2021年6月現在（消費税10%）のものです。

6 試験会場

商工会議所ネット試験施行機関（各地商工会議所、および各地商工会議所が認定した試験会場）

7 試験日時

●1級	日程が決まり次第、検定試験ホームページ等で公開します。
●2級・3級	各ネット試験施行機関が決定します。

8 受験申込方法

検定試験ホームページで最寄りのネット試験施行機関を確認のうえ、直接お問い合わせください。

9 その他

試験についての最新情報および詳細は、検定試験ホームページでご確認ください。

検定試験ホームページ	https://www.kentei.ne.jp/

日商PC 「プレゼン資料作成」の内容と範囲

1 1級

与えられた情報を整理・分析するとともに、必要に応じて情報を入手し、明快で説得力のあるプレゼン資料を作成することができる。

科目	内容と範囲
知識科目	○2、3級の試験範囲を修得したうえで、プレゼンの工程（企画、構成、資料作成、準備、実施）に関する知識を第三者に正確かつわかりやすく説明できる。 ○2、3級の試験範囲を修得したうえで、プレゼン資料の表現技術（レイアウト、デザイン、表・グラフ、図解、写真の利用、カラー表現等）に関する知識を第三者に正確かつわかりやすく説明できる。 ○プレゼン資料の作成、標準化、データベース化、管理等に関する実践的かつ応用的な知識を身に付けている。 等
	（共通） ○企業実務で必要とされるハードウェア、ソフトウェア、ネットワークに関し、第三者に正確かつわかりやすく説明できる。 ○ネット社会に対応したデジタル仕事術を理解し、自社の業務に導入・活用できる。 ○インターネットを活用した新たな業務の進め方、情報収集・発信の仕組みを提示できる。 ○複数のプログラム間での電子データの相互運用が実現できる。 ○情報セキュリティーやコンプライアンスに関し、社内で指導的立場となれる。 等
実技科目	○目的を達成するために最適なプレゼンの企画・構成を行い、これに基づきストーリーを展開し説得力のあるプレゼン資料を作成できる。 ○与えられた情報を整理・分析するとともに、必要に応じて社内外のデータベースから目的に適合する必要な資料、文書、データを検索・入手し、適切なプレゼン資料を作成できる。 ○図解技術、レイアウト技術、カラー表現技術等を駆使して、高度なビジュアル表現によりわかりやすいプレゼン資料を効率よく作成できる。 等

2 2級

与えられた情報を整理・分析し、図解技術やレイアウト技術、カラー表現技術等を用いて、適切でわかりやすいプレゼン資料を作成することができる。

科目	内容と範囲
知識科目	○プレゼンの工程（企画、構成、資料作成、準備、実施）に関する実践的な知識を身に付けている。 ○プレゼン資料の表現技術（レイアウト、デザイン、表・グラフ、図解、写真の利用、カラー表現等）に関する実践的な知識を身に付けている。 ○プレゼン資料の管理（ファイリング、共有化、再利用）について実践的な知識を身に付けている。 等
	（共通） ○企業実務で必要とされるハードウェア、ソフトウェア、ネットワークに関する実践的な知識を身に付けている。 ○業務における電子データの適切な取り扱い、活用について理解している。 ○ソフトウェアによる業務データの連携について理解している。 ○複数のソフトウェア間での共通操作を理解している。 ○ネットワークを活用した効果的な業務の進め方、情報収集・発信について理解している。 ○電子メールの活用、ホームページの運用に関する実践的な知識を身に付けている。 等
実技科目	○プレゼンの工程（企画、構成、資料作成、準備、実施）を理解し、ストーリー展開を踏まえたプレゼン資料を作成できる。 ○与えられた情報を整理・分析し、目的に応じた適切なプレゼン資料を作成できる。 ○企業実務で必要とされるプレゼンソフトの機能を理解し、操作法にも習熟している。 ○図解技術、レイアウト技術、カラー表現技術等を用いて、わかりやすいプレゼン資料を作成できる。 ○作成したプレゼン資料ファイルを目的に応じ分類、保存し、業務で使いやすいファイル体系を構築できる。 等

3　3級

指示に従い、プレゼン資料の雛形や既存の資料を用いて、正確かつ迅速にプレゼン資料を作成することができる。

科目	内容と範囲
知識科目	○プレゼンの工程（企画、構成、資料作成、準備、実施）に関する基本知識を身に付けている。 ○プレゼン資料の表現技術（レイアウト、デザイン、表・グラフ、図解、写真の利用、カラー表現等）について基本的な知識を身に付けている。 ○プレゼン資料の管理（ファイリング、共有化、再利用）について基本的な知識を身に付けている。 等
	（共通） ○ハードウェア、ソフトウェア、ネットワークに関する基本的な知識を身に付けている。 ○ネット社会における企業実務、ビジネススタイルについて理解している。 ○電子データ、電子コミュニケーションの特徴と留意点を理解している。 ○デジタル情報、電子化資料の整理・管理について理解している。 ○電子メール、ホームページの特徴と仕組みについて理解している。 ○情報セキュリティー、コンプライアンスに関する基本的な知識を身に付けている。 等
実技科目	○プレゼンの工程（企画、構成、資料作成、準備、実施）を理解し、指示に従い正確かつ迅速にプレゼン資料を作成できる。 ○プレゼン資料の基本的な雛形や既存のプレゼン資料を活用して、目的に応じて新たなプレゼン資料を作成できる。 ○企業実務で必要とされるプレゼンソフトの基本的な機能を理解し、操作法の基本を身に付けている。 ○作成したプレゼン資料に適切なファイル名を付け保存するとともに、日常業務で活用しやすく整理分類しておくことができる。 等

※本書で学習できる範囲は、表の網かけ部分となります。

試験実施イメージ

試験開始ボタンをクリックすると、試験センターから試験問題がダウンロードされ、試験開始となります。（試験問題は受験者ごとに違います。）
試験は、知識科目、実技科目の順に解答します。
知識科目では、上部の問題を読んで下部の選択肢のうち正解と思われるものを選びます。解答に自信がない問題があったときは、**「見直しチェック」**欄をクリックすると**「解答状況」**の当該問題番号に色が付くので、あとで時間があれば見直すことができます。

【参考】知識科目

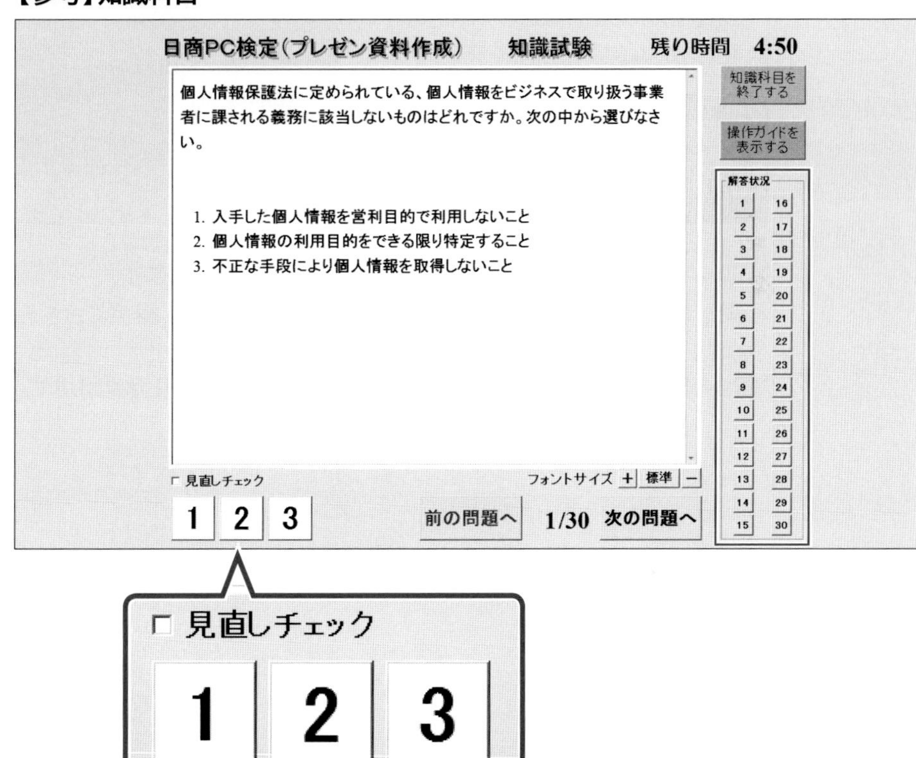

知識科目を終了すると、実技科目に移ります。試験問題で指定されたファイルを呼び出して（アプリケーションソフトを起動）、答案を作成します。

【参考】実技科目

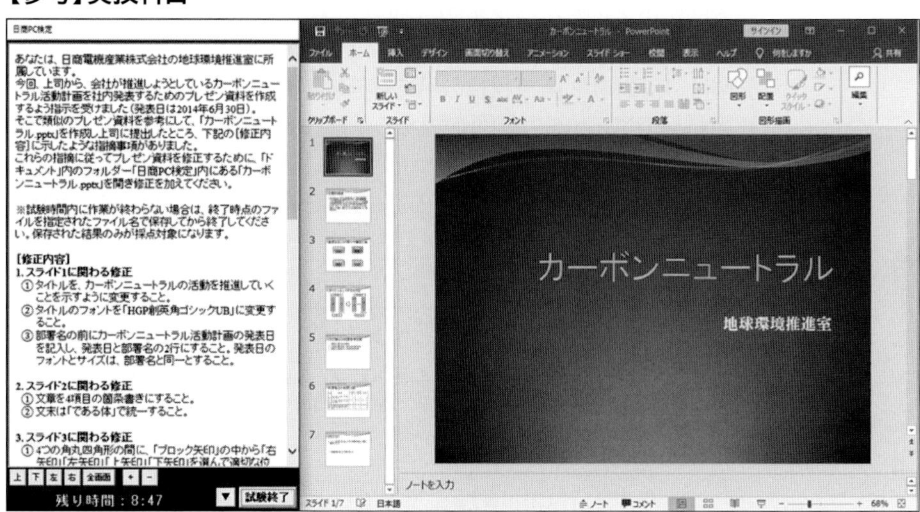

作成した答案を試験問題で指定されたファイル名で保存します。

答案（知識、実技両科目）はシステムにより自動採点され、得点と合否結果（両科目とも70点以上で合格）が表示されます。

※【参考】の問題はすべてサンプル問題のものです。実際の試験問題とは異なります。

Index

索引

Index 索引

英数字

5W2H……20
Microsoft PowerPoint……12
Officeテーマ……35
PC……182
PowerPoint……12
PowerPoint2019／2016のファイル形式……53
PowerPoint活用の流れ……12
PowerPointの特長……31
PowerPointの表示モード……42
SmartArt……31,72,74
SmartArtグラフィック……72
SmartArt内の文字の書式設定……92
SmartArtの移動……92
SmartArtの色の変更……92,94,96
SmartArtのサイズ変更……92
SmartArtの図形要素の削除……87
SmartArtの図形要素の増減……86
SmartArtの図形要素の追加……86
SmartArtの図形要素のレベルの変更……88
SmartArtのスタイルの設定……91,94,96
SmartArtの挿入……83,84,93,95
SmartArtの分類……74,75
SmartArtへの写真の挿入……125

あ

アイコンタクト……186
アウトライン……12
新しいスライドの追加……43
新しいプレゼンテーションの作成……32
アニメーション……13
アフターフォロー……190
アンケート用紙……183

い

移動（SmartArt）……92
移動（基本図形）……101
移動（スライド）……55
移動（プレースホルダー）……41
色づかい……150,161,162,163,165
色の効果……145
色の三属性……146
色のトーン……147,149
色の変更（SmartArt）……92,94,96
色の変更（基本図形）……152
印刷（配布資料）……57
インデント……65
インデントを増やす……67
インデントを減らす……67

う

上書き保存……53

お

大型液晶ディスプレイ……182
オンライン画像の挿入……123
オンラインプレゼンの準備……184

か

改行位置の調整……90
会場の設営……184
階層構造（SmartArt）……74,78
回転（基本図形）……113,114,167

影の設定……97
重ね順の変更……111
箇条書き……30
箇条書きの活用……63
箇条書きの行頭文字の拡大……69
箇条書きの行頭文字の縮小……69
箇条書きの行頭文字の変更……68
箇条書きの入力……45
箇条書きのレベルの深さ……67
箇条書きのレベルの変更……65,67
画像の活用……121
画面切り替え……13
カラーパレット……156,158,163
寒色……150
寒色系……150

き

企画（プレゼン）……19
聞き手の分析……22
基本図形……72
基本図形の移動……101
基本図形の色の変更……152
基本図形の回転……113,114,167
基本図形の重ね順の変更……111
基本図形のグループ化……169
基本図形のコピー……167
基本図形のサイズ変更……101
基本図形の作成……99
基本図形の接合……119
基本図形の塗りつぶし……155
基本図形の配置……168,170
基本図形の枠線……155
行頭の数字……69
行頭文字の変更……68
行の削除……129
行の挿入……130
行の高さの変更……132
行の高さをそろえる……132

く

クイックスタイル……152,161
グラフ……30,135
グラフタイトルの削除……137
グラフの作成……135
グラフの種類……135
グラフの種類の変更……137
グラフのスタイルの設定……139
グラフの挿入……135
グラフの凡例……30
グラフ要素の書式設定……137
グループ化……169
グレーの活用……155

け

形態別プレゼン……15
結合（セル）……131

こ

興奮色……151
項目名のそろえ方……133
声の出し方……186
コピー（基本図形）……167
コピー（長方形）……107
コピー（矢印）……167
コネクター……119
コメントペーパー……182,183

さ

サイズ変更（SmartArt）……92
サイズ変更（基本図形）……101
サイズ変更（スライド）……33
サイズ変更（長方形）……107

サイズ変更（プレースホルダー） ………… 41,51
彩度…………………………………… 146,149
最背面へ移動………………………………… 112
削除（行） ………………………………… 129
削除（グラフタイトル） …………………… 137
削除（図形要素） ……………………………87
削除（スライド） ……………………………55
作成（基本図形） ……………………………99
作成（グラフ）……………………………… 135
作成（表紙） …………………………………38
作成（プレゼンテーション） ………………32
座標図…………………………………………80
サブタイトル …………………………………38
サムネイル ……………………………………43

し

時間配分…………………………………… 183
色相…………………………………… 146,148
色相環……………………………………… 148
色調………………………………………… 147
姿勢………………………………………… 185
事前準備…………………………………… 181
下付き文字……………………………………40
質疑応答…………………………………… 189
実行（スライドショー） ………………… 42,187
実施（プレゼン）………………………… 185
自動調整オプション ………………………46
写真の活用………………………………… 121
写真の挿入……………………………… 121,125
写真のトリミング ……………………… 123
社名……………………………………………30
集合関係（SmartArt） ……………… 74,79,95
手段別プレゼン ………………………………16
循環（SmartArt） ……………………… 74,77,93
純色………………………………………… 148
情報の収集……………………………………23
情報の整理……………………………………23
書式設定（SmartArt） ………………………92
書式設定（グラフ要素） ……………… 137
書式設定（長方形） ……………………… 104
書式設定（表） …………………………… 135
書式設定（フォント） ………………………39
書式設定（右矢印） ………………… 109,115
書式のコピー/貼り付け…………………… 114
序論……………………………………………24
心理四原色………………………………… 148

す

図（SmartArt） ………………………… 74,82
数字のそろえ方 ………………………… 133
図解……………………………………………70
図解化の流れ……………………………… 103
図解作成の基本………………………………72
図解の活用……………………………………70
図解の効果……………………………………70
図解の特長……………………………………71
図形……………………………………………72
図形の移動………………………………… 101
図形の色の変更…………………………… 152
図形の回転……………………… 113,114,167
図形の重ね順の変更 …………………… 111
図形のグループ化 ……………………… 169
図形の効果……………………………………97
図形のコピー …………………………… 167
図形のサイズ変更 ……………………… 101
図形の作成……………………………………99
図形のスタイルの設定 ………………… 101
図形の性質………………………………… 172
図形の接合………………………………… 119
図形の塗りつぶし ……………………… 155
図形の配置……………………………… 168,170
図形の枠線………………………………… 155
図形要素………………………………………72
図形要素の削除………………………………87
図形要素の増減………………………………86
図形要素の追加………………………………86
図形要素のレベルの変更 …………………88
スタイルの設定（SmartArt）………… 91,94,96

スタイルの設定（グラフ） 139
スタイルの設定（図形） 101
スタイルの設定（表） 134
ストーリーの検討 54
スライド 12
スライド一覧 54
スライド一覧表示モードへの切り替え 54
スライドショー 13,42
スライドショーの実行 42,187
スライドの移動 55
スライドのサイズ変更 33
スライドの削除 55
スライドの順序の入れ替え 54
スライドの順番 57
スライドの挿入 56
スライドの追加 43
スライドの表示 189
スライドのレイアウトの種類 44
スライドのレイアウトの変更 57
スライド番号 30
スライド番号の挿入 47
スライドマスター 51

せ

設計（プレゼン） 24
接合（基本図形） 119
セルの結合 131

そ

挿入（SmartArt） 83,84,93,95
挿入（SmartArtの写真） 125
挿入（オンライン画像） 123
挿入（行） 130
挿入（グラフ） 135
挿入（写真） 121
挿入（スライド） 56
挿入（スライド番号） 47
挿入（長方形） 104
挿入（テキストボックス） 116
挿入（日付） 48
挿入（表） 128,129
挿入（吹き出し） 99
挿入（フッター） 51
挿入（右矢印） 109,115
挿入（矢印（上向き折線）） 113
挿入（列） 130
挿入（ワードアート） 117
訴求ポイント 26
組織図 78

た

体言止め 64
タイトル 30,38
タイトルスライド 33
タイトルの入力 38
暖色 150
暖色系 150

ち

中性色 150
長方形のコピー 107
長方形のサイズ変更 107
長方形の書式設定 104
長方形の挿入 104
著作権 123
沈静色 151

つ

追加（図形要素） 86
追加（スライド） 43

て

である体 …… 65
データ …… 29
データラベルの表示 …… 138
テーマ …… 30,35
テーマの色 …… 154,159,160,162
テーマの設定 …… 35,37
テキストウィンドウ …… 84
テキストウィンドウの非表示 …… 85
テキストウィンドウの表示 …… 85
テキストボックス …… 104,116
テキストボックスの挿入 …… 116
デザインの基本 …… 164
手順（SmartArt） …… 74,76
ですます体 …… 65

と

同系色 …… 148
動作設定ボタン …… 13
トーン …… 147,149
取り消し線 …… 40
トリミング …… 123

な

名前を付けて保存 …… 52

に

入力（箇条書き） …… 45
入力（タイトル） …… 38

の

ノート …… 12

は

配色 …… 159
配置（基本図形） …… 168,170
配置（文字） …… 107,133
配布資料 …… 29,57,183
配布資料の印刷 …… 57
配布資料の並べ方 …… 58
発表者用資料 …… 183
発表者用ツール …… 189
バリエーションの設定 …… 36
バリエーションのパターンの変更 …… 37
反対色 …… 148
凡例 …… 30

ひ

日付 …… 30
日付の挿入 …… 48
表 …… 127
表示（スライド） …… 189
表示（データラベル） …… 138
表紙の作成 …… 38
表示モード …… 42
表示モードの切り替え …… 54,57
標準の色 …… 160
標準表示モードへの切り替え …… 57
表の活用 …… 127
表の書式設定 …… 135
表のスタイルの設定 …… 134
表の挿入 …… 128,129
ピラミッド（SmartArt） …… 74,81

ふ

ファイル形式 …… 53
フォントサイズの自動調整 …… 46
フォントの書式設定 …… 39
吹き出しの挿入 …… 99

フッター ………………………………… 30,51
フッターの位置 …………………………52
フッターの挿入 …………………………51
ブラックアウト……………………………13
フリップボード …………………………16
プレースホルダー ………………………33
プレースホルダーの移動 ………………41
プレースホルダーのサイズ変更………… 41,51
プレゼン ……………………………9,12
プレゼン実施の流れ …………………… 185
プレゼン資料 ………………………9,29
プレゼン資料作成の流れ ………………29
プレゼン資料の構成要素 ………………30
プレゼン資料の作成 ……………………32
プレゼンソフト活用の流れ………………12
プレゼンテーション…………………9,12
プレゼンテーションの新規作成…………32
プレゼンテーションの保存………………52
プレゼンテーションパック ………………13
プレゼンテーションファイル ……………12
プレゼンの企画 …………………………19
プレゼンの基本 …………………………11
プレゼンの構成 …………………………26
プレゼンの実施 ………………………… 185
プレゼンの種類 …………………………15
プレゼンの設計 …………………………24
プレゼンの流れ …………………………10
プレゼンプランシート…………………19,20,21
プロジェクター ………………………… 9,182

へ

変形(ワードアート) …………………… 117
変更(行の高さ) ……………………… 132
変更(文字の配置) …………………… 133
変更(列幅) …………………………… 132

ほ

補色………………………………………… 148
保存(プレゼンテーション) ………………52
ホワイトアウト ……………………………13
本論……………………………………… 24,25

ま

マーキング …………………………………13
まとめ …………………………………… 24,25
マトリックス(SmartArt) ……………… 74,80
マトリックス図 ……………………………80

み

右矢印の書式設定……………………… 109,115
右矢印の挿入…………………………… 109,115

む

無彩色…………………………………… 146

め

明度…………………………………… 146,149

も

目的別スライドショー ……………………13
目的別プレゼン ……………………………15
文字飾り ……………………………………40
文字の配置……………………………… 107
文字の配置の変更……………………… 133

や

矢印の挿入 113
矢印の意味 174
矢印の回転 113,167
矢印の形 174
矢印のコピー 167
矢印の調整 110

ゆ

有彩色 146

り

リスト(SmartArt) 74,75
リハーサル 183

る

類似色 148

れ

レイアウトの基本 164
レイアウトの種類 44
レイアウトの変更 57
列の挿入 130
列の幅をそろえる 132
列幅の変更 132

ろ

ロゴ 30

わ

ワードアート 104,117
ワードアートの挿入 117
ワードアートの変形 117

よくわかるマスター
日商PC検定試験　プレゼン資料作成　3級
公式テキスト&問題集
Microsoft® PowerPoint® 2019/2016 対応
(FPT2105)

2021年 7 月 7 日　初版発行

©編者：日本商工会議所　IT活用能力検定研究会

発行者：青山　昌裕

発行所：FOM出版（株式会社富士通ラーニングメディア）
〒108-0075 東京都港区港南2-13-34 NSS-Ⅱビル
https://www.fom.fujitsu.com/goods/

印刷／製本：株式会社廣済堂

表紙デザインシステム：株式会社アイロン・ママ

●本書に関するご質問は、ホームページまたはメールにてお寄せください。
<ホームページ>
上記ホームページ内の「FOM出版」から「QAサポート」にアクセスし、「QAフォームのご案内」から所定のフォームを選択して、必要事項をご記入の上、送信してください。
<メール>
FOM-shuppan-QA@cs.jp.fujitsu.com
なお、次の点に関しては、あらかじめご了承ください。
・ご質問の内容によっては、回答に日数を要する場合があります。
・本書の範囲を超えるご質問にはお答えできません。
・電話やFAXによるご質問には一切応じておりません。

緑色の用紙の内側に、別冊「解答と解説」が添付されています。

別冊は必要に応じて取りはずせます。取りはずす場合は、この用紙を1枚めくっていただき、別冊の根元を持って、ゆっくりと引き抜いてください。

日本商工会議所

日商PC検定試験 プレゼン資料作成3級 公式テキスト&問題集

Microsoft® PowerPoint® 2019/2016対応

解答と解説

学習後の完成ファイルは、フォルダー「日商PC プレゼン3級 PowerPoint2019／2016」内に収録されています。完成例が見にくい場合は、完成ファイルを開いてご確認ください。（本編P.5参照）

確認問題 解答と解説 ………… 1
第1回 模擬試験 解答と解説 ………… 18
第2回 模擬試験 解答と解説 ………… 24
第3回 模擬試験 解答と解説 ………… 30
模擬試験 採点シート ………… 37

Answer 確認問題 解答と解説

第1章 プレゼンの基本

知識科目

問題1

解答 **1 学生でもプレゼンを行う機会はある。**

解説 就職試験やゼミ、研究発表など、学生にもプレゼンを行う機会はあります。聞き手が少数でもその内容によってはプレゼンになります。また、プレゼンでは必ず配布資料を用意しなければならないということはありません。

問題2

解答 **3 プレゼンのストーリーの組み立て**

解説 プレゼンの企画・設計のステップにおける設計では、プレゼンのストーリーの組み立てが大事な作業になります。配布資料の作成はプレゼンの実施のステップにおける準備の段階で、聞き手の分析はプレゼンの企画・設計のステップにおける企画の段階で行います。

問題3

解答 **1 一般用語として使われる場合と、PowerPointで作成したプレゼン用のファイルを指す場合がある。**

解説 「プレゼンテーション」は一般用語としても使われますが、PowerPointで作成したプレゼン用のファイルを指す言葉としても使われます。

問題4

解答 **2 Excelで作成した表やグラフを取り込んで利用できる。**

解説 PowerPointではExcelで作成した表やグラフを取り込んで利用したり、動画を扱ったりすることができます。
また、教育の場でもよく使われています。

問題5

解答 **2 提案・説明形式のプレゼンは、ビジネスでは最も一般的なプレゼンの形式である。**

解説 提案・説明形式のプレゼンは、ビジネスの場では最も一般的なプレゼンの形式です。
また、楽しませるためのプレゼンというものもあり、会議の中で行われるプレゼンもあります。

知識科目

■問題1

解答 **3　プレゼンのゴールは何かを考えるのは、企画の段階の大事な作業である。**

解説 プレゼンのゴールは何かを考えるのは、企画の段階の大事な作業です。プレゼン全体の詳細な時間配分やスライドの枚数を考えるのは、設計の段階になります。

■問題2

解答 **2　プレゼン全体のストーリーを考える。**

解説 設計のステップでは、収集した情報をもとに企画をした次の段階として、ストーリーを組み立てていきます。
聞き手の分析や情報収集・整理は企画のステップで行います。

■問題3

解答 **1　本論は、プレゼン実施の中で最も時間をかけて行われるもので、具体的な内容などを詳しく述べる。**

解説 本論は、具体的な内容、理由や根拠などを詳しく述べるため、プレゼン実施の中で最も時間をかけて行うのが普通です。重要ポイントを繰り返し述べるのは、プレゼンの構成の中の「まとめ」になります。

■問題4

解答 **2　聞き手の分析を的確に行うことが、プレゼンの成功には欠かせない。**

解説 聞き手の分析を的確に行うことは、プレゼンの成功には欠かせません。分析は、広く行わなければならず、職種と年齢層はその中のひとつです。

■問題5

解答 **2　「序論」「本論」「まとめ」の中で最も時間をかけて丁寧に説明するのは、一般的に「本論」である。**

解説 「序論」「本論」「まとめ」の中で最も時間をかけて丁寧に説明するのは、一般的に「本論」になります。また、時間がないときでも、「まとめ」は省略できません。

第3章　プレゼン資料の作成

知識科目

問題1

解答　**1　さまざまなフォント、配色、効果などが組み合わされたデザインテンプレートを指す。**

解説　PowerPointの「テーマ」は、さまざまなフォント、配色、効果などが組み合わされたデザインテンプレートです。テーマを変更すると、フォント、配色、効果などが変わります。

問題2

解答　**1　標準サイズのスライドの縦と横の比率は、3対4である。**

解説　スライドの標準サイズの縦と横の比率は3対4です。9対16の比率はワイド画面の場合です。

問題3

解答　**2　フッターは、指定したスライドに表示できる。**

解説　フッターは、指定のスライドを選択して表示できます。タイトルスライドにも表示できます。また、フッターの位置は移動することができます。

問題4

解答　**2「2つのコンテンツ」を選ぶ。**

解説　「2つのコンテンツ」を選ぶと、ほかのレイアウトよりも簡単な操作で箇条書きとグラフをスライドの左右に並べて表示できます。**「タイトル付きの図」**は、文字と画像を配置するためのレイアウトです。

完成例

●スライド1

●スライド2

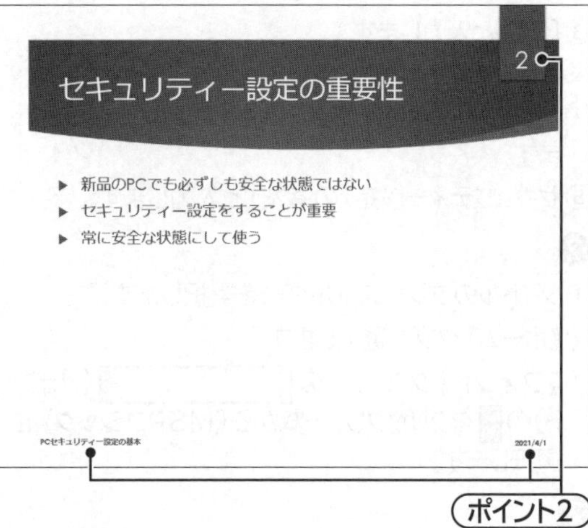

●スライド3

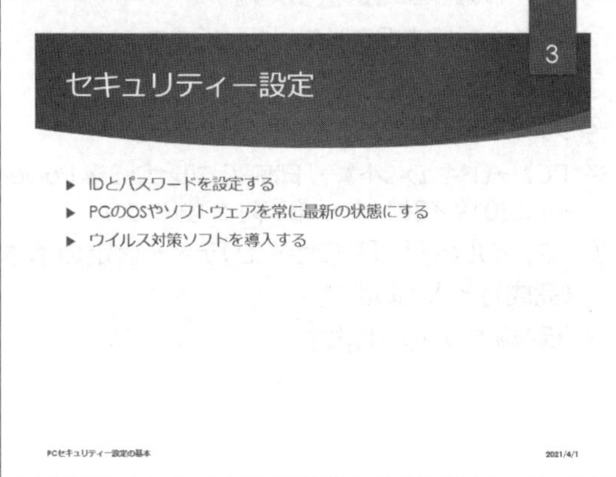

●スライド4

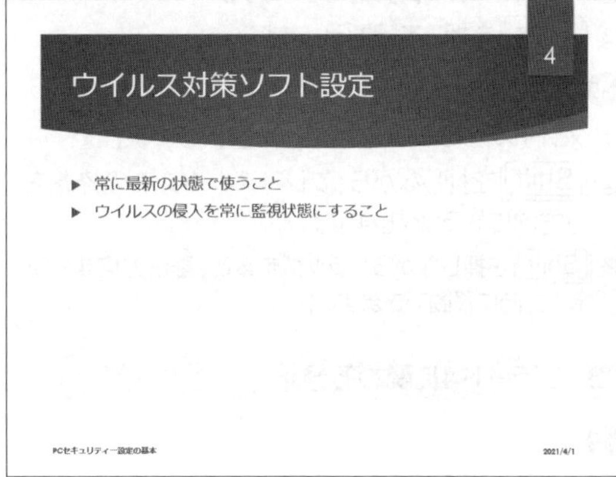

解答のポイント

ポイント1

問題文で指示されているフォント「MSPゴシック」を正確に選択しましょう。
「MSゴシック」など似ているフォント名があるので、間違えないように注意しましょう。

ポイント2

日付、スライド番号、フッターは、まとめて設定すると効率的です。

ポイント3

スライドの入れ替えは、標準表示モードでもスライド一覧表示モードでも可能です。
この問題では、連続するスライドを前後に入れ替えるだけなので、標準表示モードのまま、作業した方が効率的です。

操作手順

1 テーマに関する修正

❶

①《デザイン》タブを選択します。
②《テーマ》グループの（その他）をクリックします。
③《Office》の《イオンボードルーム》をクリックします。

❷

①《デザイン》タブを選択します。
②《バリエーション》グループの（その他）をクリックします。
③緑系のバリエーションのパターンをクリックします。

2　スライド1に関わる修正

❶

①スライド1を選択します。

②「セキュリティー設定」の前にカーソルを移動します。

③「PC」と入力します。

※英字は半角で入力します。

④「セキュリティー設定」の後ろにカーソルを移動します。

⑤セキュリティー設定「の基本」と入力します。

❷

①タイトルのプレースホルダーを選択します。

②《ホーム》タブを選択します。

③《フォント》グループの［　　　　　▾］（フォント）の［▾］をクリックし、一覧から《MSPゴシック》を選択します。

❸

①「情報システム部」の前にカーソルを移動します。

②「2021年4月1日」と入力します。

③［Enter］を押して、改行します。

❹

①タイトルのプレースホルダーを選択します。

②［Shift］を押しながら、プレースホルダーの枠線を上方向にドラッグします。

※［Shift］を押しながらドラッグすると、垂直方向または水平方向に移動できます。

3　スライド4に関わる修正

❶

①スライド3を選択します。

②《ホーム》タブを選択します。

③《スライド》グループの［新しいスライド］（新しいスライド）の［新しいスライド▾］をクリックします。

④《タイトルとコンテンツ》をクリックします。

※選択したスライド3の後ろに新しいスライドが挿入されます。

❷

①スライド4を選択します。

②《タイトルを入力》をクリックし、「ウイルス対策ソフト設定」と入力します。

❸

①《テキストを入力》をクリックし、「常に最新の状態で使うこと」と入力します。

②［Enter］を押して、改行します。

③「ウイルスの侵入を常に監視状態にすること」と入力します。

4　全スライドに関わる修正

❶❷❸

①《挿入》タブを選択します。

②《テキスト》グループの［ヘッダーとフッター］（ヘッダーとフッター）をクリックします。

③《スライド》タブを選択します。

④《日付と時刻》を☑にします。

⑤《固定》を◉にし、「2021/4/1」と入力します。

⑥《スライド番号》を☑にします。

⑦《フッター》を☑にし、「PCセキュリティー設定の基本」と入力します。

⑧《タイトルスライドに表示しない》を☑にします。

⑨《すべてに適用》をクリックします。

❹

①サムネイルのスライド2をスライド3とスライド4のあいだにドラッグします。

❺

①《ファイル》タブを選択します。

②《名前を付けて保存》をクリックします。

③《参照》をクリックします。

④ファイルを保存する場所を選択します。

※《PC》→《ドキュメント》→「日商PC プレゼン3級 PowerPoint2019／2016」→「第3章」を選択します。

⑤《ファイル名》に「PCセキュリティー設定の基本(完成)」と入力します。

⑥《保存》をクリックします。

第4章　わかりやすいプレゼン資料

知識科目

問題1

解答　**2　箇条書きは、省略できる語句は削ってできるだけ簡潔に表現する方がよい。**

解説　箇条書きは、省略できる語句は削ってできるだけ簡潔に表現します。また、文末は、である体・ですます体・体言止めを使いますが、なるべく混在させないようにします。

問題2

解答　**1　図解には、概要が素早く伝わるという特長がある。**

解説　図解には、概要が素早く伝わるという特長があります。しかし、プレゼンでは言葉による説明も必要です。また、複数の事柄を1つの図解に詰め込み過ぎるとわかりにくくなります。

問題3

解答　**3　棒グラフ**

解説　時間に対する連続的な変化や傾向を表したいとき、適切なグラフは棒グラフや折れ線グラフになります。

問題4

解答　**1　放射状の図解を描きたいときは、「集合関係」の分類の中から探せばよい。**

解説　SmartArtで放射状の図解を描きたいときは、**「集合関係」**または**「循環」**の分類の中から探します。

問題5

解答　**2　主題・目的の明確化　→　キーワードの抽出　→　グループ化　→　グループ間の関係の明示　→　図解作成と形の整理**

解説　SmartArtを使わない場合の図解作成で最初に行うのは、**「主題・目的の明確化」**です。また、**「グループ間の関係の明示」**は、グループ化が済んでからでないと行うことができません。

実技科目

完成例

●スライド3

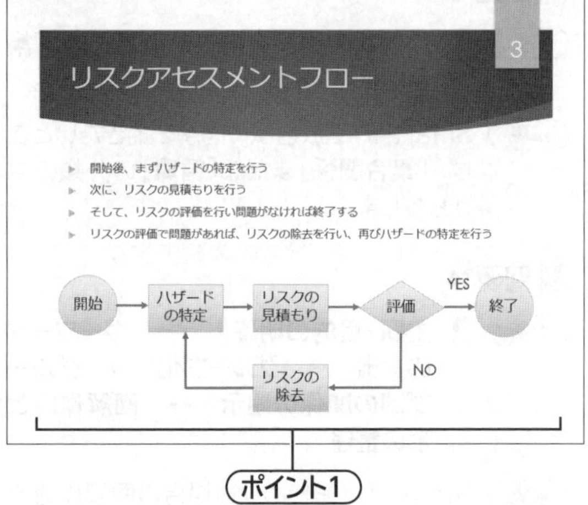

●スライド4

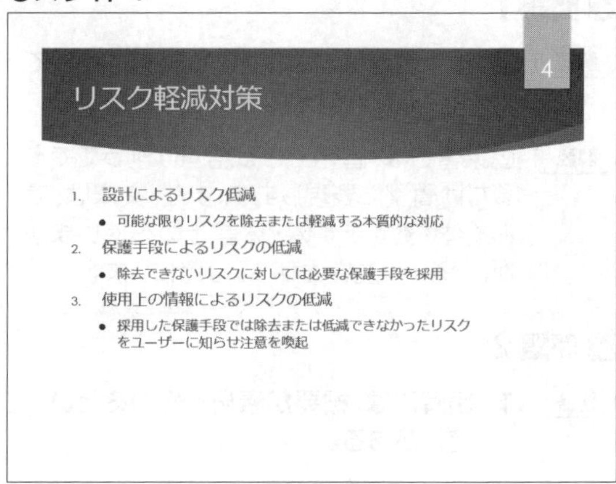

●スライド5

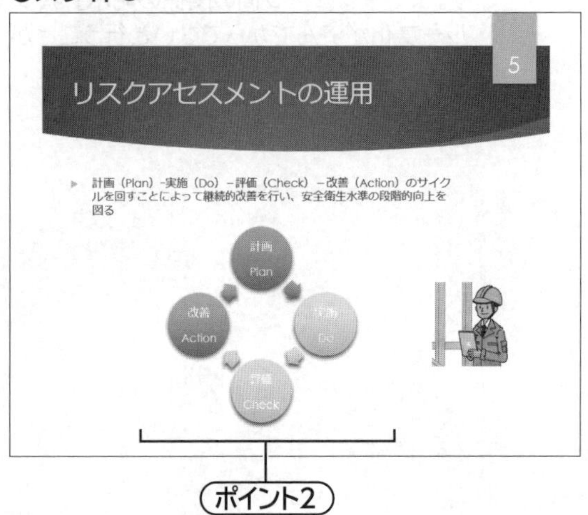

●スライド6

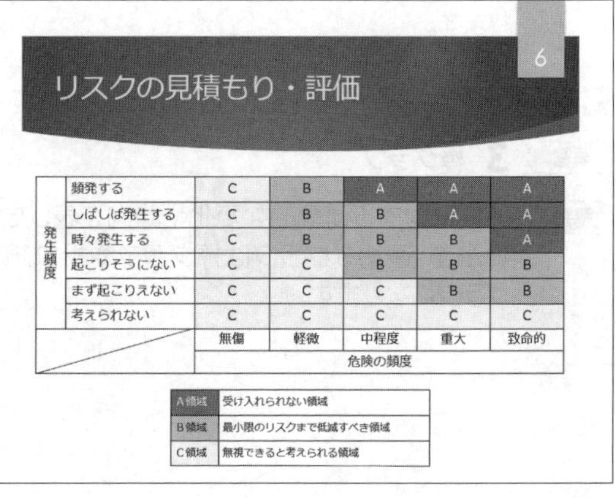

発生頻度						
	頻発する	C	B	A	A	A
	しばしば発生する	C	B	B	A	A
	時々発生する	C	B	B	B	A
	起こりそうにない	C	C	B	B	B
	まず起こりえない	C	C	C	B	B
	考えられない	C	C	C	C	C
		無傷	軽微	中程度	重大	致命的
		危険の頻度				

A領域	受け入れられない領域
B領域	最小限のリスクまで低減すべき領域
C領域	無視できると考えられる領域

●スライド7

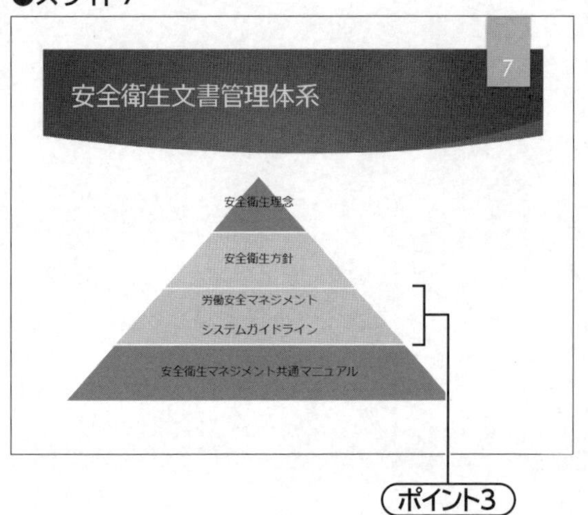

●スライド8

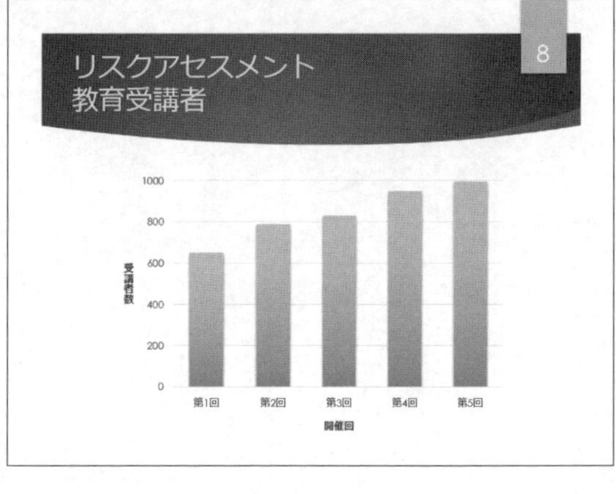

解答のポイント

ポイント1

図形をどれくらいのサイズにすればよいか、どこに配置すればよいかなど、図解のレイアウトは問題文から読み取る必要があります。図形のサイズや位置は問題文ごとに調整しながら、作り込んでいきましょう。

ポイント2

スライドの文章からSmartArtにする重要なキーワードを適切に抜き出します。ここでは、「計画 Plan」「実施 Do」「評価 Check」「改善 Action」や「Plan」「Do」「Check」「Action」のように、4つの過程を抜き出すのが適切です。

ポイント3

SmartArtの図形要素に入力した文字が、中途半端な位置で改行されて読みにくい場合は、読みやすい位置で改行するとよいでしょう。

操作手順

1 スライド3に関わる修正

❶

①スライド3を選択します。

②箇条書きのプレースホルダーを選択します。

③《ホーム》タブを選択します。

④《フォント》グループの[18](フォントサイズ)の[▼]をクリックし、一覧から《14》を選択します。

❷

①《挿入》タブを選択します。

②《図》グループの[図形](図形)をクリックします。

③《フローチャート》の[○](フローチャート：結合子)をクリックします。

④スライドの左側で、始点から終点までドラッグします。

※5つの図形を横一列に並べるので、スライドの左側に小さめに作成しましょう。

⑤[Ctrl]と[Shift]を押しながら、作成した図形を右方向にドラッグします。

※[Ctrl]を押しながらドラッグすると、図形をコピーできます。

※[Shift]を押しながらドラッグすると、垂直方向または水平方向にコピーできます。

⑥同様に、そのほかの図形を作成またはコピーします。

⑦5つの図形の位置とサイズを調整します。

❸

①一番左側の図形を選択します。

②「開始」と入力します。

③同様に、そのほかの図形に文字を入力します。

④5つの図形の位置とサイズを調整します。

❹

①1つ目の図形を選択します。

②[Ctrl]を押しながら、そのほかの図形を選択します。

※[Ctrl]を押しながら2つ目以降の図形を選択すると、複数の図形を選択できます。

③《書式》タブを選択します。

④《図形のスタイル》グループの[▼](その他)をクリックします。

⑤《テーマスタイル》の《パステル-緑、アクセント6》をクリックします。

❺

①《挿入》タブを選択します。

②《図》グループの[図形](図形)をクリックします。

③ 2019

《線》の[＼](線矢印)をクリックします。

2016

《線》の[＼](矢印)をクリックします。

※お使いの環境によっては、「矢印」が「線矢印」と表示される場合があります。

④「開始」の図形の右側の接合点から「ハザードの特定」の図形の左側の接合点までドラッグします。

※矢印が斜めになる場合は、矢印が水平になるように図形の位置を調整しましょう。

⑤同様に、そのほかの図形のあいだを矢印でつなぎます。

❻

①1つ目の矢印を選択します。

②[Ctrl]を押しながら、そのほかの矢印を選択します。

③《書式》タブを選択します。

④《図形のスタイル》グループの[図形の枠線▼](図形の枠線)をクリックします。

⑤《太さ》をポイントし、《3pt》をクリックします。

⑥《図形のスタイル》グループの[図形の枠線▼](図形の枠線)をクリックします。

⑦《テーマの色》の《白、背景1、黒+基本色50%》をクリックします。

❼

※矢印の選択を解除しておきましょう。

①[Ctrl]と[Shift]を押しながら、「リスクの見積もり」の図形を下方向にドラッグします。

②コピーした図形の「リスクの見積もり」を「リスクの除去」に修正します。

❽

①《挿入》タブを選択します。
②《図》グループの（図形）をクリックします。
③ 2019
《線》の（コネクタ：カギ線矢印）をクリックします。
2016
《線》の（カギ線矢印コネクタ）をクリックします。
※お使いの環境によっては、「カギ線矢印コネクタ」が「コネクタ：カギ線矢印」と表示される場合があります。
④「評価」の図形の下側の接合点から「リスクの除去」の図形の右側の接合点までドラッグします。
⑤同様に、「リスクの除去」の図形の左側の接合点から「ハザードの特定」の図形の下側の接合点まで折れ曲がった矢印でつなぎます。
⑥❻で作成した矢印を選択します。
※❻で作成した矢印であれば、どれでもかまいません。
⑦《ホーム》タブを選択します。
⑧《クリップボード》グループの（書式のコピー）をダブルクリックします。
⑨折れ曲がった矢印をそれぞれクリックします。
⑩ Esc を押します。

❾❿

①《挿入》タブを選択します。
②《テキスト》グループの（横書きテキストボックスの描画）をクリックします。
③「評価」から「終了」に向かう矢印の上側でクリックします。
④「YES」と入力します。
⑤テキストボックスの位置とサイズを調整します。
⑥「YES」のテキストボックスをコピーして、「NO」に修正します。

2 スライド4に関わる修正

❶

①スライド4を選択します。
②「1.設計によるリスク低減」の後ろにカーソルを移動します。
③ Delete を押します。
④ Enter を押して、改行します。
⑤2行目にカーソルがあることを確認します。
⑥《ホーム》タブを選択します。
⑦《段落》グループの（インデントを増やす）をクリックします。
⑧同様に、「2.保護手段によるリスクの低減」と「3.使用上の情報によるリスクの低減」の後ろの「：」を削除し、「：」以下を2階層目の箇条書きにします。
⑨「可能な限りリスクを・・・」の項目内にカーソルを移動します。
※項目内であれば、どこでもかまいません。
⑩《段落》グループの（箇条書き）のをクリックします。
⑪上側の《塗りつぶし丸の行頭文字》をクリックします。
⑫「除去できないリスクに・・・」の項目内にカーソルを移動します。
⑬ F4 を押します。
※ F4 を押すと、直前のコマンドを繰り返します。
⑭「採用した保護手段では・・・」の項目内にカーソルを移動します。
⑮ F4 を押します。

3 スライド5に関わる修正

❶

①スライド5を選択します。
②箇条書きのプレースホルダーを選択します。
③《ホーム》タブを選択します。
④《フォント》グループの 18 （フォントサイズ）のをクリックし、一覧から《14》を選択します。

❷

①《挿入》タブを選択します。
②《図》グループの SmartArt （SmartArtグラフィックの挿入）をクリックします。
③左側の一覧から《循環》を選択します。
④中央の一覧から《基本の循環》を選択します。
⑤《OK》をクリックします。
⑥SmartArtが選択され、テキストウィンドウが表示されていることを確認します。
※テキストウィンドウが表示されていない場合は、《SmartArtツール》の《デザイン》タブ→《グラフィックの作成》グループの テキスト ウィンドウ （テキストウィンドウ）をクリックします。
⑦テキストウィンドウの1行目に「計画 Plan」と入力します。
⑧2行目に「実施 Do」と入力します。
⑨3行目に「評価 Check」と入力します。
⑩4行目に「改善 Action」と入力します。
⑪5行目にカーソルを移動します。
⑫ Back Space を押して、箇条書きを削除します。
⑬SmartArtの位置とサイズを調整します。

❸

①SmartArtを選択します。
②《SmartArtツール》の《デザイン》タブを選択します。

③《SmartArtのスタイル》グループの（その他）をクリックします。

④《ドキュメントに最適なスタイル》の《光沢》をクリックします。

⑤《SmartArtのスタイル》グループの（色の変更）をクリックします。

⑥《カラフル》の《カラフル-アクセント3から4》をクリックします。

❹

①《挿入》タブを選択します。

②《画像》グループの（図）をクリックします。

※お使いの環境によっては、「図」が「画像を挿入します」と表示される場合があります。「画像を挿入します」と表示された場合は、《このデバイス》をクリックします。

③《ドキュメント》をクリックします。

④「日商PC プレゼン3級 PowerPoint2019／2016」をダブルクリックします。

⑤「第4章」をダブルクリックします。

⑥一覧から「現場」を選択します。

⑦《挿入》をクリックします。

⑧画像とSmartArtの位置を調整します。

4 スライド6に関わる修正

❶

①スライド6を選択します。

②表の左下の文字が入力されていない4つのセルを選択します。

③《レイアウト》タブを選択します。

④《結合》グループの（セルの結合）をクリックします。

❷

①結合したセルにカーソルがあることを確認します。

②《表ツール》の《デザイン》タブを選択します。

③《表のスタイル》グループの（枠なし）のをクリックします。

④《斜め罫線（右上がり）》をクリックします。

❸

①表の1行目の「A」が入力されている3つのセルを選択します。

②《表ツール》の《デザイン》タブを選択します。

③《表のスタイル》グループの（塗りつぶし）のをクリックします。

④《標準の色》の《赤》をクリックします。

⑤表の2行目の「A」が入力されている2つのセルを選択します。

⑥F4を押します。

⑦表の3行目の「A」が入力されているセルを選択します。

⑧F4を押します。

⑨同様に、「B」が入力されているセルに《標準の色》の《オレンジ》の塗りつぶしを設定します。

⑩同様に、「C」が入力されているセルに《標準の色》の《黄》の塗りつぶしを設定します。

❹

①表の1行目の「A」が入力されている3つのセルを選択します。

②《ホーム》タブを選択します。

③《フォント》グループの（フォントの色）のをクリックします。

④《テーマの色》の《白、背景1》をクリックします。

⑤表の2行目の「A」が入力されている2つのセルを選択します。

⑥F4を押します。

⑦表の3行目の「A」が入力されているセルを選択します。

⑧F4を押します。

5 スライド7に関わる修正

❶

①スライド7を選択します。

②《挿入》タブを選択します。

③《図》グループの SmartArt（SmartArtグラフィックの挿入）をクリックします。

④左側の一覧から《ピラミッド》を選択します。

⑤中央の一覧から《基本ピラミッド》を選択します。

⑥《OK》をクリックします。

⑦SmartArtが選択され、テキストウィンドウが表示されていることを確認します。

※テキストウィンドウが表示されていない場合は、《SmartArtツール》の《デザイン》タブ→《グラフィックの作成》グループの テキスト ウィンドウ（テキストウィンドウ）をクリックします。

⑧テキストウィンドウの1行目に「安全衛生理念」と入力します。

⑨2行目に「安全衛生方針」と入力します。

⑩3行目に「労働安全衛生マネジメントシステムガイドライン」と入力します。

⑪「労働安全衛生マネジメントシステムガイドライン」の後ろにカーソルがあることを確認します。

⑫Enterを押して、改行します。

⑬4行目に「安全衛生マネジメント共通マニュアル」と入力します。

⑭3行目の「**労働安全衛生マネジメント**」の後ろにカーソルを移動します。

⑮ Shift を押しながら Enter を押します。

❷

①SmartArtを選択します。

②《**SmartArtツール**》の《**デザイン**》タブを選択します。

③《**SmartArtのスタイル**》グループの (その他)をクリックします。

④《**ドキュメントに最適なスタイル**》の《**白枠**》をクリックします。

⑤《**SmartArtのスタイル**》グループの (色の変更)をクリックします。

⑥《**カラフル**》の《**カラフル-アクセント3から4**》をクリックします。

6 スライド8に関わる修正

❶

①スライド8を選択します。

②《**挿入**》タブを選択します。

③《**図**》グループの グラフ (グラフの追加)をクリックします。

④左側の一覧から《**縦棒**》を選択します。

⑤右側の一覧から (集合縦棒)を選択します。

⑥《**OK**》をクリックします。

⑦表を参照しながら、データを入力します。

⑧セル範囲【**C1:D5**】を選択します。

⑨ Delete を押します。

⑩セル【**D6**】の右下の を、セル【**B6**】までドラッグします。

※グラフデータの範囲が変更されます。

⑪ワークシートウィンドウの (閉じる)をクリックします。

⑫グラフの位置を調整します。

❷

①グラフを選択します。

②《**グラフツール**》の《**デザイン**》タブを選択します。

③《**グラフスタイル**》グループの (その他)をクリックします。

④《**スタイル6**》をクリックします。

❸

①グラフを選択します。

② をクリックします。

③《**グラフの要素**》の《**グラフタイトル**》を □ にします。

④《**グラフの要素**》の《**凡例**》を □ にします。

❹

①グラフを選択します。

② をクリックします。

③《**グラフの要素**》の《**軸ラベル**》を ☑ にします。

④縦軸の「**軸ラベル**」を「**受講者数**」に修正します。

⑤横軸の「**軸ラベル**」を「**開催回**」に修正します。

⑥軸ラベル「**受講者数**」を選択します。

⑦《**ホーム**》タブを選択します。

⑧《**段落**》グループの (文字列の方向)をクリックします。

⑨《**縦書き**》をクリックします。

❺

①縦(値)軸を右クリックします。

②《**軸の書式設定**》をクリックします。

③《**軸のオプション**》の (軸のオプション)を選択します。

④《**軸のオプション**》の詳細を表示します。

⑤《**境界値**》の《**最大値**》に「**1000**」と入力します。

⑥ 2019

《**単位**》の《**主**》に「**200**」と入力します。

2016

《**単位**》の《**目盛**》に「**200**」と入力します。

※お使いの環境によっては、「目盛」が「主」と表示される場合があります。

⑦作業ウィンドウの (閉じる)をクリックします。

❻

①表を選択します。

※表の周囲の枠線をクリックし、表全体を選択します。

② Delete を押します。

7 全スライドに関わる修正

❶

①《**ファイル**》タブを選択します。

②《**名前を付けて保存**》をクリックします。

③《**参照**》をクリックします。

④ファイルを保存する場所を選択します。

※《**PC**》→《**ドキュメント**》→「**日商PC プレゼン3級 PowerPoint2019/2016**」→「**第4章**」を選択します。

⑤《**ファイル名**》に「**リスクアセスメントの基礎(完成)**」と入力します。

⑥《**保存**》をクリックします。

第5章　見やすくする表現技術

知識科目

問題1

解答　**1　有彩色には「色相」「彩度」「明度」の三属性があるが、無彩色が持っている属性は「明度」だけである。**

解説　有彩色には「色相」「彩度」「明度」の「色の三属性」があります。一方、無彩色が持っている属性は「明度」だけです。

問題2

解答　**3　色相環で相対する2色を組み合わせる。**

解説　「積極的」と「消極的」という対極にある考え方を示した図解なので、色相環でも相対する色を使うことで、図解の意味合いを強めることができます。

問題3

解答　**1　横方向から選択する。**

解説　1は明度が同じ色を選択しているので、トーンがそろいます。2は同一色相であって明度がすべて異なり、3は明度と色相が異なるため、トーンの統一はできません。

問題4

解答　**1**

解説　ピラミッドの階層構造に人間の欲求をあてはめ、高くなるほど高度であるとしているので、段階的に色が濃くなっている1が最も適した色の設定になります。

問題5

解答　**2**

解説　同じ大きさの四角形がバランスを崩して板の上に乗っているという図解なので、左側が重く見えるように明度が低く設定している2が最も適しているといえます。

実技科目

完成例

●スライド1

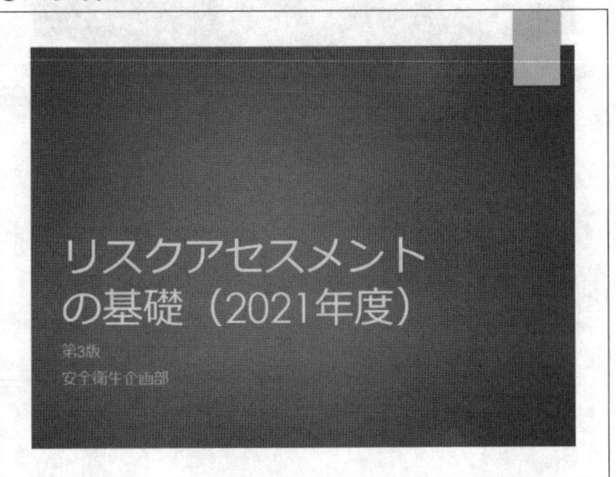

●スライド3

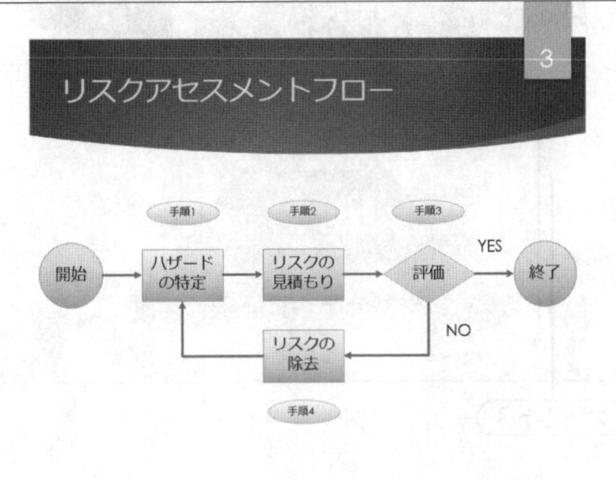

●スライド4

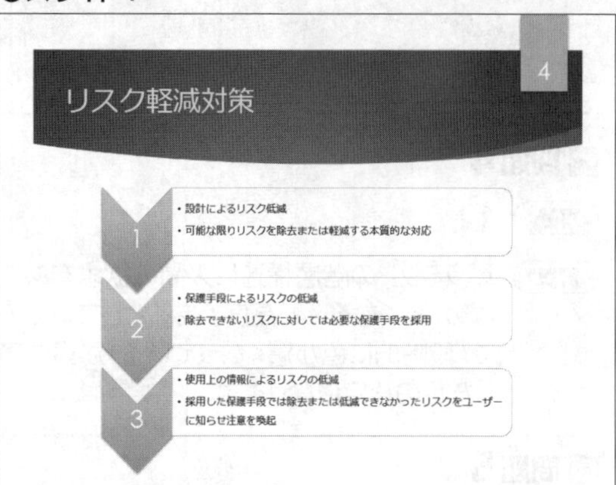

●スライド5

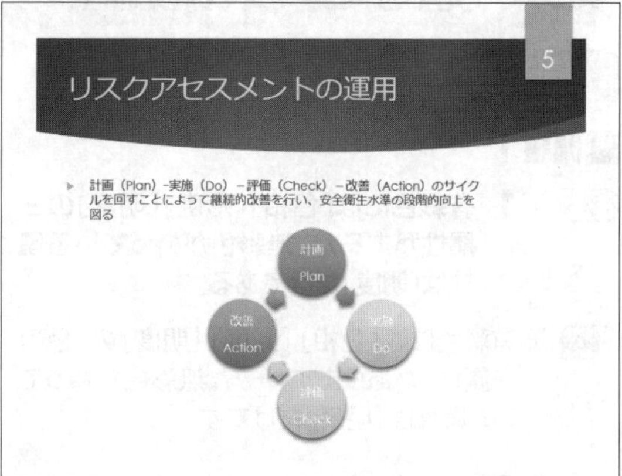

●スライド6

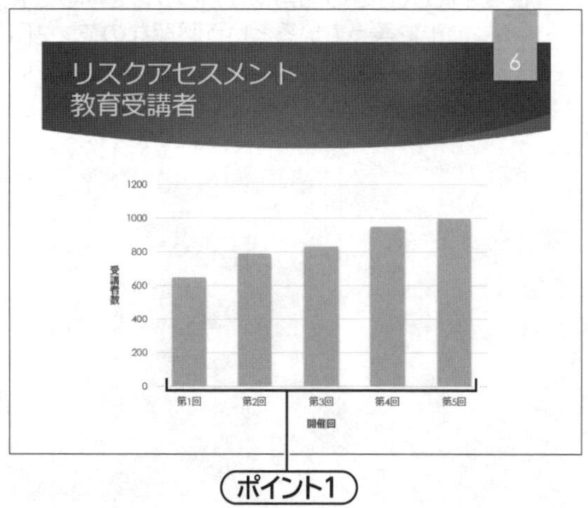

ポイント1

●スライド7

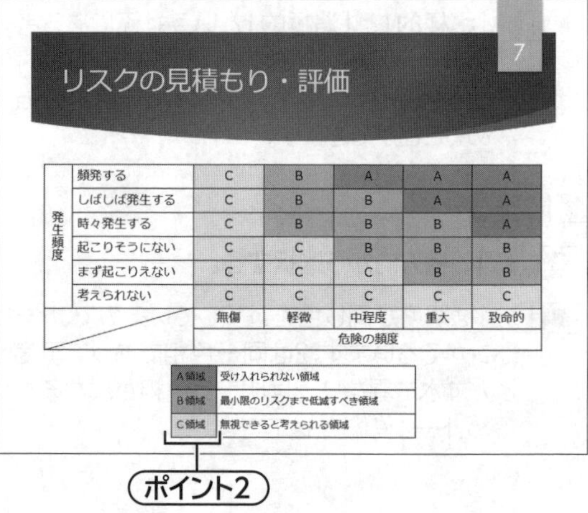

発生頻度						
	頻発する	C	B	A	A	A
	しばしば発生する	C	B	B	A	A
	時々発生する	C	B	B	B	A
	起こりそうにない	C	C	B	B	B
	まず起こりえない	C	C	C	B	B
	考えられない	C	C	C	C	C
		無傷	軽微	中程度	重大	致命的
		危険の頻度				

A領域	受け入れられない領域
B領域	最小限のリスクまで低減すべき領域
C領域	無視できると考えられる領域

ポイント2

●スライド8

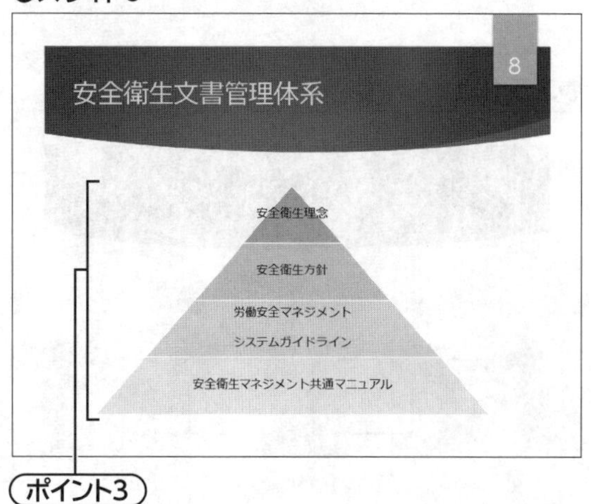

ポイント3

●スライド9

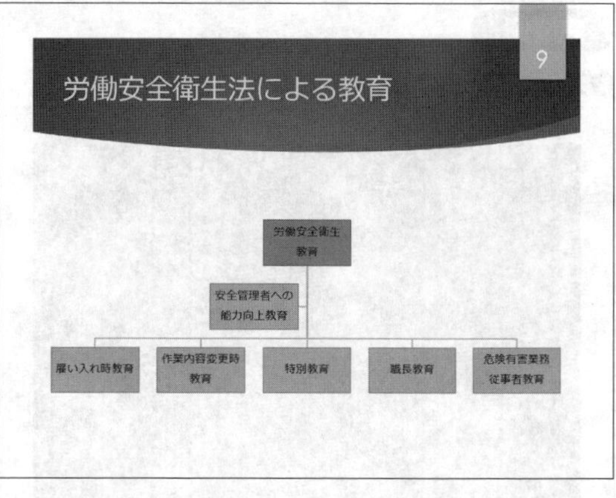

解答のポイント

ポイント1

「データ系列」とは、データの数値を表すものです。
棒グラフであれば「棒」、円グラフであれば「扇」、線グラフであれば「線」がデータ系列です。

ポイント2

下側の表で使われている色をリボンのボタンで確認して、同じ色をA、B、Cのセルに塗りましょう。

ポイント3

ピラミッドの1階層目と4階層目の色をリボンのボタンで確認して、グラデーションになるように色を塗り分けましょう。

操作手順

1　スライド1に関わる修正

❶

①スライド1を選択します。
②「2020年度」を「2021年度」に修正します。

2　スライド3に関わる修正

❶

①スライド3を選択します。
②1つ目の図形を選択します。
③ Ctrl を押しながら、そのほかの図形を選択します。
④《書式》タブを選択します。
⑤《配置》グループの （オブジェクトの配置）をクリックします。
⑥《上下中央揃え》をクリックします。
⑦《配置》グループの （オブジェクトの配置）をクリックします。
⑧《左右に整列》をクリックします。

❷

①1つ目の矢印を選択します。
② Ctrl を押しながら、そのほかの矢印を選択します。
③《書式》タブを選択します。
④《図形のスタイル》グループの 図形の枠線 （図形の枠線）をクリックします。
⑤《太さ》をポイントし、《3pt》をクリックします。

❸

①「開始」の図形を選択します。
② Ctrl を押しながら、「終了」の図形を選択します。
③《ホーム》タブを選択します。
④《図形描画》グループの クイックスタイル （図形クイックスタイル）をクリックします。
⑤《テーマスタイル》の《パステル-オレンジ、アクセント3》をクリックします。

❹

①「ハザードの特定」の図形を選択します。
② Ctrl を押しながら、「リスクの見積もり」と「リスクの除去」の図形を選択します。
③《ホーム》タブを選択します。
④《図形描画》グループの クイックスタイル （図形クイックスタイル）をクリックします。
⑤《テーマスタイル》の《パステル-青、アクセント4》をクリックします。

❺

①「評価」の図形を選択します。
②《ホーム》タブを選択します。
③《図形描画》グループの クイックスタイル （図形クイックスタイル）をクリックします。
④《テーマスタイル》の《パステル-緑、アクセント6》をクリックします。

❻

①「手順1」の図形を選択します。
② Ctrl を押しながら、「手順2」「手順3」「手順4」の図形を選択します。
③《ホーム》タブを選択します。
④《図形描画》グループの クイックスタイル （図形クイックスタイル）をクリックします。
⑤《テーマスタイル》の《パステル-薄い水色、アクセント5》をクリックします。

❼

①1つ目の矢印を選択します。
② Ctrl を押しながら、そのほかの矢印を選択します。
③《書式》タブを選択します。
④《図形のスタイル》グループの 図形の枠線 （図形の枠線）をクリックします。
⑤《テーマの色》の《白、背景1、黒+基本色50%》をクリックします。

3　スライド4に関わる修正

❶

①スライド4を選択します。
②SmartArtを選択します。
③《SmartArtツール》の《デザイン》タブを選択します。

④《SmartArtのスタイル》グループの[▼](その他)をクリックします。

⑤《ドキュメントに最適なスタイル》の《グラデーション》をクリックします。

⑥《SmartArtのスタイル》グループの[色の変更](色の変更)をクリックします。

⑦《カラフル》の《カラフル-アクセント5から6》をクリックします。

4 スライド5に関わる修正

❶

①スライド5を選択します。

②SmartArtを選択します。

③《SmartArtツール》の《デザイン》タブを選択します。

④《SmartArtのスタイル》グループの[▼](その他)をクリックします。

⑤《ドキュメントに最適なスタイル》の《光沢》をクリックします。

⑥《SmartArtのスタイル》グループの[色の変更](色の変更)をクリックします。

⑦《カラフル》の《カラフル-アクセント3から4》をクリックします。

5 スライド6に関わる修正

❶

①スライド6を選択します。

②データ系列(棒)をクリックします。

※すべてのデータ系列(棒)が選択されます。

③《書式》タブを選択します。

④《図形のスタイル》グループの[図形の塗りつぶし](図形の塗りつぶし)の[▼]をクリックします。

⑤《テーマの色》の《緑、アクセント6》をクリックします。

6 スライド7に関わる修正

❶

①スライド7を選択します。

②下側の表の「A領域」のセルを選択します。

③《表ツール》の《デザイン》タブを選択します。

④《表のスタイル》グループの[塗りつぶし](塗りつぶし)の[▼]をクリックします。

⑤セルに設定されている色を確認します。

※赤枠で囲まれている色が、セルに設定されている色です。「A領域」のセルには、《オレンジ、アクセント3》が設定されています。

⑥ドロップダウンリスト以外の場所をクリックします。

⑦表の1行目の「A」が入力されている3つのセルを選択します。

⑧《表のスタイル》グループの[塗りつぶし](塗りつぶし)の[▼]をクリックします。

⑨《テーマの色》の《オレンジ、アクセント3》をクリックします。

⑩表の2行目の「A」が入力されている2つのセルを選択します。

⑪[F4]を押します。

※[F4]を押すと、直前のコマンドを繰り返します。

⑫表の3行目の「A」が入力されているセルを選択します。

⑬[F4]を押します。

⑭同様に、「B領域」の色を「B」が入力されているセルに設定します。

⑮同様に、「C領域」の色を「C」が入力されているセルに設定します。

7 スライド8に関わる修正

❶

①スライド8を選択します。

②SmartArtの一番上の階層を選択します。

※図形の枠線上をクリックして選択します。文字上をクリックすると、塗りつぶしの色が確認できないので、注意しましょう。

③《書式》タブを選択します。

④《図形のスタイル》グループの[図形の塗りつぶし▼](図形の塗りつぶし)をクリックします。

⑤図形に設定されている色を確認します。

※一番上の階層には、《緑、アクセント6》が設定されています。

⑥一番下の階層を選択します。

⑦《図形のスタイル》グループの[図形の塗りつぶし▼](図形の塗りつぶし)をクリックします。

⑧図形に設定されている色を確認します。

※一番下の階層には、《緑、アクセント6、白+基本色80%》が設定されています。

⑨上から2番目の階層を選択します。

⑩《図形のスタイル》グループの[図形の塗りつぶし▼](図形の塗りつぶし)をクリックします。

⑪《テーマの色》の《緑、アクセント6、白+基本色40%》をクリックします。

⑫上から3番目の階層を選択します。

⑬《図形のスタイル》グループの[図形の塗りつぶし▼](図形の塗りつぶし)をクリックします。

⑭《テーマの色》の《緑、アクセント6、白+基本色60%》をクリックします。

8　スライド9に関わる修正

❶

①スライド9を選択します。

②「安全管理者への能力向上教育」の図形を選択します。

③《書式》タブを選択します。

④《図形のスタイル》グループの 図形の塗りつぶし▾ （図形の塗りつぶし）をクリックします。

⑤《テーマの色》の《薄い水色、アクセント5》をクリックします。

⑥《図形のスタイル》グループの 図形の枠線▾ （図形の枠線）をクリックします。

⑦《テーマの色》の《薄い水色、アクセント5、黒＋基本色25%》をクリックします。

9　全スライドに関わる修正

❶

①《ファイル》タブを選択します。

②《名前を付けて保存》をクリックします。

③《参照》をクリックします。

④ファイルを保存する場所を選択します。

※《PC》→《ドキュメント》→「日商PC プレゼン3級 PowerPoint2019／2016」→「第5章」を選択します

⑤《ファイル名》に「リスクアセスメントの基礎（2021年度）」と入力します。

⑥《保存》をクリックします。

第6章　プレゼンの実施

知識科目

問題1

解答 **3 プロジェクター**

解説 スクリーンに投影するためにPCと接続する機器は、プロジェクターです。

問題2

解答 **1 日時・所要時間、場所、出席者の人数、会場の設備、備品**

解説 聞き手、発表者、関係者を合わせた出席者の人数や会場の設備、備品を確認しておきます。服装の規定は、プレゼンには特に関係しません。

問題3

解答 **2 第三者に見てもらい、話し方や姿勢が適切か、指摘してもらう。**

解説 与えられた時間内で説明できるかどうか、すべてのスライドを声に出して話し、確認しておきます。また、リハーサルは何度も行うことで、余裕を持って、プレゼンを実施できるようになります。

問題4

解答 **2 開始の挨拶　→　発表者の紹介　→　スライドショーの実行と発表　→　質疑応答　→　終了の挨拶**

解説 発表のあとは、質疑応答を行うのが一般的です。また、発表の前には、司会進行役が発表者を紹介したり、発表者本人が自己紹介したりします。

問題5

解答 **1 話しながら視線を会場全体に送り、聞き手とアイコンタクトを行う。**

解説 聞き手の関心を引き付け、親近感を高める動作として、アイコンタクトが活用されます。発表者の体の向きは変えなくても、聞き手に視線を送ることで関心を引き付けられます。

実技科目

操作手順

❶

①ステータスバーの　（スライドショー）をクリックします。

②クリックして、次のスライドを表示します。

※［Enter］または［↓］を押してもかまいません。

③同様に、最後のスライドまで表示します。

❷

①「スライドショーの最後です。」の画面で右クリックします。

②《すべてのスライドを表示》をクリックします。

③一覧からスライド5を選択します。

Answer 第1回 模擬試験 解答と解説

知識科目

問題1

解答 3 どんなプレゼンでも、「①プレゼンの企画・設計」「②プレゼン資料の作成」「③プレゼンの実施」の流れに沿って実施される。

解説 プレゼンは規模の大小に関係なく、すべて「①プレゼンの企画・設計」「②プレゼン資料の作成」「③プレゼンの実施」の流れに沿って実施されます。

問題2

解答 1 プレゼンのゴールを決める。

解説 プレゼンの企画における主題・目的の明確化のひとつは、プレゼンのゴールを決めることです。

問題3

解答 1 プレゼンの主題

解説 具体的な事例は本論で話し、聞き手にとってほしい行動はまとめで話します。

問題4

解答 2 フッターには、表紙タイトル、会社名、部署名などを挿入する。

問題5

解答 2 1つの箇条書きの中にいくつかの項目が含まれている場合に、それらの項目を2階層目の箇条書きとして表現する。

問題6

解答 2 プロセスリスト（下図）

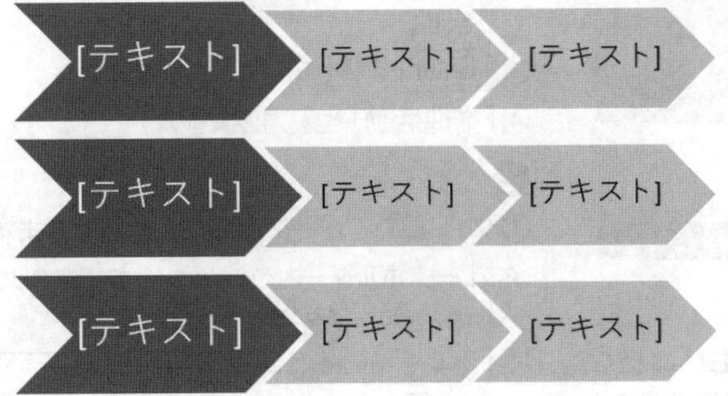

解説 プロセスリストの右側の図形要素を削除して使うのが簡単です。

問題7

解答 2 円グラフを使う。

問題8

解答　**3 彩度と明度を融合した概念である。**

解説　トーンは彩度と明度を融合させた考え方で、「明るい、暗い」「薄い、濃い」「浅い、深い」といった色の調子を表す言葉です。

問題9

解答　**1**

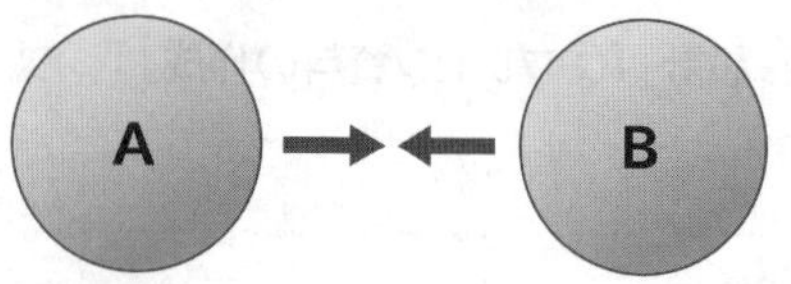

問題10

解答　**3 リハーサルでは時間配分の確認を行う。**

実技科目

1　スライド1に関わる修正

完成例

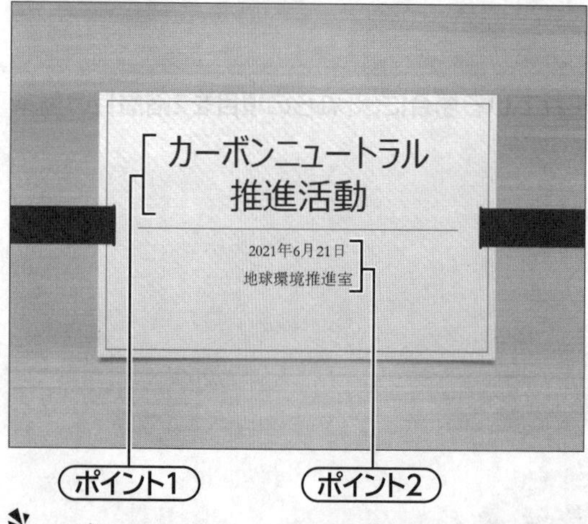

解答のポイント

ポイント1

「タイトルを、カーボンニュートラルの活動を推進していくことを示すように変更すること」という指示があるので、「カーボンニュートラル」に「活動」と「推進」を追加したタイトルにします。タイトルとして「カーボンニュートラル推進活動」や「カーボンニュートラル活動の推進」などが考えられます。その中から語感のよい自然な感じのものを選びます。ただし、タイトルなので必要以上に長過ぎるのは避けるようにします。また、タイトルが2行になる場合は、単語の途中で行を変えるのは避けます。たとえば、「カーボンニュートラル推」と「進活動」の2行にするのは好ましくありません。

ポイント2

発表日は、サブタイトルのプレースホルダーに挿入します。発表日は「6月21日」だけではなく、「2021年」も含めるようにします。位置は、部署名の前（上部）に挿入するのが一般的です。

操作手順

❶

①スライド1を選択します。

②「カーボンニュートラル」の後ろにカーソルを移動します。

③ Enter を押して、改行します。

④「推進活動」と入力します。

❷

①タイトルのプレースホルダーを選択します。

※プレースホルダー内をクリックし、枠線をクリックします。

②《ホーム》タブを選択します。

③《フォント》グループの［　　▾］（フォント）の ▾ をクリックし、一覧から《Meiryo UI》を選択します。

❸

①「地球環境推進室」の前にカーソルを移動します。

②「2021年6月21日」と入力します。

③ Enter を押して、改行します。

2　スライド2に関わる修正

完成例

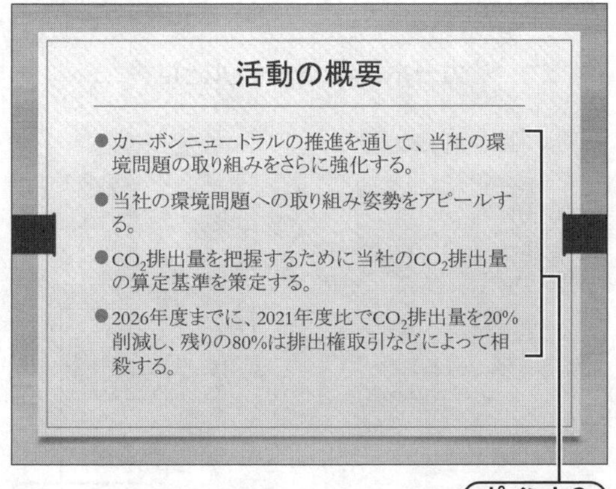

ポイント3
ポイント4

解答のポイント

ポイント3

文章を箇条書きに変更するとき、元の文章にあった接続詞は箇条書きの行頭に残さず、削除します。

ポイント4

文末の表現は「である体」にするという指示があるので、すべて「である体」に修正します。
文末の句点の有無が統一されているかどうかにも注意しましょう。

操作手順

❶❷

①スライド2を選択します。
②文章の「…さらに強化します。」の後ろにカーソルを移動します。
③ Enter を押して、改行します。
④同様に、「…をアピールします。」と「…を策定します。」の後ろで改行します。
⑤「また、」を選択します。
⑥ Delete を押します。
⑦同様に、「そのため、」と「そして、」を削除します。
⑧「強化します。」を「強化する。」に修正します。
⑨同様に、「アピールする。」「策定する。」「相殺する。」に修正します。

3　スライド3に関わる修正

完成例

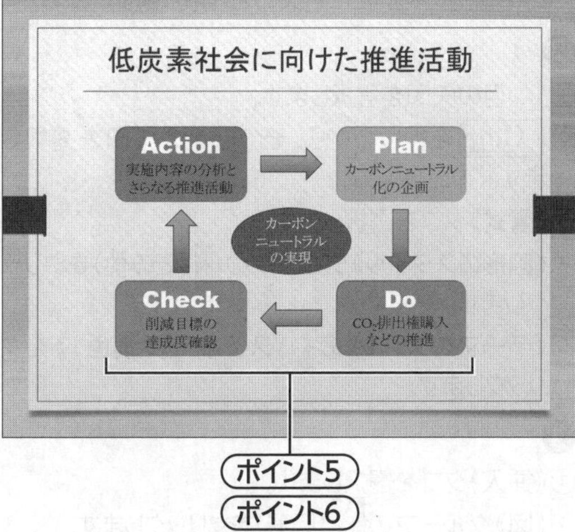

ポイント5
ポイント6

解答のポイント

ポイント5

「Plan」「Do」「Check」「Action」を矢印で結ぶと、サイクルが回っているように表現できます。矢印の向きは、「Plan」→「Do」→「Check」→「Action」→「Plan」とします。

ポイント6

「「ブロック矢印」の下矢印、左矢印、上矢印、右矢印を適切な位置に挿入して」という指示があるので、下矢印をコピーして回転させるのではなく、左矢印、上矢印、右矢印を指定して挿入します。
また、矢印の書式設定を効率よく行うためには、 Ctrl を押しながら4つの矢印を同時に選択して一度の操作で書式設定したり、《ホーム》タブ→《クリップボード》グループの（書式のコピー/貼り付け）を利用して、書式が設定された矢印の書式をコピーし、ほかの3つの矢印に貼り付けたりする方法を使います。

操作手順

❶

①スライド3を選択します。
②《挿入》タブを選択します。
③《図》グループの（図形）をクリックします。
④ **2019**
《ブロック矢印》の（矢印：下）をクリックします。
2016
《ブロック矢印》の（下矢印）をクリックします。
※お使いの環境によっては、「下矢印」が「矢印：下」と表示される場合があります。

⑤「Plan」と「Do」のあいだで、始点から終点までドラッグします。

⑥同様に、「Do」と「Check」のあいだに左矢印、「Check」と「Action」のあいだに上矢印、「Action」と「Plan」のあいだに右矢印を作成します。

❷

①1つ目の矢印を選択します。

② Ctrl を押しながら、そのほかの矢印を選択します。

③《書式》タブを選択します。

④《図形のスタイル》グループの（その他）をクリックします。

⑤《テーマスタイル》の《パステル-黒、濃色1》をクリックします。

❸

①《挿入》タブを選択します。

②《図》グループの（図形）をクリックします。

③《基本図形》の（楕円）をクリックします。

④4つの角丸四角形の中央で、始点から終点までドラッグします。

⑤楕円が選択されていることを確認します。

⑥「カーボンニュートラルの実現」と入力します。

❹

①楕円を選択します。

②《書式》タブを選択します。

③《図形のスタイル》グループの（その他）をクリックします。

④《テーマスタイル》の《グラデーション-赤、アクセント4》をクリックします。

4　スライド4に関わる修正

完成例

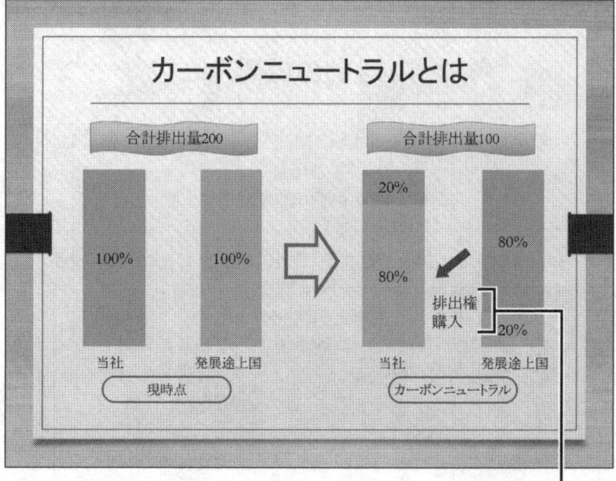

解答のポイント

ポイント7

プレースホルダーや図形とは関係なく任意の位置に文字を入力する場合は、テキストボックスを利用します。

操作手順

❶

①スライド4を選択します。

②右側の矢印を選択します。

③矢先が左下方向を向くように、（ハンドル）をドラッグします。

❷

①《挿入》タブを選択します。

②《テキスト》グループの（横書きテキストボックスの描画）をクリックします。

③矢印の下側のテキストボックスを挿入する位置でクリックします。

④「排出権」と入力します。

⑤ Enter を押して、改行します。

⑥「購入」と入力します。

⑦テキストボックスの枠線をドラッグして、位置を調整します。

5　スライド5に関わる修正

完成例

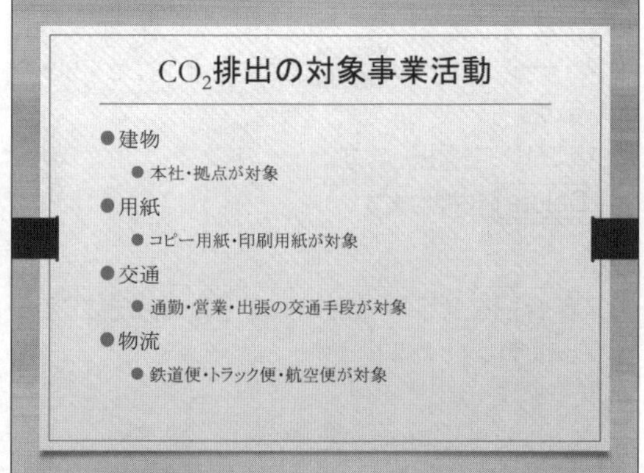

操作手順

❶
①スライド5を選択します。
②タイトルの「CO2」の「2」を選択します。
③《ホーム》タブを選択します。
④《フォント》グループの［ボタン］(フォント)をクリックします。
⑤《フォント》タブを選択します。
⑥《文字飾り》の《下付き》を☑にします。
⑦《OK》をクリックします。

❷
①「①建物は、本社・拠点が対象」の後ろにカーソルを移動します。
②［Enter］を押して、改行します。
③「用紙は、コピー用紙・印刷用紙が対象」と入力します。

❸
①スライド2を選択します。
②箇条書きの項目内にカーソルを移動します。
※箇条書きの項目内であれば、どこでもかまいません。
③《ホーム》タブを選択します。
④《段落》グループの［ボタン］(箇条書き)の［▾］をクリックします。
⑤上側の《塗りつぶし丸の行頭文字》が設定されていることを確認します。
⑥スライド5を選択します。
⑦箇条書きのプレースホルダーを選択します。
⑧《段落》グループの［ボタン］(箇条書き)の［▾］をクリックします。
⑨上側の《塗りつぶし丸の行頭文字》をクリックします。

❹❺
①「建物」の後ろにカーソルを移動します。
②［Enter］を押して、改行します。
③［Delete］を2回押して、「は、」を削除します。
④《ホーム》タブを選択します。
⑤《段落》グループの［ボタン］(インデントを増やす)をクリックします。
⑥同様に、完成例を参考に修正します。

6 スライド6に関わる修正

完成例

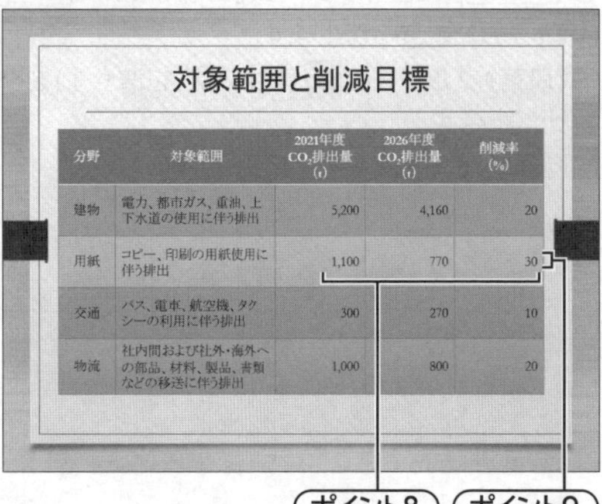

分野	対象範囲	2021年度 CO_2排出量 (t)	2026年度 CO_2排出量 (t)	削減率 (%)
建物	電力、都市ガス、重油、上下水道の使用に伴う排出	5,200	4,160	20
用紙	コピー、印刷の用紙使用に伴う排出	1,100	770	30
交通	バス、電車、航空機、タクシーの利用に伴う排出	300	270	10
物流	社内間および社外・海外への部品、材料、製品、書類などの移送に伴う排出	1,000	800	20

ポイント8　ポイント9

解答のポイント

ポイント8

半角と全角のどちらで入力するかは、問題文に指示がなければ、そのほかのデータによって判断します。ここでは、そのほかのデータが半角で入力されているので、半角で入力します。

ポイント9

「(1100−770)÷1100×100」を手動で計算し、計算結果の「30」を入力します。

操作手順

❶

①スライド6を選択します。

②「建物」の行のセルをクリックします。

※「建物」の行のセルであれば、どこでもかまいません。

③《レイアウト》タブを選択します。

④《行と列》グループの 下に行を挿入 (下に行を挿入)をクリックします。

⑤挿入した行に文字を入力します。

❷

①挿入した行の空欄のセルに「30」と入力します。

❸

①表を選択します。

②《表ツール》の《デザイン》タブを選択します。

③《表のスタイル》グループの (その他)をクリックします。

④《ドキュメントに最適なスタイル》の《テーマスタイル1-アクセント5》をクリックします。

7 全スライドに関わる修正

操作手順

❶

①ステータスバーの (スライド一覧)をクリックします。

②スライド7を選択します。

③ Delete を押します。

❷

①スライド3をスライド4とスライド5のあいだにドラッグします。

❸

①《挿入》タブを選択します。

②《テキスト》グループの (ヘッダーとフッター)をクリックします。

③《スライド》タブを選択します。

④《スライド番号》を ☑ にします。

⑤《タイトルスライドに表示しない》を ☑ にします。

⑥《すべてに適用》をクリックします。

❹

①《ファイル》タブを選択します。

②《名前を付けて保存》をクリックします。

③《参照》をクリックします。

④ファイルを保存する場所を選択します。

※《PC》→《ドキュメント》→「日商PC プレゼン3級 PowerPoint2019／2016」→「模擬試験」を選択します。

⑤《ファイル名》に「カーボンニュートラル(完成)」と入力します。

⑥《保存》をクリックします。

Answer 第2回　模擬試験　解答と解説

知識科目

■問題1

解答　**2　スライドショーの実行中に、画面を黒くしてスライドを一時的に表示しないことである。**

解説　スライドショーの実行中に画面を白くして、スライドショーを一時的に表示しないようにするのは、ホワイトアウトです。

■問題2

解答　**2　「序論」「本論」「まとめ」の3部構成にするのが基本である。**

解説　プレゼンに起承転結の構成は向きません。また、プレゼンの本論は最も時間をかけて行うものであり、省略することはありません。

■問題3

解答　**2　プレゼンの重要なポイント**

解説　プレゼンの全体像は序論で話し、具体的な事例は本論で話します。

■問題4

解答　**1　日付は固定にして発表日にする。**

■問題5

解答　**2**

1日の仕事の流れを整理するPDCA

1. 1日の仕事の予定を決める。
2. 予定に基づいて仕事を行う。
3. 実行した仕事の内容を振り返る。
4. 仕事の仕方に問題があったときは、改善して次の日の仕事に反映させる。

解説　箇条書きは、詳し過ぎると箇条書きの特長が失われ、簡潔過ぎると内容が伝わりにくくなります。

■問題6

解答　**3　一般に箇条書きの行頭文字には記号を使うが、手順の説明のように順番がある場合や箇条書きが全部で何項目あるのかを明確に示したい場合は数字を使う。**

■問題7

解答　**1　「中央揃え」にする。**

■問題8

解答　**1　有彩色も無彩色も明度を変えることができる。**

■問題9

解答 2

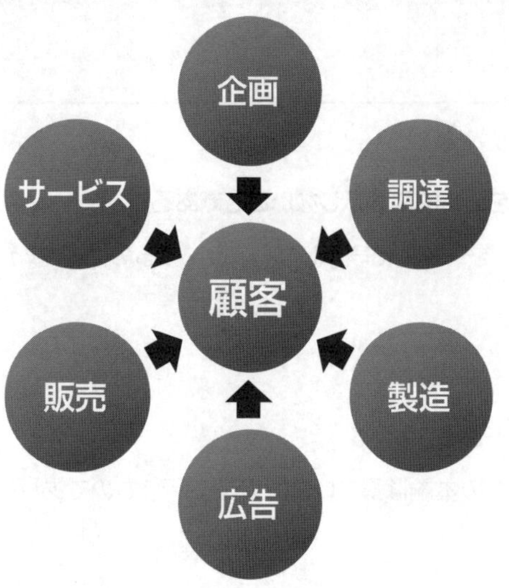

解説 会社が持っているさまざまな機能がすべて顧客志向になっていることを表すためには、矢印は顧客に向けます。

■問題10

解答 **3 聞き手の関心を引き付けるために行う。**

実技科目

1 スライド1に関わる修正

完成例

解答のポイント

ポイント1

ほかのスライドの数字がすべて半角で入力されているので、タイトルスライドの数字も半角で入力するのが、適切です。

操作手順

❶

①スライド1を選択します。

②「販売報告」の前にカーソルを移動します。

③「5月」と入力します。

❷

①「販売部」の後ろにカーソルを移動します。

②「第1課」と入力します。

❸

①「販売部第1課」の前にカーソルを移動します。

②「2021年6月4日」と入力します。

③ Enter を押して、改行します。

2　スライド2に関わる修正

完成例

月次販売集計（金額）

（単位：千円）

	1～10日	11～20日	21～31日	合計
外付けハードディスク	32	51	49	132
ポータブルSSD	29	42	58	129
外付けDVDドライブ	11	21	18	50
合計	72	114	125	311

ポイント2

解答のポイント

ポイント2

「外付けハードディスク」の「合計」は、「32+51+49」を手動で計算し、計算結果の「132」を入力します。そのほかの合計の値も、同様に手動で計算します。

操作手順

❶

①スライド2を選択します。

②「販売集計」を「月次販売集計（金額）」に修正します。

❷

①《挿入》タブを選択します。

②《表》グループの（表の追加）をクリックします。

③左から5番目、上から5番目のマス目をクリックします。

④表に文字を入力します。

❸

①「外付けハードディスク」の「合計」のセルに「132」と入力します。

②「ポータブルSSD」の「合計」のセルに「129」と入力します。

③「外付けDVDドライブ」の「合計」のセルに「50」と入力します。

④「1～10日」の「合計」のセルに「72」と入力します。

⑤「11～20日」の「合計」のセルに「114」と入力します。

⑥「21～31日」の「合計」のセルに「125」と入力します。

⑦「合計」の「合計」のセルに「311」と入力します。

❹

①表を選択します。

②《表ツール》の《デザイン》タブを選択します。

③《表のスタイル》グループの（その他）をクリックします。

④《中間》の《中間スタイル3-アクセント1》をクリックします。

❺

①数値が入力されているセルを選択します。

②《レイアウト》タブを選択します。

③《配置》グループの（右揃え）をクリックします。

❻

①表の1行目を選択します。

②《レイアウト》タブを選択します。

③《配置》グループの（中央揃え）をクリックします。

❼

①表の枠線をドラッグして、表の位置を調整します。

②《挿入》タブを選択します。

③《テキスト》グループの（横書きテキストボックスの描画）をクリックします。

④表の右上のテキストボックスを挿入する位置でクリックします。

⑤「（単位：千円）」と入力します。

⑥テキストボックスの枠線をドラッグして、位置を調整します。

3 スライド3に関わる修正

完成例

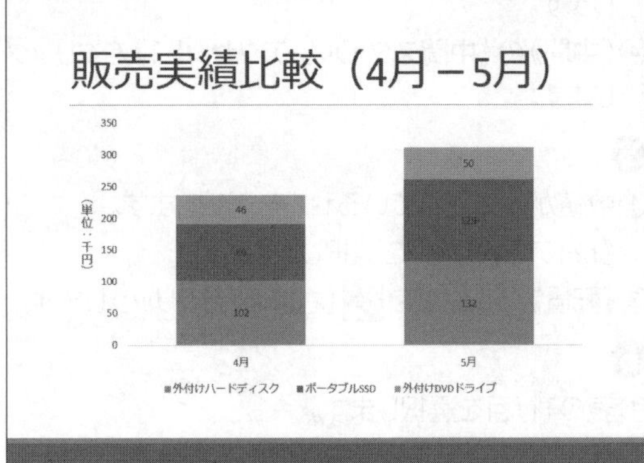

操作手順

❶

①スライド3を選択します。
②**「比較（4−5月）」**の前にカーソルを移動します。
③**「販売実績」**と入力します。

❷

①グラフを選択します。
②**《グラフツール》**の**《デザイン》**タブを選択します。
③**《グラフのレイアウト》**グループの  （クイックレイアウト）をクリックします。
④**《レイアウト4》**をクリックします。

❸

①グラフを選択します。
② ＋ をクリックします。
③**《グラフ要素》**の**《軸ラベル》**を ☑ にします。
④**《軸ラベル》**の ▶ をクリックし、**《第1横軸》**を □ にします。
⑤**「軸ラベル」**を**「（単位：千円）」**に修正します。
⑥軸ラベル**「（単位：千円）」**を選択します。
⑦**《ホーム》**タブを選択します。
⑧**《段落》**グループの （文字列の方向）をクリックします。
⑨**《縦書き》**をクリックします。

4 スライド4に関わる修正

完成例

販売状況分析

●5月の販売実績は4月と比べて、金額ベースで131%の増加となった。
●ポータブルSSDの販売が伸びた。
●販売店支援としてSSDの説明資料配布などの施策を実行したためと思われる。

操作手順

❶

①スライド4を選択します。
②**「販売状況」**の後ろにカーソルを移動します。
③**「分析」**と入力します。

❷❸

①**「…増加となりました。」**の後ろにカーソルを移動します。
② Enter を押して、改行します。
③同様に、**「…が伸びました。」**の後ろで改行します。
④**「そして、」**を選択します。
⑤ Delete を押します。
⑥同様に、**「これは」**を削除します。
⑦**「増加となりました。」**を**「増加となった。」**に修正します。
⑧同様に、**「販売が伸びた。」「思われる。」**に修正します。

5　スライド5に関わる修正

完成例

販売店支援活動

●商品知識の提供
◦顧客への説明がしやすいように、資料を提供する。
●おすすめ商品の提供
◦利益率の高い商品を選び、おすすめ商品として提供する。

業績アップ！

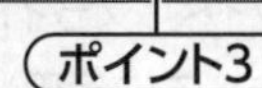

ポイント3

箇条書きに加え、ワードアートを使ったポイントを強調する文字や、内容に合わせたイラストを指示に従って挿入し、配置します。

❶

①スライド5を選択します。

②《テキストを入力》をクリックし、**「商品知識の提供／顧客への説明がしやすいように、資料を提供する。」**と入力します。

③ Enter を押して、改行します。

④同様に、残りの箇条書きを入力します。

❷

①**「…の提供」**と**「／」**のあいだにカーソルを移動します。

② Delete を押して、「／」を削除します。

③ Enter を押して、改行します。

④《ホーム》タブをクリックします。

⑤《段落》グループの (インデントを増やす)をクリックします。

⑥同様に、完成例を参考に修正します。

❸

※プレースホルダーの選択を解除しておきましょう。

①《挿入》タブを選択します。

②《テキスト》グループの (ワードアートの挿入)をクリックします。

③任意のワードアートをクリックします。

※ここでは、以下のスタイルを選択しています。

2019
《塗りつぶし（グラデーション）：濃い緑、アクセントカラー5；反射》

2016
《塗りつぶし（グラデーション）-濃い緑、アクセント1、反射》

※お使いの環境によっては、「塗りつぶし（グラデーション）-濃い緑、アクセント1、反射」が「塗りつぶし（グラデーション）：濃い緑、アクセントカラー5；反射」と表示される場合があります。

④《ここに文字を入力》が選択されていることを確認します。

⑤**「業績アップ！」**と入力します。

⑥ワードアートの枠線をドラッグし、位置を調整します。

❹

①ワードアートを選択します。

②《書式》タブを選択します。

③《ワードアートのスタイル》グループの (文字の効果)をクリックします。

④《3-D回転》をポイントし、任意のワードアートのスタイルをクリックします。

※ここでは、以下のスタイルを選択しています。

2019
《等角投影：右上》

2016
《等角投影（右向き、右上がり）》

❺

①《挿入》タブを選択します。

②《画像》グループの (図)をクリックします。

※お使いの環境によっては、「図」が「画像を挿入します」と表示される場合があります。「画像を挿入します」と表示された場合は、《このデバイス》をクリックします。

③《ドキュメント》をクリックします。

④**「日商PC プレゼン3級 PowerPoint2019／2016」**をダブルクリックします。

⑤**「模擬試験」**をダブルクリックします。

※増加しているグラフのイラストが「イラスト2」であることを確認します。

⑥一覧から**「イラスト2」**を選択します。

⑦《挿入》をクリックします。

⑧イラストの○（ハンドル）をドラッグし、サイズを調整します。

⑨イラストをドラッグし、位置を調整します。

6　スライド6に関わる修正

完成例

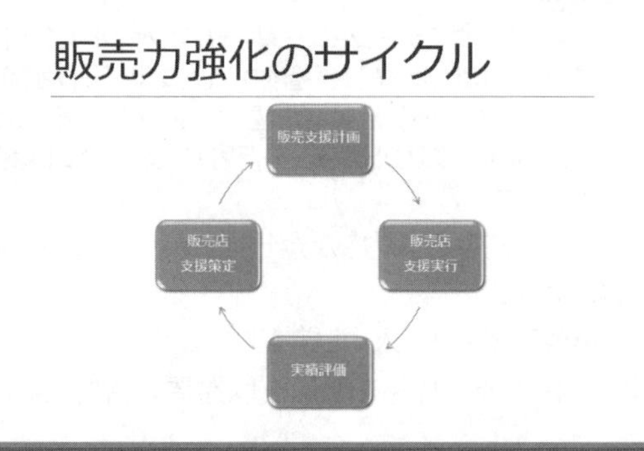

操作手順

❶

①スライド6を選択します。

②SmartArtを選択します。

③SmartArtの左側にテキストウィンドウが表示されていることを確認します。

※テキストウィンドウが表示されていない場合は、《SmartArtツール》の《デザイン》タブ→《グラフィックの作成》グループの［テキスト ウィンドウ］（テキストウィンドウ）をクリックします。

④テキストウィンドウの「**実績評価**」の後ろにカーソルを移動します。

⑤［Enter］を押して、改行します。

⑥「**販売店支援策定**」と入力します。

⑦「**販売店**」の後ろにカーソルを移動します。

⑧［Shift］を押しながら［Enter］を押して、改行します。

❷

①SmartArtを選択します。

②《**SmartArtツール**》の《**デザイン**》タブを選択します。

③《**SmartArtのスタイル**》グループの［▼］（その他）をクリックします。

④《**3-D**》の《**立体グラデーション**》をクリックします。

7　全スライドに関わる修正

操作手順

❶

①ステータスバーの［田］（スライド一覧）をクリックします。

②スライド5をスライド6の後ろにドラッグします。

❷

①《**挿入**》タブを選択します。

②《**テキスト**》グループの［ヘッダーとフッター］（ヘッダーとフッター）をクリックします。

③《**スライド**》タブを選択します。

④《**スライド番号**》を☑にします。

⑤《**タイトルスライドに表示しない**》を☑にします。

⑥《**すべてに適用**》をクリックします。

❸

①《**ファイル**》タブをクリックします。

②《**名前を付けて保存**》をクリックします。

③《**参照**》をクリックします。

④ファイルを保存する場所を選択します。

※《PC》→《ドキュメント》→「日商PC プレゼン3級 PowerPoint2019／2016」→「模擬試験」を選択します。

⑤《**ファイル名**》に「**5月販売報告（完成）**」と入力します。

⑥《**保存**》をクリックします。

Answer 第3回 模擬試験 解答と解説

知識科目

問題1

解答 **3 動作設定ボタンは、スライドショーの実行中に、あるスライドから別のスライドにジャンプさせたいときに使う。**

解説 動作設定ボタンを使って、あるスライドから別のスライドにリンクを設定しておくことで、スライドショーの実行中にリンクを設定したスライドにジャンプさせることができます。

問題2

解答 **1 すでに述べた結論などに対する根拠や理由**

解説 プレゼン内容の聞き手に対する関係は序論で、全体を要約した内容はまとめで話します。

問題3

解答 **3 本論で説明する内容の概要を示してから詳細説明に入るとわかりやすくなる。**

解説 概要を示してから詳細説明に入るという展開はわかりやすい構成です。また、時間の経過に沿った展開や簡単なものから複雑なものへの展開は有効です。

問題4

解答 **2 スライドを画面全体に表示し、順次説明していくことを指す。**

問題5

解答 **3**

標準時間設定のメリット

- 仕事の質の向上を図るときの基準になる。
- 仕事の効率アップにつながる。
- 仕事の記録が標準化される。
- 業務の拡張や変化に対応しやすくなる。
- スキルアップを目指すときの目標が設定しやすくなる。

解説 箇条書きの行末は、表現を統一します。句点の有無を統一し、また**「である体」「ですます体」**も統一します。

問題6

解答 **3 循環**

問題7

解答 **2 色の明るさの度合いを指す言葉である。**

■問題8

解答 **2 黄は暖色、青緑は寒色、紫は中性色である。**

解説 黄や赤は暖色、青緑は寒色、紫や緑は中性色です。また、赤紫や黄緑は中性色ですが、暖色に含める場合もあります。青紫は中性色ですが、寒色に含める場合もあります。

■問題9

解答 **3 基本図形の塗りつぶしの色に合わせて枠線の色を変えることは、一般によく行われている。**

解説 基本図形の枠線の色を、すべて黒または白にする必要はありません。枠線の色を、基本図形の塗りつぶしの色と同系色にするという方法はよく使われます。

■問題10

解答 **3 質疑応答の時間も含めて時間配分を考える。**

解説 重点的に時間を配分するのは「本論」です。

実技科目

1 スライド1に関わる修正

完成例

解答のポイント

ポイント1

日付だけ記入されたサブタイトルのプレースホルダーに、会社名と部署を追加するよう指示されています。社外の顧客に対して行うプレゼンでは、一般に会社名と部署名を明記します。このとき、会社名、部署名の順に記述するので、「日商プランニング株式会社」は「営業部」の前に入力します。1行で表示せずに、「日商プランニング株式会社」と「営業部」のあいだで改行し、バランスを整えるとよいでしょう。

操作手順

❶

①スライド1を選択します。
②「販売拡大のご提案」の前にカーソルを移動します。
③「ネットショップ開設による」と入力します。

❷

①「2021年5月10日」の後ろにカーソルを移動します。
②【Enter】を押して、改行します。
③「日商プランニング株式会社」と入力します。

2　スライド2に関わる修正

完成例

ネットットショップ開設のメリット

- インターネットを利用した通信販売は、販売網およびユーザー市場の拡大に高い効果
- 仲卸や小売店を介さないメーカー直販形式で、収益向上を期待
- 自社WEBサイトの製品情報とリンクし、迅速な新製品の提供が可能

ポイント2

ポイント2

「体言止め」の箇条書きでは、文末に句点を付けないのが一般的です。

操作手順

❶❷

①スライド2を選択します。

②文章の「**…高い効果があります。**」の後ろにカーソルを移動します。

③ Enter を押して、改行します。

④同様に、「**…を期待できます。**」の後ろで改行します。

⑤「**まず、**」を選択します。

⑥ Delete を押します。

⑦同様に、「**があります。**」を削除します。

⑧同様に、2つ目の文章の「**次に**」と「**できます。**」を削除します。

⑨同様に、3つ目の文章の「**さらに、**」と「**です。**」を削除します。

❸

①スライド6を選択します。

②箇条書きの項目内にカーソルを移動します。

※箇条書きの項目内であれば、どこでもかまいません。

③《ホーム》タブを選択します。

④《**段落**》グループの（箇条書き）の をクリックします。

⑤下側の《**塗りつぶし丸の行頭文字**》が設定されていることを確認します。

⑥スライド2を選択します。

⑦箇条書きのプレースホルダーを選択します。

⑧《**段落**》グループの（箇条書き）の をクリックします。

⑨下側の《**塗りつぶし丸の行頭文字**》をクリックします。

❹

①1つ目の箇条書きの「**販売網およびユーザー市場の拡大**」を選択します。

②《ホーム》タブを選択します。

③《**フォント**》グループの（フォントの色）の をクリックします。

④《**標準の色**》の《**赤**》をクリックします。

⑤同様に、2つ目の箇条書きの「**収益向上**」、3つ目の箇条書きの「**迅速な新製品の提供**」の文字の色を「**赤**」に変更します。

3　スライド3に関わる修正

完成例

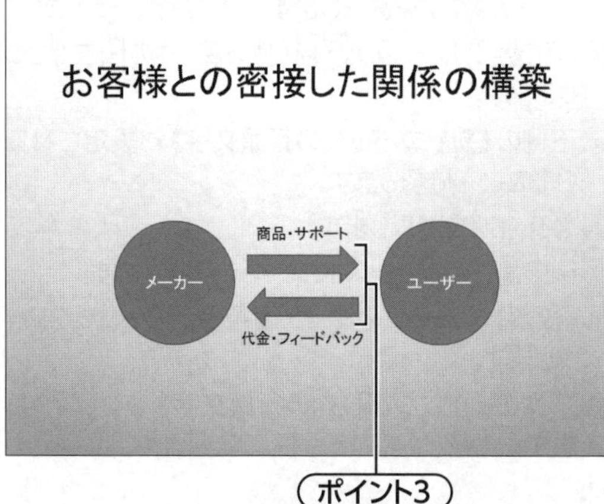

解答のポイント

ポイント3

両方向に向かい合う矢印を使うと、モノや情報の行き来を表現することができます。

操作手順

①スライド3を選択します。

②《挿入》タブを選択します。

③《図》グループの（図形）をクリックします。

④ **2019**

《ブロック矢印》の（矢印：右）をクリックします。

2016

《ブロック矢印》の（右矢印）をクリックします。

※お使いの環境によっては、「右矢印」が「矢印：右」と表示される場合があります。

⑤2つの円のあいだで、始点から終点までドラッグします。

⑥ Ctrl と Shift を同時に押しながら、右矢印を下方向にドラッグします。

⑦コピーした右矢印が選択されていることを確認します。

⑧《書式》タブを選択します。

⑨《配置》グループの（オブジェクトの回転）をクリックします。

⑩《左右反転》をクリックします。

①《挿入》タブを選択します。

②《テキスト》グループの（横書きテキストボックスの描画）をクリックします。

③右矢印の上のテキストボックスを挿入する位置でクリックします。

④「商品・サポート」と入力します。

⑤テキストボックスの枠線をドラッグして、位置を調整します。

省略

4　スライド4に関わる修正

完成例

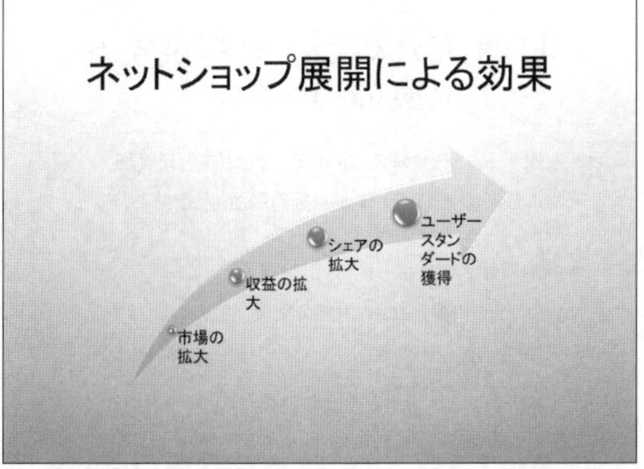

操作手順

❶

①スライド4を選択します。

②SmartArtを選択します。

③SmartArtの左側にテキストウィンドウが表示されていることを確認します。

※テキストウィンドウが表示されていない場合は、《SmartArtツール》の《デザイン》タブ→《グラフィックの作成》グループの[テキスト ウィンドウ]（テキストウィンドウ）をクリックします。

④テキストウィンドウの「**収益の拡大**」の後ろにカーソルを移動します。

⑤[Enter]を押して、改行します。

⑥「**シェアの拡大**」と入力します。

❷

①SmartArtを選択します。

②《**SmartArtツール**》の《**デザイン**》タブを選択します。

③《**SmartArtのスタイル**》グループの[▼]（その他）をクリックします。

④《**3-D**》の《**立体グラデーション**》をクリックします。

5　スライド5に関わる修正

完成例

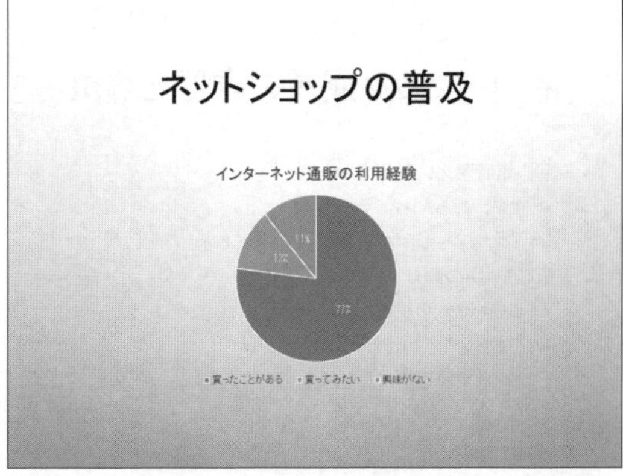

操作手順

❶

①スライド5を選択します。

②グラフを選択します。

③《**グラフツール**》の《**デザイン**》タブを選択します。

④《**種類**》グループの[グラフの種類の変更]（グラフの種類の変更）をクリックします。

⑤左側の一覧から《**円**》を選択します。

⑥右側の一覧から《**円**》を選択します。

⑦《**OK**》をクリックします。

❷

①グラフを選択します。

②[+]をクリックします。

③《**グラフ要素**》の《**凡例**》を[✔]にします。

④《**凡例**》の[▶]をクリックし、《**下**》をクリックします。

❸

①グラフを選択します。

②[+]をクリックします。

③《**グラフ要素**》の《**データラベル**》を[✔]にします。

④《**データラベル**》の[▶]をクリックし、《**中央揃え**》をクリックします。

※《中央揃え》はデータ要素の内部中央、《内側》はデータ要素の内部外側、《外側》はデータ要素の外部にデータラベルをそれぞれ表示します。ここでは《中央揃え》を選択します。

❹

①データラベルを選択します。

②《**ホーム**》タブを選択します。

③《**フォント**》グループの[MS Pゴシック 本文 ▼]（フォント）の[▼]をクリックし、一覧から《**MSゴシック**》を選択します。

④《**フォント**》グループの[A ▼]（フォントの色）の[▼]をクリックします。

⑤《**テーマの色**》の《**白、背景1**》をクリックします。

6 スライド6に関わる修正

完成例

操作手順

❶

①スライド6を選択します。

②「**プライバシーマークの取得**」の行にカーソルを移動します。

③《**ホーム**》タブを選択します。

④《**段落**》グループの（インデントを減らす）をクリックします。

❷

①「**販売サイトの周知**」の後ろにカーソルを移動します。

②[Enter]を押して、改行します。

③「**広告バナーの掲載**」と入力します。

❸

①「**広告バナーの掲載**」の行にカーソルがあることを確認します。

②《**ホーム**》タブを選択します。

③《**段落**》グループの（インデントを増やす）をクリックします。

7 スライド7に関わる修正

完成例

操作手順

❶

①スライド7を選択します。

②箇条書きのプレースホルダーを選択します。

③《**ホーム**》タブを選択します。

④《**段落**》グループの（箇条書き）のをクリックします。

⑤《**チェックマークの行頭文字**》をクリックします。

❷❸

①《**挿入**》タブを選択します。

②《**テキスト**》グループの（ワードアートの挿入）をクリックします。

③ 2019
《**塗りつぶし：オレンジ、アクセントカラー4；面取り（ソフト）**》をクリックします。

2016
《**塗りつぶし-オレンジ、アクセント4、面取り（ソフト）**》をクリックします。

※お使いの環境によっては、「**塗りつぶし-オレンジ、アクセント4、面取り（ソフト）**」が「**塗りつぶし：オレンジ、アクセントカラー4；面取り（ソフト）**」と表示される場合もあります。

④《**ここに文字を入力**》が選択されていることを確認します。

⑤「**インターネット通販ビジネスに**」と入力します。

⑥[Enter]を押して、改行します。

⑦「**最適なシステムとサポートを！**」と入力します。

❹

①ワードアートを選択します。

②《**ホーム**》タブを選択します。

③《**フォント**》グループの 54 ▼ （フォントサイズ）の ▼ をクリックし、一覧から《**28**》を選択します。

④《**フォント**》グループの A ▼ （フォントの色）の ▼ をクリックし、《**青、アクセント1**》を選択します。

⑤ワードアートの枠線をドラッグし、位置を調整します。

8　全スライドに関わる修正

操作手順

❶

①ステータスバーの （スライド一覧）をクリックします。

②スライド5をスライド2とスライド3のあいだにドラッグします。

❷

①《**挿入**》タブを選択します。

②《**テキスト**》グループの （ヘッダーとフッター）をクリックします。

③《**スライド**》タブを選択します。

④《**スライド番号**》を ☑ にします。

⑤《**タイトルスライドに表示しない**》を ☑ にします。

⑥《**すべてに適用**》をクリックします。

❸

①《**ファイル**》タブをクリックします。

②《**名前を付けて保存**》をクリックします。

③《**参照**》をクリックします。

④ファイルを保存する場所を選択します。

※《PC》→《ドキュメント》→「日商PC プレゼン3級 PowerPoint2019／2016」→「模擬試験」を選択します。

⑤《**ファイル名**》に「ネットショップ開設の提案（完成）」と入力します。

⑥《**保存**》をクリックします。

第1回 模擬試験 採点シート

チャレンジした日付

年　　月　　日

知識科目

問題	解答	正答	備考欄
1			
2			
3			
4			
5			
6			
7			
8			
9			
10			

実技科目

No.	内容	判定
タイトルスライド		
1	タイトルが正しく変更されている。	
2	タイトルのフォントが正しく変更されている。	
3	日時が正しく挿入されている。	
「活動の概要」スライド		
4	箇条書きが正しく分解されている。	
5	箇条書きの末尾が「である体」で統一されている。	
「カーボンニュートラルとは」スライド		
6	矢印が正しく回転されている。	
7	テキストボックスが挿入され、文字が正しく入力されている。	
「低炭素社会に向けた推進活動」スライド		
8	矢印が正しく挿入されている。	
9	矢印のスタイルが正しく設定されている。	
10	楕円が挿入され、文字が正しく入力されている。	
11	楕円のスタイルが正しく設定されている。	
「CO_2排出の対象事業活動」スライド		
12	下付き文字に変更されている。	
13	箇条書きが正しく挿入されている。	
14	行頭文字が正しく変更されている。	
15	箇条書きが分割され、インデントが設定されている。	
「対象範囲と削減目標」スライド		
16	表に行が挿入され、文字が正しく入力されている。	
17	計算結果が正しく入力されている。	
18	表のスタイルが正しく設定されている。	
全スライド		
19	スライドが正しく削除されている。	
20	スライドの順番が正しく入れ替わっている。	
21	スライド番号が正しく挿入されている。	
22	スライド番号がタイトルスライドに表示されないように設定されている。	
23	正しい保存先に正しいファイル名で保存されている。	

第2回 模擬試験 採点シート

チャレンジした日付

年　　月　　日

知識科目

問題	解答	正答	備考欄
1			
2			
3			
4			
5			
6			
7			
8			
9			
10			

実技科目

No.	内容	判定
タイトルスライド		
1	タイトルが正しく変更されている。	
2	部署名が正しく変更されている。	
3	日時が正しく挿入されている。	
「月次販売集計(金額)」スライド		
4	タイトルが正しく変更されている。	
5	表が正しく挿入され、文字が正しく入力されている。	
6	計算結果が正しく入力されている。	
7	表のスタイルが正しく設定されている。	
8	セル内の数値が正しく配置されている。	
9	1行目の項目名が正しく配置されている。	
10	テキストボックスが挿入され、文字が正しく入力されている。	
「販売実績比較(4月−5月)」スライド		
11	タイトルが正しく変更されている。	
12	グラフのレイアウトが正しく設定されている。	
13	軸ラベルが正しく表示されている。	
「販売状況分析」スライド		
14	タイトルが正しく変更されている。	
15	箇条書きが正しく分解されている。	
16	箇条書きの末尾が「である体」で統一されている。	
「販売力強化のサイクル」スライド		
17	SmartArtに項目が正しく追加されている。	
18	SmartArtのスタイルが正しく設定されている。	
「販売店支援活動」スライド		
19	箇条書きが正しく挿入されている。	
20	箇条書きが分割され、インデントが設定されている。	
21	ワードアートが正しく挿入されている。	
22	ワードアートの文字の効果が正しく設定されている。	
23	正しいイラストが挿入されている。	
24	イラストの大きさを整え、正しい位置に配置されている。	
全スライド		
25	スライドの順番が正しく入れ替わっている。	
26	スライド番号が正しく挿入されている。	
27	スライド番号がタイトルスライドに表示されないように設定されている。	
28	正しい保存先に正しいファイル名で保存されている。	

第3回 模擬試験 採点シート

チャレンジした日付

年　　月　　日

知識科目

問題	解答	正答	備考欄
1			
2			
3			
4			
5			
6			
7			
8			
9			
10			

実技科目

No.	内容	判定
タイトルスライド		
1	タイトルが正しく変更されている。	
2	会社名が正しく挿入されている。	
「ネットショップ開設のメリット」スライド		
3	箇条書きが正しく分解されている。	
4	箇条書きの末尾が体言止めで統一されている。	
5	行頭文字が正しく変更されている。	
6	文字の色が正しく変更されている。	
「ネットショップの普及」スライド		
7	グラフの種類が正しく変更されている。	
8	凡例が正しく表示されている。	
9	データラベルが正しく表示されている。	
10	データラベルのフォントの種類と文字の色が正しく設定されている。	
「お客様との密接した関係の構築」スライド		
11	矢印が正しく挿入されている。	
12	テキストボックスが挿入され、文字が正しく入力されている。	
「ネットショップ展開による効果」スライド		
13	SmartArtに項目が正しく追加されている。	
14	SmartArtのスタイルが正しく設定されている。	
「ネットショップ運営の課題と解決」スライド		
15	箇条書きのインデントが正しく設定されている。	
16	箇条書きが正しく挿入されている。	
「日商プランニングが提供する充実のパッケージ」スライド		
17	行頭文字が正しく変更されている。	
18	ワードアートが正しく挿入されている。	
19	ワードアートのフォントサイズとフォントの色が正しく設定されている。	
全スライド		
20	スライドの順番が正しく入れ替わっている。	
21	スライド番号が正しく挿入されている。	
22	スライド番号がタイトルスライドに表示されないように設定されている。	
23	正しい保存先に正しいファイル名で保存されている。